新一代
信息技术导论

主　编／陈守森　王作鹏　耿晓燕
副主编／姜泉竹　欧　洋

清华大学出版社
北京

内 容 简 介

本书根据教育部信息技术课程标准（2021 年版）编写，采用了项目式教学模式，将晦涩难懂的定义、算法、程序、理论转换为常见案例、应用、项目。本书为立体式、新形态、电子活页式教材，配套 PPT、视频资源二维码，使读者可以随时随地查看相关内容；配有电子活页式实训项目，方便实践训练，以加深读者对理论的理解。本书从一个大学生的视角，描述了新一代信息技术在校园、科技馆、制造类企业、经营类公司、智慧城市等多个方面的应用，将新一代信息技术中物联网、智能设备、虚拟现实、云计算、大数据、人工智能、区块链等技术融会贯通，还包括短视频制作、程序设计基础、流程自动化、项目管理等符合国家教学大纲的知识点。

本书适合应用型本科、高职院校教学使用，也可作为相关技术人员的参考资料。

图书在版编目（CIP）数据

新一代信息技术导论 / 陈守森，王作鹏，耿晓燕主编 . —北京：清华大学出版社，2022.6
ISBN 978-7-302-60618-5

Ⅰ . ①新⋯　Ⅱ . ①陈⋯　②王⋯　③耿⋯　Ⅲ . ①信息技术 – 高等职业教育 – 教材　Ⅳ . ① TP3

中国版本图书馆 CIP 数据核字（2022）第 064519 号

责任编辑：张龙卿
文稿编辑：李慧恬
封面设计：徐日强
责任校对：袁　芳
责任印制：宋　林

出版发行：清华大学出版社
　　　　　网　　址：http://www.tup.com.cn，http://www.wqbook.com
　　　　　地　　址：北京清华大学学研大厦A座　　　　邮　　编：100084
　　　　　社 总 机：010-83470000　　　　　　　　　邮　　购：010-62786544
　　　　　投稿与读者服务：010-62776969，c-service@tup.tsinghua.edu.cn
　　　　　质量反馈：010-62772015，zhiliang@tup.tsinghua.edu.cn
　　　　　课件下载：http://www.tup.com.cn，010-83470410
印 装 者：三河市铭诚印务有限公司
经　　销：全国新华书店
开　　本：185mm×260mm　　　印　　张：21.5　　　字　　数：493千字
版　　次：2022年7月第1版　　　　　　　　　印　　次：2022年7月第1次印刷
定　　价：69.80元

产品编号：093010-01

前　言

人类社会正在从信息化社会向智慧社会转变，智慧社会以新一代信息技术为基础，推动新经济不断发展。学懂并掌握新一代信息技术，不仅是 IT 工作者的使命，而且是全社会所有劳动者应共同承担的责任。新一代信息技术的普及和推广刻不容缓。

笔者在多年实际项目和教学经验基础上精心设计了本书，以生活中容易接触到的设备、软件、应用为实践项目，对新一代信息技术中涉及的定义、技术、行业应用进行了介绍，以通俗易懂的语言介绍新一代信息技术在日常生活场景中的应用，以此来实现不同专业的初学者对新一代信息技术的全面了解。

全书以一位大学生入学、学习、生活、工作为主线，总共设计了 12 个项目。

项目 1 是智能设备的选购和安全设置，从计算机体系架构延伸到智能终端，以及当前最重要的防诈骗和设备安全；项目 2 是通过设计与制作学校宣传短视频介绍了短视频拍摄、剪辑、制作及相关融媒体技术，同时侧重教育视频制作发布过程中责任心和正能量的传递；项目 3 是通过在科技馆体验太空飞船等项目了解虚拟现实技术，并通过学校校史馆虚拟现实制作掌握实现虚拟现实软件工作；项目 4 是通过 C、Python 等语言开发运行环境安装设置，了解程序设计相关内容；项目 5 是通过智能家居设计、安装、调试等了解并掌握物联网相关技术、通信原理；项目 6 是通过智慧社区项目熟悉 5G 技术的实际应用，并了解 5G 和其他技术的融合发展；项目 7 是通过矿泉水现代化灌装生产线认识智能制造技术，熟悉机器人相关概念和技术，并通过 MES 了解流程自动化概念和技术；项目 8 是通过企业信息化系统向智慧企业过渡了解信息化项目管理过程；项目 9 是通过企业上云掌握云计算体系架构，以及云计算在信息化中的作用；项目 10 是通过精准广告投放和个性化推荐系统的设计与实现了解大数据的定义、处理技术和未来发展趋势；项目 11 是通过自动扫地机器人和人脸识别系统熟悉人工智能的定义、相关技术、算法等方面内容；项目 12 是通过"i 深圳"区块链身份认证和比特币交易来阐述区块链技术的定义、发展和未来趋势，以及对社会发展的意义。

感谢贾春朴、刘立静、李华伟、邵燕、王海霞、张兴达、庄富宝等老师帮助收集并整理资料，并完成部分校稿工作。感谢许强博士、于弘博士的指导。

由于编者水平有限，不足之处敬请广大读者批评、指正，编者不胜感激。

编　者
2022 年 3 月

目 录

项目1　智能设备与信息安全

导学资料：新一代信息技术与大学生的"五自"

科学技术的发现、发展、应用，在一定程度上影响人们思考问题、解决问题的方式，影响人们日常工作、办事的流程和方法，甚至会影响人们的社会观、价值观。大学生容易接受新事物，在生活、学习、交流中，更容易接受新一代信息技术及相关产品。与进入大学之前相比，大学生的生活方式发生了变化，呈现出以下特征。

1. 自由

在时间支配上，大学生有了更多可自由支配的时间；在朋友交往中，有更多选择的权利；在网络生活中，言论相对自由。对于从小习惯于根据家长、老师指令生活的部分同学而言，生活一下子自由起来，有一些人难以适应，把大量时间浪费在游戏、上网、娱乐上。适应自由的校园生活，利用好自由安排的时间和可用的各种资源，是优秀大学生必备的能力。

2. 自主

大部分学生在踏入大学之前，衣食住行都是父母准备好的。当踏入大学之后，吃和穿一般是自主选择，出行要自己规划。对于大部分学生而言，踏入大学时刚年满18岁，刚开始自主使用信用卡、"花呗"等，在法律上具备了成年人的权利和责任。但是在现实中部分同学心智不成熟，陷入"套路贷""校园贷"、信用卡透支、还不上"花呗"欠款等窘境，在自主支配资源上出现了问题。如何自主支配手中的资源来更好地支持学习和生活，是大学生需要学会的一项重要技能。

3. 自立

不少大学生除了在生活上自立以外，还在大学期间通过参与一些勤工助学、兼职打工等活动，获取一定程度上的经济自立。如果能在上学期间适应自立的生活，将来踏入社会之后，则能更好地适应社会生活，为将来的事业成功奠定基础。自立能力，是大学生涯中应通过不断锻炼而尽量去获取的一种能力。

4. 自律

因为大学生活相对自由、自主，所以做到自律就非常重要。现在社会竞争激烈，只有通过自律养成良好的习惯，才能在未来工作岗位上取得成功。对于一个大学生而言，简单的自律包括早睡早起，打扫卫生，按时上下课；作为一名大学生，应充分利用自由时间，或者养成运动习惯，或者学习一项新特长，为将来踏上社会做好准备。值得一提的是，在抖音、微信等新媒体上，经常有人分享一些自律、成功的故事，对大学生自律起到激励作用。有一些专门的 App，大学生可以用它们来监督、提醒自己，自律地做某一件事，养成良好的习惯。

5. 自爱

只有养成自爱的良好品质，才能转化为对美好生活的追求动力。对社会热爱，对他人关心，都建立在自爱的基础上。前面提到的抖音、微信等自媒体分享软件上，既有自律、自立、自主等倡导社会正能量的信息，也有一些炫富、寻求刺激等负面信息。大学生面对的诱惑很多，尤其是随着新一代信息技术的发展，很多诱惑伸手可及，在没有一定克制力的情况下，很容易陷入其中。自爱是人生长久发展的基础，无论是在学校还是在社会上，我们都需要自爱。

大学生涯是人的性格、习惯、作风重塑的重要阶段，是一个人世界观成熟定型的阶段。大学生所面临的教育方式从单一升学教育转向百花齐放的专业教育（就业或研究教育），所接触的环境也更为复杂。大学生涯是一个人踏上社会前的最后缓冲时期，这个阶段的学习、生活方式对一个人的日后发展会起到至关重要的作用。

任务 1　选购智能设备

本任务知识点：

- 手机架构体系
- 手机分类
- 手机芯片
- 选购手机
- App 与操作系统
- 手机入网
- 电信诈骗与预防
- 智能穿戴与智能设备

项目1　智能设备　项目1　智能设备
与信息安全.pptx　与信息安全1.mp4

小 C 在经历了紧张的高中学习生涯之后，经过一番努力，终于考上了大学。在进入大学之前，和其他年轻人一样，小 C 需要先购买一部手机，学校注册、缴费、报到等很多工作都需要通过手机来完成。

1.1.1　选购手机

小 C 和同学一起来到手机市场逛了逛，手机种类琳琅满目，小 C 有点难以选择，于是决定先到网上查找一下相关资料，有了目标之后，再进行购买。小 C 从以下几个方面整理了手机的资料。

1. 手机的分类

当前的手机分为非智能手机（feature phone）和智能手机（smart phone）。

非智能手机主要是用于通话，便于相对比较传统的人使用。非智能手机一般保留了数字按键，并且具有价格便宜、待机时间长、使用简单等特点。小 C 八十多岁的爷爷使用的就是一部常见的非智能手机，便于和家人联系。

智能手机具有独立的操作系统和运行空间，符合计算机体系架构，能够安装软件、游戏等第三方程序（App），能够通过移动通信网络、无线网络、蓝牙等多种通信方式进行通信。智能手机发展到今天，具备语音和视频通信、移动支付、移动办公、游戏娱乐、远程设备管理等诸多强大功能。小 C 的父母甚至八十多岁但比较前卫的奶奶都用智能手机。小 C 虽然一直没有自己的智能手机，但是经常用父母的手机上网、学习或与同学们交流。

显然，智能手机和非智能手机最主要的区别就是智能手机安装了操作系统，并且随着信息技术的发展，智能手机通信已经进入了 5G 时代，里面加入了越来越多的人工智能技术。智能手机目前是全球用途最为广泛的智能产品。在本书中，如无特殊说明，手机指的都是智能手机。

2. 智能手机

智能手机的逻辑结构符合传统的计算机结构。尽管计算机从 1946 年诞生到今天，已经发展出各种各样外形、功能和性能的计算机，但是它们都满足如图 1-1 所示的计算机系统逻辑结构。

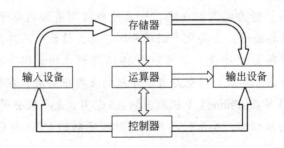

图 1-1 计算机系统逻辑结构

对于手机来说，输入设备包括屏幕、摄像头、听筒和 I/O（input/output，输入 / 输出）通道；输出设备为屏幕和扬声器；核心硬件为处理器（包括运算器和控制器）、存储器。这些都安装在手机的主电路板上，主电路板负责信号的输入 / 输出、处理、发送以及供电、控制等工作。因此小 C 在选购手机时，比较看重处理器、存储器、屏幕等主要元器件的性能。

1）中央处理器

和大多数普通计算机一样，对智能手机性能影响最大、最为重要的肯定是它的"芯"，即中央处理器（central processing unit，CPU）。关于 CPU 的工作原理和发展历史这里不再赘述，感兴趣的同学可以查阅电子电路原理等相关资料。CPU 主要包括控制器和运算器两个部分，对所有输入数据的处理都是由 CPU 来完成的。

拓展资料：主流手机 CPU 芯片生产厂商和芯片类型

（1）高通（Qualcomm）：高通公司创立于 1985 年，总部位于美国加利福尼亚州圣迭戈市，目前有超过 3 万名员工遍布全球各地。高通公司生产的骁龙系列芯片一直是手机芯片市场的主流。

（2）三星（Exynos）：三星集团成立于 1938 年，是韩国最大的跨国企业集团，在半导体领域一直处于行业领先地位，甚至全球知名的手机巨头苹果公司也采购三星的芯片、屏幕等零部件。三星集团生产的猎户座手机处理器也是全球主流芯片之一，主要供应三星手机、苹果、魅族等手机制造商。

（3）联发科（天玑）：1997 年在我国台湾成立的联发科技股份有限公司（简称联发科），也逐步成长为在全球享有盛誉的手机芯片制造商。联发科芯片性价比较高，早期以中低端产品为主，主要为国内手机生产商供应芯片。近年来，公司逐步加强了研发实力，部分天玑系列芯片迈向高端手机芯片市场。

（4）英特尔（x86）：成立于 1968 年的英特尔公司，一直以来是全球最大的 PC CPU 制造商，其也生产部分手机芯片。由于英特尔公司的手机芯片仍然沿用 PC 的 x86 架构，而不是更适合手机的 ARM 体系架构，因此英特尔公司的手机芯片在市场上并不像其 PC 机芯片一样火爆。

（5）华为（Kirin）：1987 年在中国深圳成立的华为公司，在注册之初只是一家生产、销售通信设备的民营通信科技公司，现在已经成为中国的骄傲。公司自力更生、艰苦奋斗的精神，不甘落后、努力创新的斗志，一直鼓舞激励着国内电子信息企业。2004 年华为开始成立华为海思公司，主要生产麒麟系列芯片，该系列芯片主要用于华为手机。

（6）苹果（A 系列）：史蒂夫·乔布斯于 1976 年创立的美国苹果公司，总部位于加利福尼亚州的库比蒂诺。苹果公司也是智能手机的重要推动者，在智能手机领域拥有数量众多的专利。2010 年在 iPhone4 手机应用的 A4 芯片，是苹果公司生产的第一代芯片。与其他厂家生产的芯片相比，A 系列芯片拥有独家定制的 CPU 和 GPU，大大提升了图形处理能力。

各个公司生产的主流手机芯片如图 1-2 所示。

图 1-2　各个公司生产的主流手机芯片

2）存储

如同计算机存储系统分为内存和硬盘一样，手机存储系统也分为"运行内存"及"非运行内存"。"运行内存"在功能上相当于计算机的内存；"非运行内存"在功能上相当于计算机的硬盘。正如计算机程序是在内存中运行一样，手机App也是在手机的"运行内存"中运行，因此"运行内存"越大，手机同时能运行的程序越多，手机的运行速度就越快；而手机"非运行内存"越大，则意味着手机能存放更多的数据。

3）显示屏

手机屏幕也是手机的显示屏，在手机中承担着输入/输出的主要功能，直接影响到手机的外观和使用舒适性，是手机中最重要的部件之一。当前手机显示屏主要采用以下几种技术。

（1）液晶显示屏。液晶显示屏（liquid crystal display，LCD）是现在用得比较多的手机屏幕材料。LCD需要背光支持，具有价格便宜的特点，从而在很多普通手机上广泛使用。LCD技术出现较早，目前发展比较成熟，而且光线调节过程自然柔和，能够较好地保护眼睛；缺点是LCD需要背光支持，因此手机会显得更为厚重，也更为耗电。TFT（thin film transistor，薄膜场效应晶体管屏）屏和IPS（in-plane switching，平面转换）屏都是在LCD的基础上发展起来的。TFT的特点是亮度好、对比度高、层次感强、颜色鲜艳，但更为耗电且成本较高；IPS俗称super TFT，与普通的TFT屏相比，它拥有可视角度大、色彩还原准确、触摸无水纹、环保省电等优势。

（2）有源矩阵有机发光二极体面板。与LCD相比，有源矩阵有机发光二极体面板（active matrix organic light emitting diode，AMOLED）无须背光支持，可以自发光，具有反应速度较快、对比度较高、视角较广等优点；AMOLED屏幕同时拥有可弯曲、广色域、低能耗等特性，显示的颜色更鲜艳，并且具有自发光、低功耗等优点，已经成为主流高端手机的热门选择。缺点是成本较高，且更容易损坏。

现在小C已经基本了解决定手机主要性能的几个指标，接下来就简单了，一些网站提供了便捷的不同型号手机功能的对比。通过如图1-3所示的功能对比，小C很快找到了自己喜欢的手机。因为时间比较充裕，小C跑遍了当地的手机商城，又和电商渠道进行了对比，最终小C在本地商城购买到了自己喜欢的手机。

3. App与操作系统

买好手机之后，小C抑制不住心中的兴奋，立刻开始了新手机的探索使用之旅。小C需要下载一些App，来实现学习、交流和娱乐等功能。App（application）即安装在手机上的软件，如图1-4所示，这些App和软件一样安装在手机操作系统上。为了更好地适应新手机，发挥新手机的性能，小C查阅了手机操作系统的相关资料。

对于大多数普通计算机而言，操作系统是管理和控制计算机硬件与软件资源的核心控制软件，是计算机用户和计算机硬件之间的接口程序模块。操作系统能够在用户和程序之间分配系统资源。用户通过操作系统来访问、操作计算机，通过操作系统使计算机的软、硬件协调一致地、高效地完成各种复杂的任务。

CPU型号	苹果 A13	海思 麒麟 980	联发科 天玑900	联发科 天玑1100
CPU频率	2.66GHz	2*Cortex-A76 Based 2.6GHz+2*Cortex-A76 Based 1.92GHz+4*Cortex-A55 1.8GHz	2.4Ghz A78*2+2.0GHz A55*6	2.6Ghz A78*4+2.0GHz A55*4
CPU核数	六核	八核	八核	八核
GPU型号		Mali-G76 720MHz	Mali-G68 MC4	ARM Mali G77
∨ 存储				
RAM	4GB 良好	8GB 流畅	12GB 流畅	12GB 流畅
RAM存储类型			LPDDR4X	LPDDR4X四通道
ROM	64GB 1.3万张 5461首	64GB 1.3万张 5461首	256GB 5.2万张 2.2万首	256GB 5.2万张 2.2万首

图 1-3　不同型号手机功能的对比

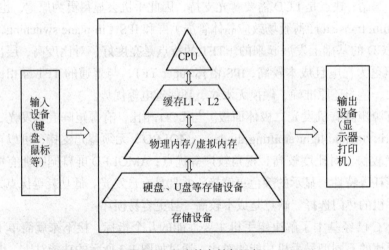

图 1-4　程序的存储与运行

　　智能手机操作系统即移动终端操作系统，是为了使用户能够更好地使用手机的硬件和软件资源而设计的软件。手机操作系统为使用者提供统一的接口和友好的交互界面，也为手机功能的扩展，以及第三方软件的安装与运行提供平台。不同的是，手机操作系统一般都是嵌入式操作系统，这些操作系统专门为不同的手机设计，手机操作系统和硬件的结合更为紧密。目前应用在手机上的操作系统主要有 Android（谷歌）、iOS（苹果）、Windows Phone（微软）、Symbian（诺基亚）、BlackBerry OS（黑莓）、Web OS（Palm公司）、Harmony（华为）、MIUI（小米）等，其中 Android、Harmony 等都是开源操作系统。

拓展资料：相关知识

　　（1）嵌入式操作系统（embedded operating system，EOS）：EOS 是指用于嵌入式系

统的操作系统。嵌入式操作系统是一种用途广泛的系统软件，通常包括与硬件相关的底层驱动软件、系统内核、设备驱动接口、通信协议、图形界面、标准化浏览器等。嵌入式操作系统负责嵌入式系统的全部软、硬件资源的分配和任务调度，以及控制、协调并发活动。它必须体现其所在系统的特征，能够通过装卸某些模块来达到系统所要求的功能。

（2）开源（open source）：开源的全称为开放源代码，是指软件开发人员在发行软件的同时，也向外界开放源代码，也就是源程序。开源是用户得到源代码并加以修改和学习。但开源并不完全等于免费，开源系统同样有版权，同样也受到法律保护。

4. 手机入网

小 C 在安装了常用的 App 之后，需要使用手机来遨游网络世界。对于手机上网方式的选择，运营商有很多专门针对在校生的方便套餐，非常便利；学校也提供了校园无线网络全覆盖，给学生提供便捷的网络服务。

手机上网主要分为移动数据和无线局域网（WLAN）两种方式。

使用移动数据流量上网，指的是通过 GPRS、WCDMA、LTE 等移动通信技术上网，即用 2G、3G、4G、5G 上网，产生的流量计入相应的手机电信账户中，是会产生费用的，这就需要用户向电信运营商购买流量或者订制套餐。这里的 2G、3G、4G、5G 分别指的是第二代、第三代、第四代、第五代移动通信技术。用 5G 比 4G 更快，用 4G 比 3G 更快，用 3G 比 2G 更快。

使用无线局域网上网，指的是将手机通过 Wi-Fi（wireless fidelity）技术接入局域网。Wi-Fi 是 WLAN 的一个技术标准，我们在日常使用中习惯地将 WLAN 也说成 Wi-Fi。很多大学都提供了免费或者收费极低的、覆盖全校园的 Wi-Fi，便于学生使用移动设备上网来查阅资料。

WLAN 是 wireless local area network 的简称，起步于 1997 年。当年 6 月，第一代无线局域网标准 IEEE 802.11 正式颁布实施，为无线局域网技术提供了统一标准，但当时的传输速率只有 1~2Mb/s。目前使用最多的是 IEEE 802.11n（第四代）和 IEEE 802.11ac（第五代）标准，它们既可以工作在 2.4GHz 频段，也可以工作在 5GHz 频段上，传输速率可达 600Mb/s（理论值）。但严格来说，只有支持 IEEE 802.11ac 标准的路由器才是真正的 5G 路由器，现在市面上常见的支持 2.4G 和 5G 双频的路由器其实很多是只支持第四代无线标准，也就是 IEEE 802.11n，而真正支持 IEEE 802.11ac 标准的 5G 路由器还比较少，价格也比较贵。大家注意，这里说的 5G 是指 5GHz 频段，不是前面提到的 5G 通信技术（关于 Wi-Fi、5G 等将在项目 5 和项目 6 中详细阐述）。

使用 WLAN 上网的前提是距离无线路由器不能太远且障碍物不能太多。信号越稳定，中间障碍物越少，使用人越少，则上网效果越好。

阅读资料：5G

人们常说的 5G 就是第五代移动通信技术，也是继 4G、3G 和 2G 系统之后的延伸。5G 的特点是：高数据速率、低延迟以及节省能源，降低成本，提高系统容量和支持大规模设备连接等。相比于前面的几代，5G 通信技术最主要优势体现在传输速度上，数据的传输速度远远高于以前，理论上最高可达惊人的 10Gb/s，这个传输速度甚至超过了有线互联网，比 4G 网络快 100 倍。另一个优点是较低的网络延迟（更快的响应时间），低于 1ms，而 4G 为 30~70ms，这给一些程序应用带来了更高的运行效率。由于数据传输更快，5G 网络将不仅为手机提供服务，而且在很多商业场景上得到广泛应用，如无人机高清摄影摄像传输、自动驾驶、安全检测等方面。

5. 手机安全

开学前一天，小 C 突然接到一个电话，询问他是否需要助学贷款，因为之前小 C 的父母给小 C 讲过一些关于"套路贷"、电话诈骗等话题，因此小 C 一口回绝对方，并直接挂断电话。但是小 C 仍心有余悸，一是他刚购买电话和启用新的电话卡不久；二是对方竟然知道他即将进入大学。原来的高中同学群里已经有几个同学，因为轻信一些信息被骗取财物。小 C 决定搜索并整理一些关于电话诈骗、手机安全的资料，发给同学们，也避免自己以后上当受骗。

1）信息泄露

像小 C 接到的贷款推销电话，就是因为在网络、微信群、QQ 群等地方，小 C 的电话被一些别有用心的组织或个人搜集到，再以一定价格卖给从事一些业务的公司或个人。因为现在网络购物、注册会员等活动都需要验证电话或者实名认证，因此个人信息很容易被泄露出去。在填写购物信息和个人信息的时候，一定要注意是否存在信息泄露的危险。更为严重的是，在用手机、计算机办理一些业务的时候，容易将身份证等个人重要信息泄露。电话号码、邮箱、身份证等个人信息泄露导致垃圾短信源源不断，骚扰电话接二连三，垃圾邮件铺天盖地，冒名办卡透支欠款，案件事故从天而降，冒充他人要求转账甚至账户钱款不翼而飞等严重后果，钱财和名誉受到严重损失。因此我们需要时时刻刻保持警惕，注意保护个人信息。

2）电话诈骗

智能手机给人民的生活带来了便利的同时，也给一些不法分子带来了可乘之机。而刚自主支配时间、金钱的大学生，则成为一些骗子眼中的"唐僧肉"。他们通过手机渠道采取各种方式，利用大学生容易相信别人，急于勤工俭学，社会经验不够丰富等特点诈取钱财。

拓展资料：校园常见电话诈骗

（1）校园套路贷：借助一些培训、实习、助学贷款、小额消费贷款等方式，诈骗者抓住一些同学急于减轻家里负担或满足自己消费的心理，诱使或迫使被害人签订"借贷"或变相"借贷""抵押""担保"等相关协议，通过虚增借贷金额，恶意制造违约，肆意认定违约，毁匿还款证据等方式形成虚假债权、债务，并借助诉讼、仲裁、公证手段甚至采用暴力、威胁等手段非法占有被害人财物。

（2）虚假中奖陷阱：尽管虚假中奖陷阱的中招者以老年人居多，但是也有一些看上去比较"高大上"的中奖项目，在校园中让不少年轻人上当受骗。以中奖为诱饵，诈骗者让手机用户先将邮费、手续费或个人所得税汇到一个银行账号，收到钱后便逃之夭夭。

（3）赌博信息：利用年轻人的冒险心理，诈骗者向校园发送"六合彩"相关信息，一些学生出于好奇心，登录了相关网站，一步步走入骗子的陷阱。"六合彩"等赌博是政府明确禁止的行为，诈骗者却通过向用户群发手机短信，从而吸引用户参与"六合彩"来骗取钱财。

（4）兼职刷单：利用大学生课余时间丰富及一些学生想勤工俭学的心理，诈骗者要求学生下载一些软件，并给一些零钱，然后以保证金、税金等形式来实施诈骗。而且诈骗的方式和方法越来越呈现出多样性，通过刷单进而诱骗大学生参与网络赌博、刷礼物等。

（5）假货诈骗：诈骗者打着各种口号，将一些名牌化妆品、服装等，以远远低于正常价格的低价来吸引人们的眼球，再通过网络等手段进行交易。买家收到货之后，却又发现是冒牌货或者品质低劣的假货，然而投诉理赔起来很麻烦，所以大部分买家只能自认倒霉。

（6）虚拟交易：大多数大学生喜欢玩网络游戏，一些人也喜欢购买网游装备或账号等，而不少骗子专门盯上这个市场，利用网络交易的一些漏洞进行盗号、虚假交易等。

3）手机病毒、木马

现在移动支付越来越便捷，越来越多的人使用支付宝、微信等来进行支付。一些不法分子开发了一些病毒、木马用来盗取手机信息，通过将盗取的信息售卖给一些游戏平台来获取利益。更有甚者，利用木马病毒操作别人的手机，直接盗取钱财。我们平时在使用手机时，应注意以下几条，以防止手机感染病毒、木马程序。

首先，要从正规渠道购买手机。一些过于便宜的手机、二手手机容易被人预留"后门"，当你使用一段时间后，别人可以通过预留的软件或云密码查看你的信息。

其次，要尽量从正规的渠道下载 App，尤其是手机银行、支付软件等；在安装已经下载好的 App 的时候，一般 App 会申请一些权限，这个时候需要谨慎对待；在使用手机注册、登录网站时，要注意小心识别虚假网站，更不要以非正规链接的形式登录手机银行、支付软件等；对于一些 App 弹出广告的链接，尽量不要轻易单击；二维码也是一个链接，扫描来源不明的二维码也容易导致中毒。

最后，不要轻易蹭网。连接一些不安全的、公开的 Wi-Fi 网络，也容易造成一些信息被盗取。手机通过基站进行通信，一些不法分子甚至会在一些场合安置"伪基站"来截取手机信息。在咖啡厅、酒店等公共区域通过 Wi-Fi 上网时，尽量不要发送账号、支付密码之类的信息。

1.1.2 智能穿戴

经过一段时间的大学生活，小 C 很多同学购买了智能手环、智能手表等一些新潮的智能设备，这些设备看上去很酷，在日常生活中也很有用。小 C 通过做兼职赚了一些钱，也想购买一些智能设备。有了购买手机的经验，购买智能设备也得心应手。

1. 可穿戴智能设备

可穿戴设备是指能够直接穿在身上，或是通过和使用者衣服或配件整合的一种便携式设备。大部分可穿戴设备也符合如图 1-1 所示的计算机逻辑体系架构，具备输入/输出、计算、通信等功能，并且都装有嵌入式操作系统。随着云计算技术的发展，大部分可穿戴设备不仅是一种硬件设备，而且能通过通信功能及数据交互、云端交互来实现实现数据交换，并且大部分穿戴设备通常与手机等结合，实现了更为便捷、强大的功能。例如，小 C 同学日常喜欢体育运动，经常跑步、踢球等，运动手环更便于携带，还能够随时查看身体状态、时间等信息，且能够方便地接听电话。

小 C 首先想要购买一个智能手表，智能手表比手环功能更为强大。通过智能手表，可以随时随地了解自身的信息，并且能够在手机、计算机、网络的辅助下更为高效率地处理一些信息。像智能手表、手环、智能眼镜等可穿戴设备，是当前比较常见的、主流的可穿戴设备。小 C 家里爷爷虽然年龄最大，但是也坚持每天出门溜达一圈，锻炼一下身体，家人对此很担心。小 C 考察了智能手杖的功能，想买一个智能手杖回家带给爷爷。智能手杖一般具备 GPS 定位、SOS 呼叫等基本功能，能够在老人摔倒、迷路等时，向家人或路人求救，便于更及时、便捷地服务老人。另外，部分智能手杖集成了手电筒、收音机、MP3 等一些老人喜爱的功能，更便于老人出行。

2. 常见的可穿戴设备

1）智能手环

智能手环的主要功能包括查看运动量，监测睡眠质量，智能闹钟唤醒等。可以通过手机应用实时查看运动量，监测走路和跑步的效果，还可以通过云端识别更多的运动项目。现在智能手环的功能越来越多，屏幕越来越好，交互也变得更多。智能手环的体积和重量比手表要小和轻很多，最主要的是它的价格更低，性价比更高，如图 1-5 所示。

2）智能手表

智能手表有着接近传统手表的外形设计，做工精致，用户可以查看来电、短信、邮件、日历以及社交网络消息的即时提醒，还能够使用在线智能语音功能进行操作。与智能手环相比，智能手表屏幕更大，并且可以接打电话和查看短信，功能比智能手环更加丰富，如图 1-6 所示。智能手表更适合商务办公人士，而智能手环更适合热爱运动的人。

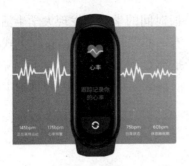

图 1-5 某国产品牌智能手环

图 1-6 某国产智能手表

3）智能眼镜

华为 Eyewear 2 是一款智能眼镜，发布于 2020 年 10 月 22 日。华为智能眼镜片的质量很好，由德国卡尔蔡司集团生产制造，而且选用了全新升级的眼镜片嵌入技术，眼镜正脸全平并且没有接缝。它关键的高新科技配备都在眼镜腿上，上下镜腿都有大震幅音箱，构建了半敞开式设计方案的立体式音色，漏音及隐私保护性维护提高许多。如图 1-7 所示，华为 Eyewear 2 兼具眼镜和真无线蓝牙耳机的特点，净重合适，应用起来够简易，一捏、一碰或一划就可以操纵眼镜，任何人都能够轻轻松松入门。

图 1-7 华为 Eyewear 2 智能眼镜

任务 2 计算机选购和安全

本任务知识点：

- 计算机分类
- 计算机架构体系和硬件
- 利用系统安全中心配置防火墙的方法
- 利用系统安全中心配置病毒防护的方法
- 常用的第三方信息安全工具的使用方法

项目1 智能设备
与信息安全2.mp4

11

小 C 顺利地来到大学之后，经历了一段时间的学习，发现大学生活具有更多的自主性。专业课需要自己到网上查阅资料，有一些课程采用网络授课方式。小 C 还很喜欢自拍，并经常需要制作一些小视频，于是小 C 和父母商量了一下，父母支持小 C 购买一台计算机。为了便于携带，师兄师姐们都建议小 C 购买一台笔记本电脑，小 C 决定首先查阅资料，对计算机深入了解一下。

1.2.1　选购计算机

1. 计算机的分类

计算机从 1946 年诞生到今天，已经发展出各种各样外形、功能和性能各异的类型，这些计算机在社会的不同行业得到广泛的应用。尽管不同类型计算机的大小和性能相差很大，但是它们都符合计算机系统逻辑结构的定义，属于计算机的不同分类。

1）超级计算机

超级计算机基本组件与个人计算机的概念无太大差异，是计算机中功能最强、运算速度最快、存储容量最大的一类计算机。拥有最强的并行计算能力，主要用于科学计算。在气象、军事、能源、航天、探矿等领域承担大规模和高速度的计算任务。通常由大量的 CPU 和存储设备组成，是一种专注于科学计算的高性能服务器，而且价格非常昂贵。

例如，国防科技大学研制的"天河二号"超级计算机系统，以峰值计算速度每秒 5.49 亿亿次、持续计算速度每秒 3.39 亿亿次双精度浮点运算的优异性能位居 2013 年超级计算机榜首，成为 2013 年全球最快的超级计算机。该计算机有 125 个机柜，共采用了 312 万个 CPU 建设而成，内存达到 1.408PB，外存采用 12.4PB 容量的硬盘阵列。这样的庞然大物所消耗的能源也是巨大的，在搭载了水冷却系统以后，功耗达到 24MW。

2）小型机和刀片服务器

服务器通常指一个管理资源并为用户提供服务的计算机软件，常见的服务器有文件服务器、数据库服务器和应用程序服务器等。通常情况下运行上述软件的计算机（系统）也被称为服务器。这里提到的服务器，指的是计算机硬件系统。

小型机是指采用 8~32 颗处理器，性能和价格介于个人计算机服务器和大型主机之间的一种高性能 64 位计算机。小型机与普通个人计算机的区别在于，它具有高可靠性、高可用性、高服务性三个特点。

刀片服务器是指在标准高度的机架式机箱内可插装多个卡式的服务器单元，从而实现高可用和高密度。每一块"刀片"实际上就是一块系统主板，加上主板上的 CPU 等组件，构成了一个个独立的计算机。刀片服务器实际上是把若干台计算机放到同一个机架式机箱中进行统一管理。

3）个人计算机

个人计算机的概念由 IBM 公司于 1981 年最先提出，发展到现在包括了台式机、笔记本电脑、一体机、掌上电脑和平板电脑等不同类型的计算机。个人计算机不需要共享其他计算机的处理、磁盘和打印机等资源即可以独立工作，是人们日常生活、工作中接触最多、最频繁的计算机。

4）工业计算机

工业计算机大量地应用在自动化、控制、监测等领域。工业计算机由于其工作环境不同，因此在外形和输入 / 输出方面与普通计算机有很大的不同。例如，一些工业计算机为了能够适应工厂粉尘工作环境，安装了密封的防尘罩；一些工业计算机的输入设备，主要是各种不同的传感器，将监测数据输入计算机单元中，以方便进行计算机处理。

5）移动终端

移动终端是指在移动中能够使用的计算机，包括智能手机、掌上电脑、笔记本电脑、POS 机等。智能手机是最近几年发展最快的移动终端设备，以至于移动终端目前基本上特指智能手机和平板电脑。

智能手机像个人计算机一样，具有独立的处理器、存储器等硬件系统。智能手机最大的特点是具有独立的操作系统，使用者能够方便自主地安装和卸载软件和应用。

6）新概念计算机

新概念计算机主要在两个方面体现出与传统计算机的不同，一个是在芯片的工艺材料上，另一个是在外形设计上。无论哪个方面，都是对未来计算机的一个展望。

在新的工艺材料上，主要是采用一些纳米、光电子技术来代替传统的集成电路技术，并且在输入 / 输出端都进行了极大的改进。在外形设计上，智能眼镜、智能手表等形形色色的电子产品不断推出，都颠覆了传统的计算机概念，未来计算机将成为一个更广泛的概念。

2. 计算机系统结构及硬件组成

计算机是指能够存储和操作信息的智能电子设备，而计算机系统是指与计算机相关的硬件和软件以及相关知识的综合。

从科学的角度来讲，计算机与计算机系统（系统是由一些相互联系、相互制约的若干组成部分结合而成的且具有特定功能的一个有机整体）是有区别的。在日常生活、工作中，人们一般对计算机和计算机系统不加以区别，需要进行区分的时候，通过计算机硬件和软件来进行单独区分。

计算机硬件是组成计算机（系统）的物理设备，由运算器、控制器、存储器、输入设备和输出设备五个逻辑部件组成。在一定程度上，满足这五个逻辑部件的电子仪器设备，都可以当作计算机来处理。

1）运算器

运算器完成基本的加、减、乘、除四则运算，与、或、非、异或等逻辑操作，以及移位、求补等操作。运算器的操作和操作种类由控制器决定。运算器处理的数据来自存储器，处理后的结果数据通常送回存储器。

2）控制器

控制器是整个计算机系统的控制中心，它指挥计算机各部分协调地工作，保证计算机按照预先规定的目标和步骤有条不紊地进行操作及处理。控制器从存储器中逐条取出指令，分析每条指令规定的是什么操作以及所需数据的存放位置等，然后根据分析的结果向计算机其他部件发出控制信号，统一指挥整个计算机完成指令所规定的操作。

3）存储器

存储器是计算机系统中的记忆设备，用来存放程序和数据。计算机中全部信息，包括输入的原始数据、计算机程序、中间运行结果和最终运行结果都保存在存储器中。它根据控制器指定的位置存入和取出信息。

4）输入设备

输入设备是向计算机输入数据和信息的设备，是人或外部与计算机进行交互的一种装置，用于把原始数据和处理这些数据的程序输入计算机中。这些数据既可以是数值型的数据，也可以是各种非数值型的数据，如图形、图像、声音等都可以通过不同类型的输入设备输入计算机中，进行存储、处理和输出。

5）输出设备

输出设备是计算机的终端设备，用于接收计算机数据的输出显示、打印、声音、控制外围设备操作等，也可以把各种计算结果数据或信息以数字、字符、图像、声音等形式表示出来。

需要特别指出的是，计算机硬件设备并不是严格与这些逻辑结构一一对应的。一台计算机也不是必须包括所有的硬件设备，但是一定要具备上述五种逻辑结构。图1-8给出了计算机硬件与逻辑结构。

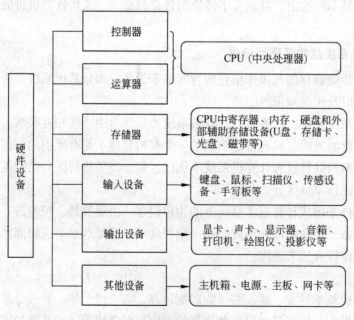

图 1-8　计算机硬件与逻辑结构

拓展资料：中央处理器（CPU）

和大多数普通计算机一样，对智能手机性能影响最大、最为重要的肯定是它的"芯"，也就是CPU（关于CPU的工作原理，我们这里不再赘述，感兴趣的同学可以查阅电子电路原理等相关资料）。CPU主要包括控制器和运算器两个部分，所有输入数据的处理都是由CPU来完成的。作为计算机的核心部件，CPU发展的历史和技术，基本上代表了计算机发展的历史和特征，如表1-1所示。

表1-1　CPU发展历史和特征

时　间	特　征
1971—1973年	4位和8位低档微处理器时代，代表产品是Intel 4004处理器。1971年，Intel生产的4004微处理器将运算器和控制器集成在一个芯片上，标志着CPU的诞生；1978年，8086处理器的出现奠定了x86指令集架构，随后8086系列处理器被广泛应用于个人计算机终端、高性能服务器以及云服务器中
1974—1977年	8位中高档微处理器时代，代表产品是Intel 8080。此时指令系统已经比较完善了
1978—1984年	16位微处理器时代，代表产品是Intel 8086。相对而言已经比较成熟了
1985—1992年	32位微处理器时代，代表产品是Intel 80386。已经可以胜任多任务、多用户的作业。1989年发布的80486处理器实现了5级标量流水线，标志着CPU的初步成熟，也标志着传统处理器发展阶段的结束
1993—2005年	这是奔腾系列微处理器时代。1995年11月，Intel发布了Pentium处理器，该处理器首次采用超标量指令流水结构，引入了指令的乱序执行和分支预测技术，大大提高了处理器的性能。超标量指令流水线结构一直被后续出现的现代处理器，如AMD的锐龙、Intel的酷睿系列等所采用
2005—2021年	处理器逐渐向更多核心和更高并行度发展。典型的代表有Intel的酷睿系列处理器和AMD的锐龙系列处理器

3. 计算机选购

在了解了相关资料之后，小C就淡定多了，加上对计算机也比较熟悉。所以小C在对计算机的性能、价格、折扣等方面做了比较之后，就直接在电商平台购了一台笔记本电脑。成熟的电商平台提供了发票、相关维修凭证、随机软件等，方便、实惠、效率较高。表1-2是小C整理的计算机主要选购参数。

表1-2　计算机主要选购参数

部件	选购参数
CPU	首先，要选定CPU的品牌，目前生产CPU的主要厂商有Intel和AMD两家，这个决定购买主板时CPU插槽的类型；其次，查看CPU的主要参数，主要有频率、二级缓存、三级缓存，核心和线程数量。频率越高，二级缓存、三级缓存越大，核心和线程数量越多，运行速度越快
内存	内存的存取速度取决于接口、主频与容量大小。一般来说，内存容量越大，主频越高，处理数据能力越强。另外，存取数据的速度与内存类型也有很大关联，如DDR4就比DDR3处理得快

部件	选购参数
主板	主要由处理芯片、CPU插槽类型、内存插槽类型和数量决定。北桥芯片（NorthBridge）是主板芯片组中起主导作用的、最重要的组成部分。例如，i965比i945芯片处理能力更强，i945比i910芯片处理数据的能力又更强些。CPU的插槽类型决定了CPU的品牌和接口类型。内存插槽类型和数量决定主板将来升级扩展的空间有多大，主板支持的最大内存容量理论上由芯片组所决定。北桥决定了整个芯片所能支持的最大内存容量，但在实际应用中，主板支持的最大内存容量还受到主板上内存插槽数量的限制
硬盘	硬盘分为固态硬盘（SSD）、机械硬盘（HDD）、混合硬盘（SSHD）。固态硬盘速度最快，混合硬盘次之，机械硬盘最差。我们在选购硬盘时，还要关注硬盘的容量、硬盘接口类型等方面，容量越大，存储的数据越多；而硬盘接口分为IDE、SATA、SCSI和光纤通道四种，SATA接口又有3.0和2.0版本的区别，SATA 3.0速度高于SATA 2.0
显卡	显卡的图像处理能力与显示芯片频率，显存类型和大小，以及显存位宽有关。频率越高，显存越大，位宽越大，显卡的图像处理能力越强
电源	选购功率足够和稳定性好的电源就可以了。稳定的电源可以为计算机各个电子元件提供稳定的电压以及电流，并且在选购时最好预留一定额度的功率，这样为将来增加硬盘数量或者其他设备提供升级空间
显示器	显示器的选购参数主要有屏幕尺寸、分辨率、屏幕比例和接口类型等。屏幕尺寸是指液晶显示器屏幕对角线的长度；屏幕分辨率是指纵横向上的像素点数。屏幕分辨率确定计算机屏幕上显示多少信息，以水平和垂直像素来衡量。对于相同大小的屏幕而言，当屏幕分辨率低时，在屏幕上显示的像素少，单个像素尺寸比较大；当屏幕分辨率高时，在屏幕上显示的像素多，单个像素尺寸比较小。 屏幕比例是指屏幕画面纵向和横向的比例，又名纵横比或者长宽比，常见的比例有4:3、5:4、16:10、16:9、21:9。一个显示器要想画质好，不仅需要显卡支持，也由显示器的接口类型所决定。市场常见的显示器接口类型排名（清晰度）：DP>HMDI>DVI>VGA

1.2.2　计算机安全

小C和身边的舍友基本都有了计算机，上课的时候非常方便，平时在宿舍也能够完成一些作业，并且可以通过计算机来上网课。一天，小C正在上网课的时候，突然计算机提示：某文件有可能是病毒，需要及时处理。小C吓了一跳，因为前几天舍友的计算机中了病毒，后来找计算机系的同学重装系统之后，才能正常运行。还有几个舍友，有过QQ被盗号的经历。小C特别想知道，如何提高计算机的安全性。

1. 系统安全中心配置病毒防护

其实Windows 10操作系统自身携带了一套完整的反病毒软件Defender。同时这套反病毒软件也不断地改进和优化，最终成为Windows安全中心。我们可以通过对安全中心的设置，提高操作系统防护病毒的能力，并且使用非常方便，能够保障操作系统的基本安全。

我们可以通过控制面板直接打开 Windows 安全中心，也可以搜索打开。Windows 安全中心操作界面如图 1-9 和图 1-10 所示，打开"病毒和威胁防护"，查看相应的选项是否已经选中，如已经选中，则病毒防护已经开启。

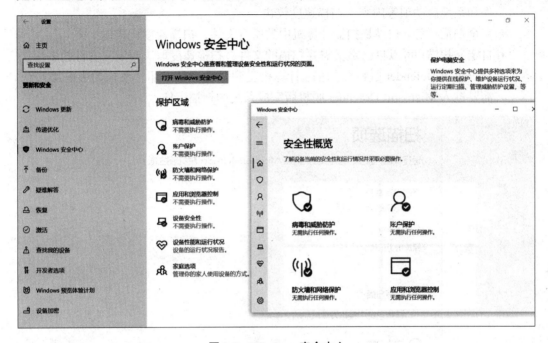

图 1-9　Windows 安全中心

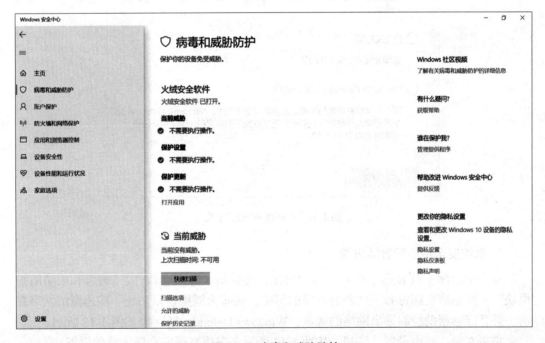

图 1-10　病毒和威胁防护

病毒和威胁防护除了提供实时防护外，还提供了病毒扫描的功能，并且有 4 种方式，如图 1-11 所示。

- 快速扫描：使用快速扫描的方式，Windows Defender 只扫描操作系统的关键性文件和系统启动项等内容，扫描速度较快。
- 完全扫描：完全扫描是扫描计算机中的所有文件，扫描速度比较慢。
- 自定义扫描：可以自己定义需要扫描的文件，扫描速度取决于定义文件的多少。
- Microsoft Defender 脱机版扫描：计算机受到恶意病毒破坏，系统无法正常工作，需要进入 Microsoft Defender 脱机版完成系统的扫描工作。

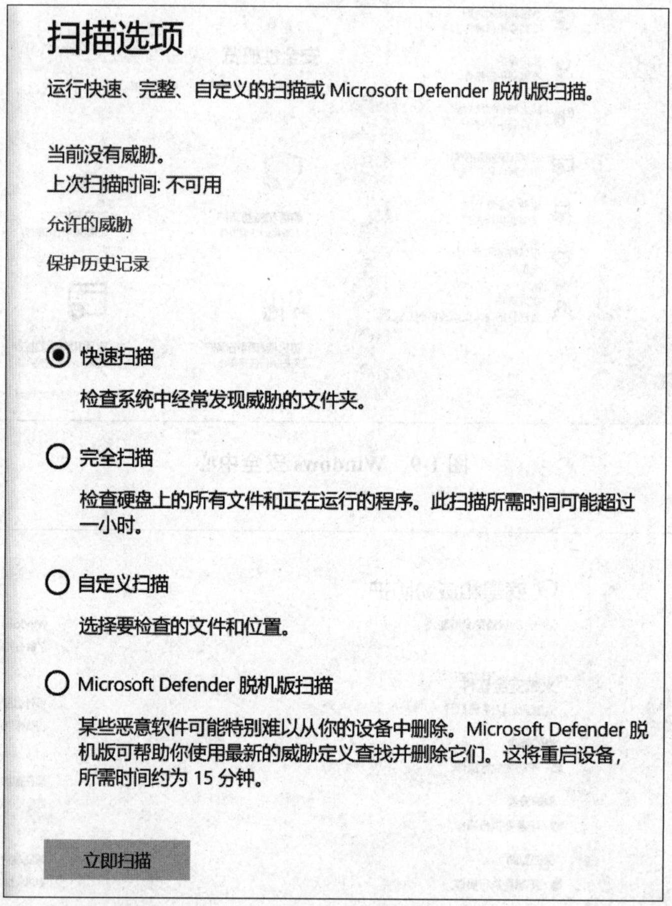

图 1-11　4 种病毒扫描方式

2. 系统安全中心配置防火墙

安全中心除了具有病毒和威胁防护功能，还提供了防火墙软件。"病毒和威胁防护模块"主要是防止病毒和一些恶意程序的感染。而防火墙则可以防止一些恶意的网络攻击，并且能够帮助控制进出网络的流量，Windows Defender 防火墙如图 1-12 所示。

单击左侧"高级设置"按钮，按图 1-13 所示来完成高级安全防火墙的设置。

图 1-12 Windows Defender 防火墙

图 1-13 防火墙的高级设置

3. 第三方杀毒软件安装

Windows 10 安全中心附带的杀毒软件能够在一定程度上抵御病毒软件，但是在杀毒等方面，功能还不够强大。并且现在有很多的免费杀毒软件，可提供更强大的保护功能。

经过比较，小 C 发现某绒杀毒软件相对于其他杀毒软件来说，占用系统内存小，软件界面简洁易操作,功能实用,他决定在计算机上再安装一个杀毒软件。具体安装过程如下。

（1）登录官方网站，下载杀毒软件。图 1-14 所示为下载完成的杀毒软件。

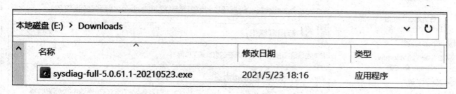

图 1-14　下载完成的杀毒软件

（2）双击运行程序，或者右击此软件并在快捷菜单中选择"打开"命令，如图 1-15 所示。

图 1-15　运行安装

（3）单击图 1-16 中的"安装目录"选项。软件默认安装到 C 盘，我们也可以更改为安装到 D 盘。

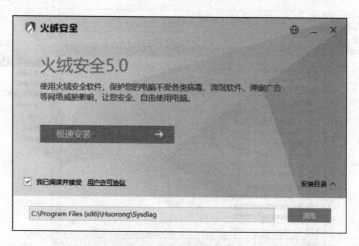

图 1-16　选择安装目录

（4）选择好安装路径后，单击"极速安装"选项，如图 1-17 所示。

（5）安装好的杀毒软件的主界面如图 1-18 所示。

（6）安装好软件后，单击图 1-18 方框内的图标进行病毒库的升级，如图 1-19 所示。

安装一个常用的第三方杀毒软件即可，因为杀毒软件需要常驻内存，因此如果杀毒软件安装过多，会导致计算机运行速度极慢，占据大量硬件资源。

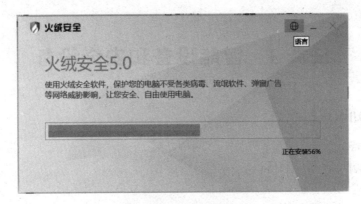

图 1-17 安装进度条

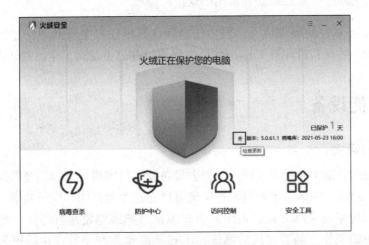

图 1-18 主界面

图 1-19 更新病毒库

任务 3　智能设备和安全设备

本任务知识点：

- 智能设备
- 智能终端与病毒、木马
- 网络安全等级保护
- 常用网络安全设备的功能和部署
- 信息安全面临的常见威胁和常用的安全防御技术

因为小 C 在学校的表现优秀，班主任老师让其担任班主任助理，经常在教师办公室帮老师完成一些资料打印等工作，小 C 慢慢地对办公设备有了全面的认识。

1.3.1　智能设备

1. 智能打印机

在老师的办公室中，最重要的一个办公设备就是打印机，老师们经常需要用它来打印教案、随堂测试、花名册等资料。打印机可以支持手机打印、全员共享、远程打印等等功能，使用起来越来越方便。很快，小 C 就能够熟练地使用打印机，经常帮助老师完成一些简单的工作。随着使用的熟练，小 C 不断地发现了打印机的更多功能，由于打印机使用历史比较悠久，因此现在的打印机基本上同时具有扫描、复印等功能，并且根据用户的需求开发出很多功能。比如，如图 1-20 所示的智能打印机可以作为扫描仪使用，方便随时随地输入和输出信息，提高办公效率。一些智能打印机内置了充电电池，在一些户外场景可以随时使用，便于移动办公。

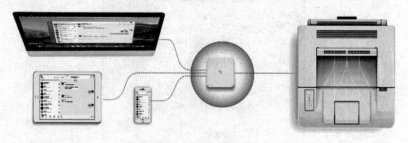

图 1-20　智能打印机

2. 智能考勤机

学校的一些教室安装了人脸识别、指纹识别系统，通过人脸识别或者指纹识别来开关教室门，还可以实现签到功能。在老师的办公室，小C也发现有一些人脸识别、指纹识别、蓝牙打卡等多种方式相结合的智能考勤机。老师告诉小C，这些智能考勤机能够与手机App融合，并且和教务系统、教学管理软件等互联互通。部分智能考勤机还兼顾了智能前台功能，实现报表互通。如图1-21所示，手机、计算机均可以随时查看考勤报表，结合对教职工外出、出差、加班的管理，为办公提供了很大的便利。

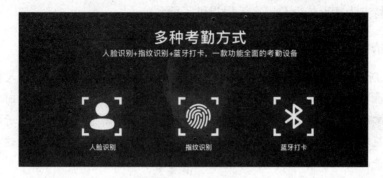

图1-21　智能考勤机

3. 智能投影仪

经过最近二三十年的发展，学校大部分教室安装了投影仪，投影仪的使用彻底改变了教学模式。投影仪在一些研讨会、工作汇报中也是必不可少的。在办公领域，当我们需要展示数据、图像、文字、产品规划、设计理念的时候，一台智能无线办公投影仪能够给我们带来巨大的帮助。发展到今天，投影仪越来越智能化，功能也越来越强大。很多智能投影仪集成音箱、大容量电池，同时支持无线同屏、无线遥控、异地共享、多端投屏、触屏、交互等功能，如图1-22所示，大大提高了办公效率。

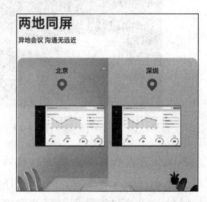

图1-22　某具备远程同屏功能的智能投影仪

1.3.2　终端安全

一天，小C来到了班主任林老师的办公室，帮助老师打印一些资料。但是打印机不能正常工作，打印出来一些乱码，再后来彻底不工作了。林老师和小C一阵忙活之后，发现林老师的计算机也出现了一些问题，提示感染了病毒。没有办法，林老师找来学校信息中心的工程师，检测之后，发现林老师所用的打印机是一台智能打印机，经常给学生打印一些资料，前几天在接收学生传过来的资料时感染了病毒，通过打印机，病毒又传播到计算机上。

随着信息化的发展，类似于打印机、考勤机、智能投影仪、智能指示牌等终端设备越来越多地出现在人们的生活中，这些智能终端与传统的终端的不同之处有两点。

一是大部分安装了简单的操作系统内核，如 Linux、简化版 Windows 等，并在此基础上安装了功能软件。

二是为了方便数据传输，都接入了互联网。

这两个特点为病毒传染及黑客入侵提供了便利。

拓展资料：终端入侵检测

图 1-23 所示是中国移动营业厅中常见的自动话费充值终端机。在输入错误的手机号之后，单击"忘记密码"按钮，这个时候程序设定为自动报错，与此同时界面右下角就会出现语言栏提示。单击语言提示栏，即可调用本地资源管理器，通过资源管理器进入系统后就获取了这台终端机的操作权限。如果是有心的用户，可以通过这些权限加载一些文件，进而侵入移动网络中，可能造成不可想象的后果。

图 1-23 移动自助话费充值终端机

不仅如此，在机场、地铁、校园等广泛应用的终端都存在漏洞，居心不良的人能够利用一些漏洞进入网络中，进行破坏或者获取利益。

同时，通过智能设备入侵的案例也比比皆是，智能手环、智能摄像仪、智能办公设备甚至车联网，都可能成为黑客入侵的目标。

（资料来源：http://www.52bug.cn/hkjs/2167.html）

1. 智能终端安全分析

1）病毒防护能力弱

受硬件限制，智能终端所安装的操作系统一般为压缩版本或者是最简版本，这导致存在各种各样的安全漏洞，使木马、蠕虫等恶意代码的存在成为可能；前文提及为了传输数据或者更好地控制智能终端，现在的智能终端基本上都有蓝牙、4G/5G、USB、Wi-Fi、网络接口等众多接入方式，因此使智能终端感染病毒的机会大大增加，并且具备了从智能终端向网络传播病毒的可能性。现在越来越多的智能终端充斥办公场景，这就大大增加了整个办公网络感染病毒的可能性。

2）难以管理

一些智能终端为了传输数据和接入网络方便，不能采用限制网口、控制网络物理连接的方式，也不能采用IP地址管理方式等普通管理方式对终端接入进行管理。这使智能终端容易成为黑客攻击业务系统的跳板，网络上就有大量通过摄像头等侵入服务器的例子，使智能终端变成"肉鸡"。一些智能终端采用开放的操作系统及软件平台架构，提供开放的API及开放的开发平台，这为部分黑客软件提供了可能；也有一些操作系统提供商以系统维护为借口，给自己预留了非公开的API，由此带来恶意"后门"的隐患，这就导致黑客很容易通过智能终端对业务系统进行攻击，并获取业务系统敏感信息。

3）容易泄密

生活中一些人没有良好的数据安全和保密意识。有的人习惯把一些从业务系统上下载下来的敏感数据保存在移动终端、手机、Pad、U盘中，经常到处乱放，让别人代管，借给别人使用，导致被怀有特殊目的的人员获取相关信息。例如，有的老师把期末考试试卷存放在U盘上，在课间去卫生间时，有的学生趁机从U盘中拷贝了试卷。还有一些人缺乏安全意识，操作业务系统时，没有及时退出登录及关闭终端的习惯，其他人趁机使用他的业务系统获取了敏感信息。

2. 智能终端安全策略

1）加强安全防护

由于与智能终端相关的网络入侵、病毒感染等事件频发，并且呈快速上升趋势，智能终端的安全防护也越来越受到重视。不少智能终端生产企业、软件开发商在设计业务系统的时候，对智能终端的安全都进行了加强。通过使用安全机制和绿色软件，逐步加强智能终端的安全防护能力，减少操作系统、外围接口以及应用软件等安全隐患。通常情况下，可以采用下列方式加强智能终端的安全。

一是严格控制智能终端用户访问，对不同的用户设置安全数据隔离，对数据的存储做严密的规定或者禁止数据存储，对数据访问做到程序级授权；二是对每个功能模块的权限进行细化，每个用户根据各自的身份各司其职，有条件的可对移动智能终端提供密码或指纹识别保护，一旦终端处于待机状态，使用相应的密码或指纹对终端锁定；三是严格管理应用程序的开发接口，确保这类接口不被第三方利用，一旦发现开发接口出现在第三方开发的程序中，便终止该应用程序，提高智能终端的安全防护系数。

任何终端都没有绝对的安全，特别是智能终端硬件配置相对较低，一般不安装病毒防护软件，其感染病毒的可能性远远超过普通终端。树立安全防护意识，安装防护软件，定期检测，定期更新，就显得比较重要。

2）加强互联网安全

出于业务系统及办公的方便等考虑，大部分业务终端需要数据交互，而业务终端本身存储量较小；同时为了防止数据损坏或者丢失，大部分业务终端都联网进行数据备份、数据交换。前面反复提及，智能终端保护能力相对较弱，这就要求接入智能终端的系统加强对联网的智能终端的访问权限、数据读取等方面的防护，以防止黑客、不法分子通过智能终端入侵整个网络，造成巨大损失。

建立起整个网络的安全联动系统，实现由网络接入控制到应用服务控制的多级控制手段，充分弥补单向控制的局限性，从源头上阻止针对特定服务的网络流量冲击，预防网络病毒。

3）加强移动设备管理

为了便于办公，很多企业单位员工购买并使用一些便携式的智能终端。但无法对接入业务系统的智能终端设备进行统一管理，如强制安装什么杀毒软件，必须安装什么操作系统，规定购买什么机型，定期进行安全检测，要求只能安装什么软件和只能访问哪些网站等。有条件的单位可以通过统一派发移动智能终端来加强管理；没有条件的单位也要有意识地制定相关规章制度，加强对接入业务系统的智能终端进行统一管理，保护业务系统不受到威胁。

智能终端的广泛使用，给我们的生活、办公带来了巨大的便利。但是由于访问移动网络的用户账户、用户密码以及智能终端设备本身都容易丢失，再加上 NAT（网络地址转换）技术的应用及日志留存信息缺失，造成智能终端用户的行为非常难以溯源。通过智能终端对业务系统发起的攻击行为更具隐蔽性，更难被发现，特别是对敏感信息的窃取行为更加难以被感知。这就造成了智能终端入侵违法成本低和获取利益大，所以越来越多不法分子瞄准了智能终端，这也要求我们必须提高安全意识，加强对智能终端的防护与管理。

1.3.3　安全设备

为了保护网络安全和设备安全，通常我们会在网络中增加一些专门的软硬件安全设备。常见的安全设备包括防火墙、IP 密码机、安全路由器、线路密码机等。另外还有一些专有的安全设备，在一些特定的网络环境中增加网络和信息的安全，如密码芯片、加密卡、身份识别卡、电话密码机、传真密码机、异步数据密码机、安全服务器、安全加密套件、金融加密机/卡、安全中间件、公钥基础设施（PKI）系统、授权证书（CA）系统、安全操作系统、防病毒软件、网络/系统扫描系统、入侵检测系统、网络安全预警与审计系统等。下面我们简单介绍一下一些常见的安全设备。

1. 防火墙

防火墙有软件，也有硬件，一般软件用于单机，硬件用于大型网络。通过有机结合各类用于安全管理与筛选的软件和硬件设备，帮助计算机网络于其内、外网之间构建一道相对隔绝的保护屏障，以保护用户资料与信息安全性的。防火墙抵御的是外部的攻击，并不能对内部的病毒（如 ARP 病毒）或攻击起到太大作用。

防火墙的功能主要是在两个网络之间做边界防护，企业中更多使用的是企业内网与互联网的 NAT、包过滤规则、端口映射等功能。在生产网与办公网中做逻辑隔离，主要功能是包过滤规则的使用。可以通过防火墙设置，使 Internet 或外部网用户无法访问内部网络，或者对这种访问配备更多的限定条件。在网络系统与外部网络接口处应设置防火墙设备，服务器必须放在防火墙后面。

2. 防毒墙

防毒墙是相对于防火墙而言的，一般都具有简单的防火墙的功能，同时更有针对性地对病毒实现专门的防御。

大部分能够实现像防火墙一样的功能，还增加了病毒特征库，将数据与病毒特征库进行比对，查杀病毒。大多数时候使用透明模式部署在防火墙或路由器后或部署在服务器之前，进行病毒防范与查杀。

3. 入侵防御（IPS）

相对于防火墙来说，入侵防御的对象更具有针对性。防火墙是通过对五元组进行控制，达到包过滤的效果；而入侵防御则是对数据包进行检测（深度包检测），对蠕虫、病毒、木马、拒绝服务等攻击进行查杀。

防火墙允许符合规则的数据包进行传输，不检查数据包中是否有病毒代码或攻击代码，而防毒墙和入侵防御则通过对数据包的更深度检查弥补了这一点。

4. 统一威胁安全网关（UTM）

可简单地理解为把威胁都统一了，其实就是把上面三种设备整合到一起，同时具备防火墙、防毒墙、入侵防御三种设备的功能。

5. 网闸

网闸的全称为安全隔离网闸。安全隔离网闸是一种通过带有多种控制功能的专用硬件在电路上切断网络之间的链路层连接，并能够在网络间进行安全适度的应用数据交换的网络安全设备，主要是在两个网络之间做隔离并进行数据交换。

防火墙一般在两套网络之间做逻辑隔离。而网闸部署在两套网络之间，根据相关要求，可以做物理隔离，阻断网络中 TCP 等协议，使用私有协议进行数据交换。一般企业用得比较少，对网络要求稍微高一些的单位会用到网闸。

6. 安全路由器

安全路由器通常是指集常规路由器与网络安全防范功能于一身的网络安全设备，有部分安全路由器产品是通过在现有常规路由平台之上加装安全加密卡，或相应的软件安全系统而来的。一般来说，具备 IPSec（IP security）协议支持，能够有效利用 IPSec 保证数据传输机密性与完整性或能够借助其他途径强化本身安全性能的路由器都可以称为安全路由器。

与常规路由器产品相比，安全路由器能够提供常规路由器所不具备的诸如 IPSec 协议支持、基于规则集的防火墙、基于 OSPE V2 路由协议的安全认证、信息加密与分布式密钥管理等功能，能够对 IP 数据报进行智能加密，可提供安全 VPN 通道、抗源地址欺骗、抗源路由攻击、抗极小数据和抗重叠分片的分组过滤功能及实现基于硬件的信息加密等功能。

7. 传真密码机

传真密码机是运用密码技术和传真技术处理军事信息的密码设备。传真密码机由文件扫描（记录）模块、压缩编（解）码模块、加（解）密处理模块、调制（解调）模块、通信控制模块等组成，用于实现重要军事信息的保密通信。信息传输采用传真机原理，将传递的军用文书等明文信息按图像方式进行扫描、编码，对编码信息进行加密，将加密后的信息通过信道传输；接收方收到后进行解密，将编码还原成明文信息。由于发送端对各种类型的信息可以直接进行加密传递而无须转换格式，使用非常方便，适用于各级军事机关。

8. 安全中间件

安全中间件是平台软件与应用软件之间的提供通用安全服务的组件。平台是由处理器架构和操作系统应用编程接口所定义的一系列底层服务和处理元素。安全中间件广泛用于系统的安全增强、安全服务接口标准化和支持跨平台操作等。

安全中间件通常采用分层结构，自下而上分为基础安全算法层、通用安全机制层、体系结构安全层、组件安全服务层和安全管理层。它利用面向对象与组件技术，通过分析各种应用系统中的公共安全服务请求，将其从整个系统中分离出来，形成通用组件，屏蔽各种安全算法实现的差异，提供统一接口，增强互操作性，使多个应用可以共享安全服务。在原应用系统体系结构不需做太大改变的情况下，为其集成安全服务功能，是安全中间件常用的应用领域之一。

9. 邮件服务器

邮件服务器是一种用来负责电子邮件收发管理的设备。它比网络上的免费邮箱更安全和高效，因此一直是企业公司的必备设备。

邮件服务器与其他程序协同工作，有时被称作消息系统，包括了所有必要的应用程序，来保证电子邮件按照正确的路径传送。当你发送电子邮件消息时，你的电子邮件程序，如 Outlook，先发送消息到你的邮件服务器。再依次发送到其他邮件服务器或同一服务器的保存区，过后再发送出去。规则：该系统使用 SMTP（简单邮件传输协议）或ESMTP（扩展 SMTP）来发送电子邮件，使用 POP3（邮局协议版本 3）或 IMAP（因特网消息访问协议）来接收电子邮件。

📷 拓展资料：安全保护等级

《信息安全等级保护管理办法》规定，国家信息安全等级保护坚持自主定级、自主保护的原则。信息系统的安全保护等级应当根据信息系统在国家安全、经济建设、社会生活中的重要程度，信息系统遭到破坏后对国家安全、社会秩序、公共利益以及公民、法人和其他组织的合法权益的危害程度等因素确定。

信息系统的安全保护等级分为以下五级，一至五级安全保护等级逐级增高。

第一级，信息系统受到破坏后，会对公民、法人和其他组织的合法权益造成损害，但不损害国家安全、社会秩序和公共利益。第一级信息系统运营、使用单位应当依据国家有关管理规范和技术标准进行保护。

第二级，信息系统受到破坏后，会对公民、法人和其他组织的合法权益产生严重损害，或者对社会秩序和公共利益造成损害，但不损害国家安全。国家信息安全监管部门对该级信息系统安全等级保护工作进行指导。

第三级，信息系统受到破坏后，会对社会秩序和公共利益造成严重损害，或者对国家安全造成损害。国家信息安全监管部门对该级信息系统安全等级保护工作进行监督、检查。

第四级，信息系统受到破坏后，会对社会秩序和公共利益造成特别严重损害，或者对国家安全造成严重损害。国家信息安全监管部门对该级信息系统安全等级保护工作进行强制监督、检查。

第五级，信息系统受到破坏后，会对国家安全造成特别严重损害。国家信息安全监管部门对该级信息系统安全等级保护工作进行专门监督、检查。

综合训练电子活页

1. 在网上整理手机主要指标，并分别给出预算为1000元、3000元和5000元的手机选购方案。

2. 假设你有一部手机，如何进行安全设置？

3. 给出预算为5000元的台式机和笔记本电脑的选购方案。

4. 按照任务2的内容，对你的计算机进行安全设置。

项目1　综合训练
电子活页.docx

项目2 融媒体与短视频制作

📖 导学资料：多媒体课堂演化

沃尔顿·史密斯著有《史前的野蛮人》一书，书中描写了在旧石器时代早期，一个小部落在"蹲所"教育活动的情景："……有些妇女和孩子必须不断地去收集干草，使火继续燃烧。这一习惯养成了传统，年轻人模仿大人做这件事情。……长老是这群人的父亲和主人。他也许在篝火旁锤击燧石。孩子们模仿他，学习使用那些锐利的碎片。"关于这个场景的描述，被认为是人类最早的"就业教育"的方式。随着时间的推移，教育方式方法不断进步，信息技术手段的有效应用，使学习方法和学习效率也不断提高。高等教育（无论是职业就业教育还是本科应用研究型教育）课程体系、实训、操作等，需要借助丰富的影音、图像来传递知识，投影仪、电子白板、平板、仿真系统、虚拟现实等都能够帮助人们更容易理解知识。

（1）多媒体：电子信息技术在教育中最简单、最初步的应用就是多媒体教室。多媒体教室主要由"计算机＋投影仪"构成，能够播放影音资料，展示PPT课件、图片等。目前多媒体教室已经成为高等教育中日常教学的标配。需要注意的是，这种思维和形式也已经在社会上占据了主流，在做工作报告、项目推广、产品介绍时，都大量应用这种工作方式。学习者通过耳濡目染，逐步适应和掌握应用多媒体进行学习、工作的方式。

（2）智慧教室：为了掌握学习者的学习动态，获得更好的教学效果，目前很多学校将多媒体教室升级为智慧教室。与普通多媒体教室相比，智慧教室不仅包括了电子白板、平板等更丰富的硬件，也包含了大量的软件系统，通过软硬件的配合来提高学习的效率。不同厂商会根据学校需求提出不同智慧教室的解决方案，主要是解决师生互动、远程学习等问题，并能够支持分组学习、翻转课堂。

（3）在线学习：随着网络的优化与普及，在线学习成为一种普遍的现象。通过一些在线学习软件，进行线上教学；或者通过观看视频资源、教师辅导等方式完成自学。这些在线学习的方式在2020年新冠肺炎疫情暴发之后变得非常普遍。课程视频资源的制作，成为教师、培训者必备的技能。

国家对在线教学也给予大量的资金、政策支持，分别建设精品课、精品资源共享课、教学资源库、精品在线课等不同类型的课程项目。很多课程都免费向全社会开放，日益丰富教学资源，通过资源库、在线课等方式向社会提供，成为一种流行趋势。也有很多自媒体工作者，在抖音、快手等短视频分享平台，制作了大量的知识类短视频，进行知识普及。

（4）虚拟现实与仿真：当前阶段的最佳教学技术手段就是通过虚拟现实、仿真给学习者带来真实的体验。而制约这种方式的主要障碍就是高昂的制作和体验费用。虚拟现实与仿真都需要专门的设备来支持，这些设备本身价格昂贵。另外，资源的制作费用也很高，将一门课程的资源做成体验式，需要投入大量人力、物力。因此，只有在部分亟须的专业学科，如发动机设计、医学解剖等，一些学校集中人力、物力，投入巨资应用虚拟现实技术实现体验式教学。

随着融媒体等技术的发展，短视频的拍摄制作已经成为每个人必备的技能。

经过一段时间的校园生活，小 C 逐渐熟悉了学校环境，情不自禁地就想把美丽的校园分享给家人朋友，于是小 C 决定拍摄一个校园小视频。在导学材料中，我们提到通过 PPT、视频等形式，能够达到更好的"教育"效果。即通过多媒体技术手段，更好地实现信息传递。PPT、短视频是我们目前常见的多媒体形式，设计和制作 PPT、短视频也是一个现代大学生必备的基本技能。但是很少有人知道：PPT、短视频都是知识的载体和形式，为了达到想要的效果，在制作多媒体之前，最好是先写出脚本（大纲、计划）。因此，小 C 首先要做的是写出符合自身特征的脚本。

任务 1　制 作 脚 本

本任务知识点：

- 多媒体制作设计流程
- 脚本的设计与准备
- 脚本准备、脚本编辑、脚本字处理、脚本存储和传输、脚本展现等操作

项目2　融媒体与短视频制作.pptx　　项目2　融媒体与短视频制作1.mp4

如果想要简单记录生活中某一件琐事，那我们简单用手机拍摄下来就可以。但是小 C 想把校园中美好的景色、完善的实验室甚至学习、生活中的快乐制作成一个视频，这就需要提前制作一个脚本，按照脚本去搜集照片、视频等素材，然后对素材进行后期剪辑、加工，最终形成一个自己想要的短视频。

2.1.1　了解脚本

脚本，简单来说就是对你想要拍摄的内容进行构思、概括和梳理，把你脑子里的东西写下来。拍摄视频时拍什么、在哪拍、怎么拍，先把这些内容记录下来，然后作为后面拍摄和剪辑的依据。我们也可以把它理解为写作文的草稿或者发言的提纲。脚本没有固定格式要求，通过阅读脚本，导演知道怎么拍，演员知道怎么演，剪辑知道怎么剪，这就是一个成功的脚本。

脚本的重要性如下。

- 能够确保视频按照统一的主题推进,避免各自为政,节约拍摄时间,提高拍摄效率。
- 如果没有脚本,拍摄时会出现看到什么就拍什么,想拍什么就拍什么的情况。
- 在脚本的指挥下,可以提前去明确时间、地点、人物,也减少了无用拍摄,提高了拍摄效率。
- 一个好脚本能帮视频制作者厘清视频将要呈现的效果,提高视频质量。在写脚本的过程中,需要创作者精雕细琢每一个画面、每一个细节、景别、场景、布置等。拍摄人员按照脚本拍摄,条理更清晰,最后的成片更接近预期。
- 脚本可以提高团队各个环节的配合度,便于共同工作。大部分视频都是由一个团队一起制作,有摄影师、演员、剪辑师等,当有了脚本之后,能够降低沟通成本,从而节约大量时间。
- 脚本可以减轻后期制作工作量,剪辑时能够快速地厘清思路,对素材进行分类和制作。

2.1.2 脚本构思

在设计脚本之前,首先需要确定用什么样的方式来实现脚本。一般来说,对于短视频制作而言,脚本可以分为两种:第一种是普通的、相对简单的大纲脚本,第二种是细化的分镜头脚本。

1. 大纲脚本

大纲脚本没有明确地指出人物究竟该说什么话,该做什么动作,只是将人物需要做的事情安排下去。

例如,小 C 设计的一个查看成绩的脚本,分为下面几个步骤。

(1)走在校园里。

(2)碰到同学,打招呼。

(3)从同学那里得知今天出考试成绩了。

(4)回宿舍。

(5)查看自己的成绩,没有及格。

(6)找老师询问补考。

从上面这个脚本,我们可以看到整个故事的大体发展,但没有看到故事细节,这就是大纲脚本。大纲脚本是故事的发展大纲,用于确定故事的发展方向。之后,确定故事到底是在什么地点、什么时间,有哪些角色以及角色对白、动作、情绪变化等,这些细化的工作就是分镜头脚本要确定下来的。

2. 分镜头脚本

对比大纲脚本,分镜头脚本要更细化一些。

分镜头脚本就是把脚本中的文字变成画面，再用不同的景别和机位呈现出来，主要包括内容、景别、镜头、时长、台词、道具等信息。分镜头脚本要求在你的脑海中先想好最终成片的样子，再按照顺序列出每一个画面，通过场景化的方式进行呈现，把内容拆分到每一个镜头里。

1）制作分镜头脚本的六大要素

（1）画面内容。画面内容也就是将你想要表达的东西通过各种场景方式进行呈现。这是脚本最重要的一个环节，具体来讲就是拆分镜头，把内容拆分在每一个镜头里。

（2）景别。景别是指由于摄影机与被摄体的距离不同，而造成被摄体在摄影机寻像器中所呈现出的范围大小的区别。一般由近至远分为特写、近景、中景、全景、远景。以拍摄人物为例说明不同景别的效果。特写就是对人物的眼睛、鼻子、嘴、手指、脚趾等这样的细节进行拍摄，适合用来表现需要突出的细节。近景就是拍摄人物胸部以上至头部的范围，非常有利于表现人物的面部表情、神态，甚至是我们的细微动作。中景可以详细表现出故事的情节、人物的动作，以及人物的精神面貌，拍摄范围主要是画框下面在膝盖以上，画框上面过头顶或者是全景中的局部范围。全景是把人物的身体整个展示在画面里，用来表现人物的全身动作，或者人物之间的关系，主要交代主体所处环境。远景就是把整个人和环境拍摄在画面里，常用来展示事件发生的时间、环境、规模和气氛，如一些战争的场景。

（3）摄法。摄法的全称是拍摄的手法，也就是摄像机怎么拍，这与机位有关，有推镜头、拉镜头、摇镜头和移镜头（运动镜头）等手法。选一个角度固定机位就是静止摄法，也就是固定镜头。常见的摄法有前推后拉、环绕运镜、低角度运镜。

前推后拉指的是将镜头匀速移近或者远离被摄体。向前推进镜头是通过从远到近地运镜，使景别逐渐从远景、中景到近景，甚至是特写，这种运镜方法容易突出主体，能够让观者的视觉逐步集中。

环绕运镜需要保持相机位置不变，以被摄体为中心手持稳定器进行旋转移动。环绕运镜犹如巡视一般的视角，能够突出主体、渲染情绪，让整个画面更有张力。

低角度运镜是通过模拟宠物视角，使镜头以低角度甚至是贴近地面角度进行拍摄，越贴近地面，所呈现的空间感则越强烈。

（4）时长。这里的时长指的是这个镜头画面在最终的视频中需要多少秒来展示。提前标注清楚，可以让摄影小伙伴拍摄时判断拍摄的时间，同时方便我们在剪辑时找到重点，以免剪辑得太多或太少，提高剪辑工作效率。

（5）台词。台词是为了镜头表达准备的，起到画龙点睛的作用。台词的数量要恰当，且需与画面配合好。一般来说，60s 的短视频，如果文字超过 180 个字，听起来会特别累，并且很不舒服。

（6）道具。道具是视频的重要组成部分，道具的使用也非常重要，但是需要注意的是，道具在视频中起画龙点睛的作用，而不是画蛇添足，不能让道具抢了主角的风头。

2）分镜头脚本种类

除了上面提到的分镜头脚本的六大要素外，我们还经常会用到镜号、音乐、旁白等。

了解了分镜头脚本的要素之后，我们就可以来具体制作脚本了。常见的分镜头脚本有文字类、图文类和动态类三大类。

（1）文字类。纯文字类脚本，就是全部以文字来描述的脚本，适用于时间紧急的情况或简单的构思。制作文字类脚本时，可以借助分镜头脚本模板来快速完成，一般情况下可以用表格来进行脚本设计。表 2-1 是小 C 从网上找到的一个短视频脚本模板，并根据自己学校的情况，撰写了相应的脚本。

表 2-1　短视频脚本模板

镜　号	景　别	技　巧	时间/s	画　面	解　说
1	远景	移镜头	3	城市航拍画面	山东半岛中心城市
2	远景	移镜头	3	海岸线航拍画面	中国北纬 37° 最美海景线
3	远景	移镜头	2	公路航拍画面	孕育着一所国家技能人才培养突出贡献院校
4	近景	低角度	2	青年湖	
5	近景	移镜头	1	教学楼	
6	全景		1	上课画面 1	她以高等职业教育为己任
7	全景		1	上课画面 2	
8	全景		1	上课画面 3	
9	全景		2	升国旗画面	以立德树人为根本

（2）图文类。图文类是比较专业的分镜头脚本，在一些专业的场合使用。专业视频拍摄前都会专门绘制分镜头，以指导拍摄。图文类脚本也可以通过图表呈现，包括镜号、景别、时长、画面、内容等。其中，"画面"是绘制分镜的地方，一般是 16∶9 的矩形框。"内容"是对"画面"的描述以及补充说明。表 2-2 给出常见的搞笑短视频图文类分镜头脚本。

表 2-2　常见的搞笑短视频图文类分镜头脚本

景别	画　　面	内　容	台　　词
近景		A 走到 B 身边	A："你有对象了吗？"
近景		B 抬头看着 A	B："老板，没有啊，怎么啦？"
近景		A 拍了拍 B 的肩膀	A："既然你没对象，反正回去也没事，今晚加个班吧。"

景别	画面	内容	台词
近景		A走到C身边	A："你有对象了吗?"
近景		C抬起头看着A	C："我有对象了,老板。"
近景		A点了点头	A："既然你都有对象了,也不用担心了,今晚加个班吧。"

（3）动态类。动态类分镜头是建立在图文类分镜头的基础上,将绘制画面内容用 Adobe After Effects、Adobe Premiere Pro 等视频制作软件进行简单后期处理,变成一个最终成片的预览视频。简单来说就是把画好的分镜,让里面该动的稍微动一下,加一些简单的特效、音效。例如,《大圣归来》片头的概念分镜,和最终成片的片头基本一样。

2.1.3 撰写脚本

通过上面的知识,小 C 初步了解应该如何去制作短视频脚本。接下来就要完成脚本了。这是小 C 第一次写脚本,有点无从下手的感觉。专业老师让他按照下面四个步骤来撰写脚本。

1. 拟定主题

首先确定好拍摄主题,包括内容领域、视频风格、传达思想等。例如,小 C 短视频的主题就是拍摄学校的短视频。这个时候要确定一下风格,也就是说这个视频要拍成专业性比较强、比较严肃的学校官方宣传片,从学校的专业、师资配备、管理制度等各方面来进行专业讲解;还是通过小 C 的生活,来形成一个好玩、有意思、非正式的校园分享视频。

阅读资料: 抖音中成功的短视频

抖音平台一经推出后,取得了巨大成功。不仅视频平台本身取得了成功,而且有很多短视频创作者也取得了很大的成功。综观这些成功的短视频,基本上都有一个非常优秀的主题思想。

例如，"一禅小和尚"的每一个视频都是以感情中的感悟为主题，通过小和尚对师傅的一个问题，引出"师傅"对于问题的拓展回答，直击人心。

再比如李子柒的视频，始终以宁静的乡村田园日常生活为主线来展开。有时候是展示一顿饭的制作过程，有时候又是使用各种果子做小甜点，甚至还有弹棉花的"日常"，看似毫无关联的"故事"却都没有脱离乡村田园生活这一主题，让人看后感悟生活，感受到心灵的宁静。

2. 罗列框架

在确定好主题之后，就开始构思视频的整体框架。包括人物、环境以及相互之间的联系，建立故事框架和思路，确定角色、场景、时间及所需要的道具，然后根据这些道具开始创作故事。

例如，小 C 可以在校园短视频的开头先来个开场白，自我介绍一下。然后引入视频的话题，介绍一下这个视频要做什么事情。接着就是视频的主要内容了，也是信息量最多的部分。这一部分可以拆成几个小主题，依次进行介绍。例如，选取学校的某一个场景，如教学楼、图书馆、宿舍、餐厅等，从多个方面依次进行介绍，同时进行适当总结。在视频的最后加一些感悟，也可以和观众进行一定的互动。这样就通过视频的框架，形成了视频独特的风格。

3. 内容填充

当框架列好之后，接下来的工作就是进行内容的填充了。写下你要讲的重点和关键词，防止在开拍之后，漏拍、错拍或者忘记要说什么。例如，对于要展示学校的小 C，先展示学校最大的特色，然后可以从学校大门开始依次介绍，或者对一天的活动轨迹进行介绍。选取一定的介绍规律，这样整体看下来就非常有条理，拍的时候也不会不知道要说什么了。

4. 编辑脚本

最后是对脚本进行编辑。在具体编写脚本的时候，可以通过办公自动化软件来完成。例如，通过国产的 WPS Office 文字编辑软件来进行排版、设计。WPS Office 是由金山软件股份有限公司自主研发的一款办公软件套装，可以实现办公软件最常用的文字、表格、演示等多种功能。对比 Microsoft Office，它具有内存占用低，运行速度快，体积小巧，强大插件平台支持，免费提供海量在线存储空间及文档模板，支持阅读和输出 PDF 文件，全面兼容微软 Office 97 至 Office 2016 格式 (doc/docx/xls/xlsx/ppt/pptx 等) 的独特优势，覆盖 Windows、Linux、Android、iOS 等多个平台。

表 2-3 是小 C 设计的校园短视频脚本。

表2-3 小 C 的校园短视频脚本

镜号	景别	技巧	时间/s	画面	解说	音乐
1	近景		2	小 C 走在校园内	走在大学校园内	背景音乐
2	近景		2	校园树木、景色	树木葱茏、绿草如茵、幽雅宁静	背景音乐
3	远景		2	湖边凉亭	学校景色宜人，令人心旷神怡	背景音乐
4	近景	推镜头	2	上课画面 1~3	信息化的教学管理和服务平台日益完善	背景音乐
5	远景	拉镜头	4	教学楼画面	实现无线校园网全覆盖，进行数字化建设，打造出智慧校园	背景音乐
6	近景		2	学生实训画面 1~3	实验实训条件一流，现有满足行业高标准的前沿实验场所 200 多个	背景音乐
7	远景	摇镜头	2	实训场地外景	面积超过 9 万平方米	背景音乐
8	远景	拉镜头	4	图书馆外景	学校图书馆实行全开架、大流通的全新管理模式	背景音乐
9	中景	摇镜头	2	图书馆内画面	馆内环境优雅	背景音乐
10	近景	摇镜头	2	学生阅读画面	是师生阅读学习的理想佳处	背景音乐
11	远景	摇镜头	2	田径场	学校拥有塑胶田径场	背景音乐
12	远景	摇镜头	1	体育馆	体育馆	背景音乐
13	远景	摇镜头	1	网球场	网球场	背景音乐
14	近景		1	形体房	形体房	背景音乐
15	近景		1	健身房	健身房	背景音乐
16	中景		1	篮球场	篮球场等	背景音乐
17	近景		2	朗读亭 图书馆面部识别	高标准、现代化，设施俱全	背景音乐
18	近景		2	新闻画面	为广大学子提供了弘扬个性	背景音乐
19	近景		2	新闻画面导播	展示才华的广阔天地	背景音乐

任务2 视频制作

本任务知识点：

- 数字图像处理的技术过程
- 对数字图像进行去噪、增强、复制、分割、提取特征、压缩、存储、检索等操作
- 数字声音的特点
- 处理、存储和传输声音的数字化过程

项目2 融媒体与短视频制作2.mp4　　项目2 融媒体与短视频制作3.mp4

- 通过移动端应用程序进行声音录制、剪辑与发布等操作
- 视频的特点，熟悉数字视频处理的技术过程
- 通过移动端应用程序进行视频制作、剪辑等操作

项目2 融媒体与短视频制作4.mp4　　项目2 融媒体与短视频制作5.mp4

项目2 融媒体与短视频制作6.mp4　　项目2 融媒体与短视频制作7.mp4

小 C 同学的脚本设计完成后，就进入了视频拍摄环节。小 C 要拍摄的素材主要包括照片素材和视频素材。素材的拍摄要按照脚本的要求来进行。同一场景可多拍摄几次，防止后期素材资源不足，便于后期对素材进一步加工。素材的拍摄、视频的制作都是有技巧的，下面先学习一下拍摄的技巧。

2.2.1　拍摄素材

1. 拍摄照片

1）了解手机拍照功能

专业的视频制作需要用专门的摄像机。使用高清摄像机制作视频是专业的摄影、摄像课程。普通人用手机也可以完成简单的视频摄制工作。这里我们主要介绍如何用手机来完成短视频的制作。随着手机的发展，用手机拍摄照片，也有了很多种模式，不同模式的作用完全不同。

- 要想拍出主体突出、背景模糊的效果，就得用"人像模式"或者"大光圈模式"。
- 要想把一线江景或者壮丽山河拍全，就得用"全景模式"，如图 2-1 所示。
- 要想拍摄花开花落、日月更迭、风云变幻的过程，就得用"延时摄影"。
- 要想拍摄唯美雾化的流水，就得用"慢门模式"，如图 2-2 所示。

图 2-1　全景模式　　　　　　　　　　图 2-2　慢门模式

2）了解摄影基础名词

尽管本书不是面向摄影专业，但是有几个名词普通人也可以理解，并且能够有效提高摄影、摄像效果。下面简单介绍一下快门速度（s）、感光度（ISO）和曝光补偿（EV），

打开手机的"专业模式"就能看到。

- 快门速度（s）：就是镜头从打开到关闭的时间。拍摄运动的物体时快门速度要快，不然就会模糊；拍摄运动轨迹时快门速度要慢，不然就看不到轨迹，如图 2-3 所示。
- 感光度（ISO）：是指镜头对光的敏感程度。在光线不足的地方要适当提高感光度，但是又不能太高，不然画面噪点很多，最好控制在 400 以下，如图 2-4 所示。
- 曝光补偿（EV）：是指人为地给画面加光或者减光操作。比如，拍雪景时由于雪对光线的反射，机器会认为环境很亮，会自动降低曝光，拍出的雪是灰色的，这时候就需要人为增加曝光补偿后再拍，可恢复雪的白色，如图 2-5 所示。

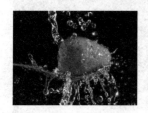

图 2-3　拍摄运动的物体　　　　图 2-4　光线不足　　　　图 2-5　拍摄雪景

2. 拍摄视频

通常手机拍视频时设置为 1080P 60fps，这个分辨率不会像 4K 那么占内存，在手机上观看的清晰度也足够好，60fps 的帧数会更加流畅，后期剪辑时做变速调整的空间会更大一些。

如果你的手机是苹果手机，打开"设置"→"照片与相机"→"录制视频"进行设置，如图 2-6 所示。

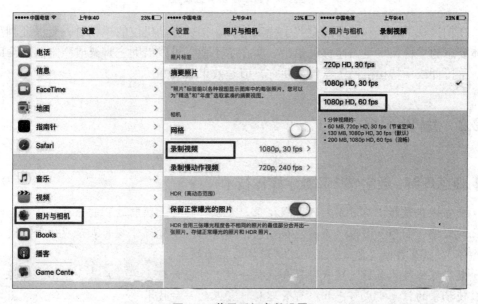

图 2-6　苹果手机参数设置

如果是安卓手机,可以在相机中进入视频 / 录像模式,再单击右上角"设置"按钮,进入"视频分辨率"界面,可设置分辨率和视频帧数,如图 2-7 所示。部分安卓手机由于机型比较老,或者手机视频功能不够好,没有视频的设置选项。一般手机默认的是1080P 30fps,可以不做调整。

图 2-7 安卓手机参数设置

在拍摄视频时,一定要注意双手稳定持机。拍摄移动机位的视频时,要保证脚步和身体姿态的平稳,尽量匀速移动拍摄。实在拿不稳,可以借助三脚架或稳定器来帮助拍摄。手持杆或手持拍摄稳定器价格便宜,但是效果非常好。

2.2.2 编辑素材

概念理解:数字媒体和数字媒体技术

数字媒体是指以二进制数的形式记录、处理、传播、获取过程的信息载体,包括数字化的文字、图形、图像、声音、视频影像和动画等感觉媒体及其表示媒体等(统称逻辑媒体),以及存储、传输、显示逻辑媒体的实物媒体。

数字媒体技术是通过现代计算和通信手段,综合处理文字、声音、图形、图像等信息,使抽象的信息变成可感知、可管理和可交互的一种技术。

数字媒体技术主要研究与数字媒体信息的获取、处理、存储、传播、管理、安全、输出等相关的理论、方法、技术与系统。由此可见，数字媒体技术是包括计算机技术、通信技术和信息处理技术等各类信息技术的综合应用技术，其所涉及的关键技术及内容主要包括数字信息的获取与输出技术、数字信息存储技术、数字信息处理技术、数字传播技术、数字信息管理与安全等。

小 C 同学在完成素材的拍摄之后，接下来要做的是对素材的处理。素材的处理主要包括图片的修整和视频的剪辑。

1. 常用修图软件

对于后期处理软件，很多人只知道 Photoshop，其实还存在很多功能强大、影响力广的后期软件，甚至不少软件在功能上不亚于 Photoshop。下面我们介绍一些常见的图像后期处理软件。

1）计算机版

（1）Photoshop（适用于 Windows、Mac）。Photoshop 简称 PS。提起专业的修图软件，相信大家首先想到的就是这款软件，它甚至已经成为修图的代名词。这款软件最吸引人的地方就是其功能和工具的多样性，缺点是操作相对复杂。普通人可以用一些简单的功能，如果想要达到良好的效果，需要专门的学习和练习才能够实现。

（2）light room（适用于 Windows、Mac）。light room 是一款强大的后期制作软件，它与 PS 有许多相似点，但是两者的定位不同。所以不存在太大的竞争关系。light room 对于专业的摄影师来说，是一款比较有效率的处理软件，也有很多专业人员在使用。

（3）开贝修图（适用于 Windows、Mac）。开贝修图是一款专业人像后期修图软件，可以帮助后期数码师提高修图效率（单人每天可完成超过 400 张精修片或 1000 张粗修片）。并且拥有强大批量瘦脸技术，一键批量完成脸部液化；AI 识别性全自动磨皮美肤，轻松完成样片级质感皮肤处理；多种调色风格一键下载使用；一键添加天空 / 光效 / 艺术字 / 前景 / 耶稣光等。

（4）鲁班修图（适用于 Windows）。鲁班修图是一款傻瓜式一键人像修图软件，这款软件包含了照片修图需要的各种功能，包括照片调色、曝光修复、液化瘦脸、精细磨皮、肤色均匀、皮肤通透等，还有丰富的人像美妆功能。该软件最大的优点是操作简单，适合普通人使用。

2）手机版

（1）Snapseed。Snapseed 拥有"最直观操作方式"的修图界面，在手指的滑动中就能非常细微地调整照片的细节变化。这样独创的操作方式，仍然是目前修图 App 中独一无二的。并且无论是操作上的触感，还是可以快速地调整修图，都是最好的选择。

（2）VSCO Cam。VSCO Cam 拥有目前所有修图 App 中最精致、细腻、充满专业艺术风格的滤镜，在滤镜方面没有一款修图 App 可以超越它的水准。对于摄影爱好者来说，把自己的风景、人物、物品照片套上 VSCO Cam 的滤镜，马上就呈现出仿佛画廊摄影作品的质感。

（3）黄油相机。黄油相机是一款出色的添加文字的软件，在这方面还没有能超越它的。这里面有无数风格各异的文字模板，文艺清新、俏皮可爱、复古国风，数不胜数。当然你也可以自己设计，加文字、加印章、加贴图、加水印，各种字体、各种颜色、各种排版可以让你自由发挥。不过这款软件更侧重生活日常风格，专业性不如前两款。

（4）PicsArt。PicsArt 在谷歌商店的下载量超过 Snapseed 和 VSCO Cam,功能确实很强大。有图片编辑、相机效果、拼贴画制作工具、自拍滤镜、免费剪贴画廊、贴纸、表情符号和表情包，以及艺术绘图工具等超多功能。而且不仅限于后期修图，更是为二次创作提供了很多功能。PicsArt 比 Snapseed 的双重曝光功能更好，模糊功能也非常丰富实用。

2. 修图软件的使用

1）计算机修图 Photoshop

为了使图片能够实现想要的效果，尽管没有经过专业的训练，小 C 仍然通过 Photoshop 软件，完成了基本的图片处理工作。现在通过一张校园湖景照片的处理过程，来看一下 Photoshop 软件的基本操作。

（1）加载图像。PS 打开图像的方法有三种。

方法一：选择"文件"→"打开"命令，选择我们要打开的文件。

方法二：按 Ctrl + O 组合键启动。

方法三：直接将文件拖拽到 PS 文件中来。

打开的 PS 界面如图 2-8 所示，主要由菜单栏、选项栏、选项卡式文档、工具箱、面板组、状态栏组成。

图 2-8　PS 界面

（2）调整图像尺寸。"图像大小"对话框如图 2-9 所示。

- 选择"图像"→"图像大小"命令即可，或者使用 Alt+Ctrl+I 组合键。
- 在"图像大小"对话框中选择"像素"，调整"宽度"和"高度"。
- 选中"约束比例"，即改变宽度时长度也会跟着改变。

图 2-9 "图像大小"对话框

（3）放大镜工具 。

方法一：双击左侧工具栏里的放大镜工具即可将图像恢复到 100% 视图大小。

方法二：按住 Alt 键，拖动鼠标即可调整图像视图大小。

（4）裁剪工具 。

单击工具栏中的"裁剪工具"或者使用快捷键 C，拖动要裁剪的区域，调整到合适大小，然后按 Enter 键完成。

使用"裁剪工具"命令，可以将图片裁剪成适合的大小或去掉不需要的部分。

（5）抓手工具 。

方法一：通过抓手工具可以放大、缩小图像或者移动图像，还可以用来查看照片中是否有污点等问题。

方法二：放大快捷键是 Ctrl+"+"，缩小快捷键是 Ctrl+"−"，移动快捷键是空格 + 鼠标左键。

（6）污点修复画笔工具 。通过单击此工具，然后根据画面中污点的大小调整笔刷大小，修复画面中的污点。

（7）减淡工具 。减淡工具可以提亮画面的亮度。选择减淡工具后，可以调整笔刷的大小和硬度。这里同时有加深工具，效果相反，如图 2-10 所示。

（8）颜色提取：吸管工具 。该工具主要是提取画面中的色彩，单击吸管工具，然后单击画面中我们要提取的位置，在前景色模块中就会看到我们要提取的颜色了，如图 2-11 所示。

图 2-10　减淡工具

图 2-11　颜色提取

（9）渐变工具██。选择渐变工具或按快捷键 G，选择下拉按钮，打开渐变模式菜单，选择渐变模式，渐变模式菜单如图 2-12 所示。

（10）混合模式。在"图层"面板中选择"背景拷贝"图层，选择图层混合模式为柔光，调整不透明度，选择为 25%，如图 2-13 所示。

图 2-12　渐变模式菜单

图 2-13　混合模式设置

（11）矩形选择工具██。单击"图层"面板中的"创建新图层"图标，添加图层，单击"选择矩形"工具，按住 Shift 键拖动指定方形区域。

（12）画笔工具。让所选择的区域周围出现边框线，如图 2-14 所示。

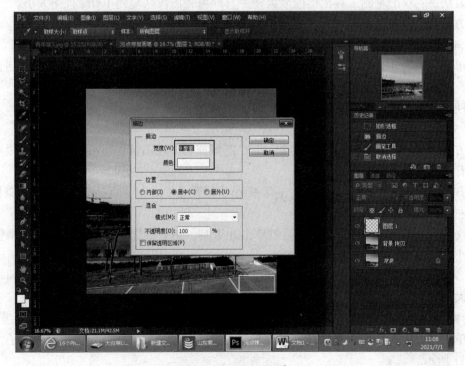

图 2-14　绘制边框线

44

选择画笔工具，选择"编辑"→"描边"命令，出现"描边"对话框，将"宽度"设置为"9 像素"，将颜色设置为"白色"，然后单击"确定"按钮。

按 Ctrl + D 组合键取消选择。绘制一条白线。

（13）字符。将前景色 设置为"白色"；单击文本工具 ；在选项栏中设置字体为"楷体"并将字体大小设置为"36 点"；单击工作屏幕，输入文本"青年湖"，如图 2-15 所示。

图 2-15　添加字符

（14）移动字体 。单击"移动"工具或快捷键 V，拖动方块内的字符，移动它。

（15）橡皮擦工具 。单击橡皮擦工具，并调整合适大小，然后擦除。

（16）保存。单击文件菜单下的"存储明亮"，或者使用 Ctrl+S 组合键。

Photoshop 软件的功能非常强大，这里我们只是介绍了它最基本的功能，同学们在修图的时候可以根据自己的需要继续深入学习。

2）手机修图 Snapseed

如果身边没有计算机，也可以用手机软件对图像进行简单的处理。手机 App 虽然不如计算机修图软件功能强大，但是能够满足基本的处理要求。下面以手机图像处理软件 Snapseed 为例，来介绍一下基本操作。首先还是从导入图片开始。

（1）导入图片。

方法一：在图库中选择需要编辑的图片，选择"分享"（部分手机为"发送"），然后选择 Snapseed 即可。

一些手机在导入图片时，会有选择原图的按钮，一定要选中原图导入，否则会出现图片不清晰或者模糊的问题。

方法二：先打开 Snapseed，然后在 Snapseed 的主屏幕单击任意位置或单击屏幕左上角的"打开"按钮，打开手机的图库，导入需要编辑的图片，如图 2-16 所示。

（2）编辑图片。图片导入后，在屏幕下方会显示三个选项，分别是"样式""工具""导出"，如图 2-17 所示。

图 2-16　导入图片

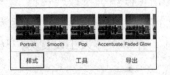

图 2-17　编辑图片

- "样式"选项中，可以根据需要直接选择合适的滤镜。
- "工具"选项中，有各种图片编辑工具，选择需要的编辑工具，通过上下滑动与左右滑动对图片进行编辑，如图 2-18 所示。
- 图片编辑完成后，单击"导出"选项，可以执行相关分享、保存、导出等操作，如图 2-19 所示。

（3）图片的撤销、重做、还原。当在图片编辑过程中，想重新操作时，可以单击屏幕右上角"撤销"按钮。会出现如图 2-20 所示的命令界面。

- "撤销"命令可以恢复至上一次操作，多次选择"撤销"命令可以撤销工作中的多个步骤。
- "重做"命令可以重新恢复已撤销的修改，多次选择"重做"命令可以多次恢复。
- "还原"命令是将图片恢复到未修改的样子。
- "查看修改内容"命令可以配合画笔、蒙版、组合滤镜使用。
- "QR 样式 ..."命令可以保存自己的调整步骤并分享。

图 2-18　"工具"选项

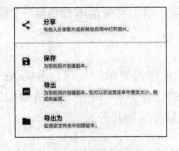

图 2-19　"导出"选项

图 2-20　命令界面

3. 常用视频编辑软件

1）计算机剪辑软件

（1）会声会影（普通用户即可使用）。会声会影是加拿大 Corel 公司制作的一款功能强大的视频编辑软件，英文名是 Corel Video Studio。

它具有图像抓取和编修功能，可以剪辑用 MV、DV、V8、TV 拍摄的视频和实时记录、抓取画面文件。并提供超过 100 多种的编制功能与效果，可导出多种常见的视频格式，甚至可以直接制作成 DVD 和 VCD 光盘。

它的优点就是简单明了，不管是字幕的加、删还是音轨的对切都非常方便。界面友好，操作简单，上手速度快；最大的优点是电子相册的制作，有天然的优势，且网上有大量的相册模板，方便使用者剪辑作品。

（2）lightworks（专业使用）。lightworks 是一款电影剪辑软件，此款剪辑软件对普通用户免费。拥有多镜头同步、智能剪辑、实施滤镜等功能，能够实现多种电影级的处理效果。这是一个专业级的视频剪辑软件，一些热门的电影在后期进行剪辑过程中都曾经用到这款软件。

（3）VSDC Video Editor（专业使用）。VSDC Video Editor 是一款支持颜色校正、对象转换、对象过滤器、过渡效果和特殊 fx，且支持中文版的视频剪辑、合成软件。

（4）Hitfilm3 Pro（专业使用）。Hitfilm3 Pro 拥有强大的 CG 引擎技术和多位元色彩控制，提供专业级的效果和后期合成功能。

（5）DaVinci Resolve（专业使用）。DaVinci Resolve（达芬奇）是全球第一套在同一个软件工具中，将专业离线编辑精细、校色、音频后期制作和视觉特效融于一身的视频剪辑软件。通过使用 DaVinci Resolve 不同的工具集，随心实现无限创意，还可以协同作业，融合不同类型的创意思维。只要轻轻一点，就能在剪辑、调色、特效和音频流程之间迅速切换。

（6）Adobe Premiere Pro（比较专业）。Adobe Premiere Pro（Pr）是一款常用的视频编辑软件，由 Adobe 公司推出。Adobe Premiere Pro 是一款编辑画面质量比较好的软件，有较好的兼容性，且可以与 Adobe 公司推出的其他软件相互协作。目前这款件广泛应用于广告制作和电视节目制作中。

2）手机剪辑软件

（1）剪映。打开剪映，在首页就能看到剪映的菜单，你可以直接在这里剪辑和抖音热门一样效果的视频。它最大的优势是自动识别语音，将语音转换为字幕，而且可以添加多个字幕轨道，可以用来做一些字幕效果。剪映的设计比较优秀，很容易上手，可以添加画中画视频，还可以将视频导出为 1080P 高清格式。

（2）VUE。VUE 软件很具有文艺范，功能也很全面，如视频的剪辑、拼接、滤镜、字幕、背景音乐等，比较适合大众。比如，想在微信朋友圈、抖音、微博这些社交类平台上发视频，展示自我，记录生活，用 VUE 就足够了。可以直接创建 10 秒长度的视频，定义好段数，把拍好的视频导入，直接拖拽、拼接就可以了。

（3）巧影。巧影软件是比较接近专业视频剪辑软件的，操作的流程、逻辑都和线性编辑软件很像，如多层素材导入，各种专场特效、字幕特效、音频特效等，还有素材库，功能很强大。其实很多我们看到的短视频的特效，都可以用巧影制作出来。但是，这款软件需要具备一定的技术知识，才能更好地操作，甚至打造出接近 PC 软件的效果。

4. 视频剪辑软件的使用

视频剪辑与制作原本是一个非常复杂的工作，只有学习过专业知识的人才能完成。几乎所有的影视作品都需要剪辑加工，才能最终呈现到人们眼前。好的剪辑，是一部优秀影视作品的关键。但是随着信息技术的发展，视频剪辑工作越来越容易，普通人经过简单的学习，也能够完成剪辑，甚至能够剪辑出影视大片的效果。剪映就属于这样一款软件，功能强大且操作相对简单、容易上手。并且在电脑和手机上都可以使用。下面我们来看一下视频剪辑的基本操作。

（1）打开剪映，单击图 2-21 所示的"开始创作"按钮。

（2）如图 2-22 所示，选择想要添加的视频，单击"添加"按钮。

（3）选择如图 2-23 所示的各种视频剪辑按钮，对视频进行剪辑操作。

图 2-21 "开始创作"按钮

图 2-22 "添加"按钮

（4）单击"导出"按钮，等待一会后，导出成功，如图 2-24 所示。

图 2-23 剪辑选项

图 2-24 "导出"按钮

（5）单击"完成"按钮后就能看到保存的视频。

5. 视频剪辑流程

在完成了素材的处理之后，小 C 开始制作自己的短视频了。通过下面的步骤，小 C 完成了整个视频的制作。

（1）熟悉素材。由于小 C 是按照脚本拍摄的素材，因此比较了解都拍了哪些素材，对每条素材都有大概的印象，方便接下来配合脚本整理出剪辑思路。对于大部分视频剪辑人员来说，拍摄人员和剪辑人员是分工合作的，因此熟悉脚本、熟悉素材，是制作视频的第一步。

（2）整理思路。在熟悉完素材后，最好是根据这些素材和脚本整理出剪辑思路，也就是整片的剪辑构架。

（3）镜头分类筛选。有了整体的剪辑思路之后，接下来需要将素材进行筛选分类。最好是将不同场景的系列镜头分类整理到不同文件夹中，这个工作可以在剪辑软件的项目管理中完成。分类主要是方便后边的剪辑和素材管理。

（4）粗剪（框架、情节完整）。将素材分类整理完成之后，接下来的工作就是在剪辑软件中按照分类好的场景进行拼接剪辑，挑选合适的镜头将每一场戏份镜头流畅地剪辑下来，然后将每一场戏按照剧本叙事方式拼接，这样整部视频的结构性剪辑就基本完成了。

（5）精剪（节奏、氛围）。确定了粗剪之后，还需要对视频进行精剪。精剪是对影片节奏及氛围等方面做精细调整，对影片做减法和乘法。减法是在不影响剧情的情况下，修剪掉拖沓冗长的段落，让影片更加紧凑；乘法是使影片的情绪氛围及主题得到进一步升华。

（6）添加配乐、音效。合适的配乐可以给影片加分。配乐是整部片子风格的重要组成部分，对影片氛围节奏塑造起着很大的作用，所以好的配乐对于影片至关重要。

（7）制作字幕及特效。影片剪辑完成后，需要给影片添加字幕及制作片头、片尾特效。当然特效的制作有时候会和剪辑一起进行。

（8）渲染输出视频成品。最后一步是将剪辑好的影片渲染输出，也就是导出视频成片。

现在，小C同学终于完成了短视频的制作，在把视频发送给父母及同学之后，小C想把视频发到视频平台上进行分享，以让更多的人了解自己的学校，了解自己的生活。接下来，我们来看一下小C如何分享、发布视频。

任务3 发布视频

本任务知识点：

- HTML 5 技术特点
- HTML 5 与多媒体
- 短视频平台
- 短视频平台运营与推广
- 融媒体特点及发展趋势

项目2 融媒体与短视频制作8.mp4

项目2 融媒体与短视频制作9.mp4

小C同学在完成学校宣传短视频的制作后，下面就需要在网上进行推广、发布了。在当前情况下，多媒体视频的分享、发布有两种途径：一种是通过HTML技术在网站发布、分享；另一种是使用已有的短视频平台发布，在移动端和计算机端都可以查看。

下面我们就分别介绍一下这两种推广方法。

2.3.1 网页分享视频

HTML 5（hypertext markup language 5）在 2008 年正式发布，在 2012 年已形成了稳定的版本。HTML 5 是构建网络内容的一种语言描述方式，被认为是互联网的核心技术之一，最近几年在网页设计、UI 设计等领域被广泛使用。HTML 5 由不同的技术构成，提供大量的增强网络应用的标准机制。HTML 5 的语法特征更加明显，在网页中使用可以更加便捷地处理多媒体内容。HTML 5 将 Web 带入一个成熟的应用平台，在这个平台上，对视频、音频、图像、动画以及与设备的交互都进行了规范。通过使用 HTML 5 技术，可以便捷地发布多媒体内容。表 2-4 给出了 HTML 5 多媒体设计标签。

表 2-4　HTML 5 多媒体设计标签

标　　签	描　　述
<audio>	定义音频内容
<video>	定义视频（video 或者 movie）
<source>	定义多媒体资源 <video> 和 <audio>
<embed>	定义嵌入的内容，如插件
<track>	为诸如 <video> 和 <audio> 元素之类的媒介规定外部文本轨道

下面我们通过从开始创建一个网页到视频发布来介绍如何通过 HTML 5 发布视频。

（1）下载安装 Dreamweaver（Adobe Dreamweaver，DW），它的中文名称为"梦想编织者"，是集网页制作和管理网站于一身，所见即所得的网页代码编辑器。它支持 HTML、CSS、JavaScript 等技术，是网站设计与网页制作的必备工具，并且上手容易、使用简单，具体下载、安装、使用过程请读者自行查阅相关资料。打开后新建一个网页，选择"HTML"建立网页，如图 2-25 所示。

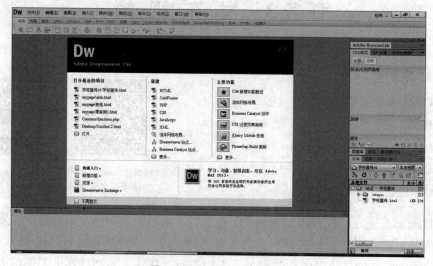

图 2-25　新建 HTML 网页

（2）如图 2-26 所示，DW 有三个界面，分别为"代码""拆分""设计"，一般默认为"设计"界面。这个功能具有可视化，在"代码"页面撰写的代码能够直接在"设计"页面查看。不懂代码的美工人员，也可以使用设计功能设计，并自动转化为生产代码，制作网页非常方便。

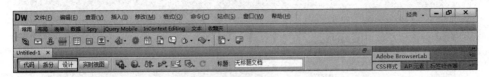

图 2-26　"设计"界面

（3）建立一个站点，在计算机上新建一个文件夹作为根目录。我们所建网站的所有文件和网页都保存在这个文件夹中。按照如图 2-27 所示建立站点。站点的作用就是使网站、网页之间框架清晰，方便对页面和素材的管理。建好后给站点起个名字。

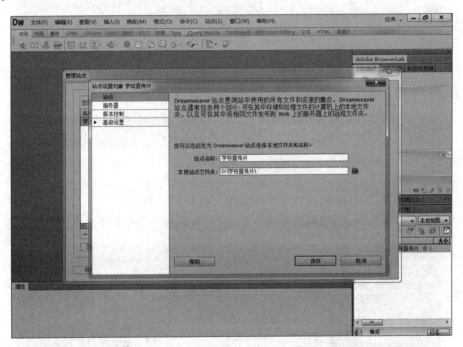

图 2-27　设置站点名称和文件夹

选择"站点"→"新建站点"命令，打开"站点设置对象"对话框，在对话框中输入"站点名称"和"本地站点文件夹"。

（4）在站点根目录下建立一个专门储存网站图片、视频的文件夹，并设置默认。这样你添加到这个网站的所有图片都自动保存到这个文件夹中，不会丢失。注意：文件夹命名要用英文，如果用中文会出现一些乱码。

单击右下方的"学校宣传片"，在下拉菜单中单击"管理站点"，双击"管理站点"

对话框中的"学校宣传片"，单击"高级设置"按钮，设置"默认图像文件夹"为刚建立的 images，然后单击"保存"按钮和"完成"按钮，如图 2-28 所示。

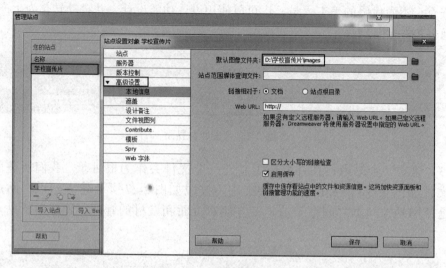

图 2-28 图片存储文件夹

（5）学习添加图片。选择"插入"→"图像"命令，选择素材添加。单击图片，可以编辑、修改图片大小，添加超链接等，如图 2-29 所示。

图 2-29 "属性"命令

（6）按照如图 2-30 所示添加说明性文字。编辑"学校简介"，在"页面属性"对话框中可以设置页面字体，添加超链接等。单击"页面属性"按钮可以详细地编辑文本属性。

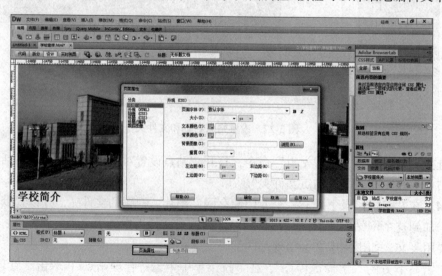

图 2-30 "页面属性"对话框

（7）添加视频。选择"插入"→"媒体"命令，选择素材添加。制作完最后一个网页后要记得保存，选择"文件"→"保存"命令，如图 2-31、图 2-32 所示。

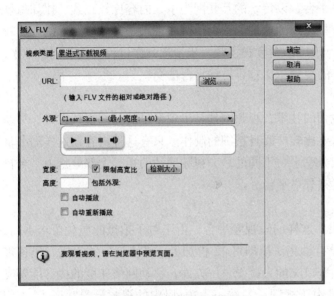

图 2-31　"插入 FLV"对话框

图 2-32　浏览网页

最后我们可以在 DW 中浏览网页。选择"文件"→"在浏览器中浏览"命令后，就可以对网页进行预览，查看网页中视频播放效果。

这里简单介绍了在网站上发布视频的方法，实际应用要比这个复杂一些。HTML 5技术能够实现在网页端发布多媒体。但是还需要考虑访问量、路径等问题。一些大型的视频播放网站专门架设了流媒体服务器，以支持不同用户同时在线播放视频，保证视频播放的流畅性。

2.3.2　选择视频平台发布

完成网站发布之后，小 C 继续在短视频平台、自媒体平台上进行分享。让我们先来比较一下短视频平台。

1. 短视频平台

近年来短视频平台非常火爆，并且迅速得到商业应用，很多普通人通过短视频平台展示自我，实现了以前不可想象的成功。常见的线上短视频平台分为以下几类。

53

1）自媒体平台

自媒体是指普通大众通过网络等途径向外发布他们本身的事实和新闻的传播方式，包括微博、微信朋友圈、微信公众号、QQ公众号、QQ空间等。自媒体最大的优点是方便用户之间互动，可以互发私信、交流。其他媒体形式没有给用户更多交流的空间。年轻人更倾向于在自媒体平台中交流，以更好地展示自我。

2）早期短视频平台

最早出现的一些短视频分享平台，以传统的互联网为主，内容比较正式。比如像秒拍、美拍、西瓜视频等，都是较早出现的短视频平台。这些视频平台一般要求内容比较完整，且具有科普性或者完整性。例如，美食类视频一步步把制作过程和细节记录下来，指导人们更好地饮食，类似这样的视频，比较容易被平台接受。

3）视频网站

前面介绍了在网站上发布视频的技术，视频网站是出现最早的分享视频方式。早期在视频网站上分享的视频，都需要比较严谨且精细的制作。只有这种内容在这样的平台才有观看的价值。与现在的视频分享平台不同的是，视频网站的视频大部分是由平台自身制作的，严格来说，算不上视频分享平台。

4）短视频平台

近年来出现的类似抖音、快手这样的短视频平台，由于对于拍摄的质量要求不高，对内容也没有太多要求（只要没有触犯法律即可），再加上能够支持在线直播，迅速被不同年龄段、不同阶层、不同消费口味的人接受。一方面，移动网络速度的提升能够支持移动用户随时随地查看，并且由于视频一般较短（30s以内的视频最受欢迎），人们可以在等车、吃饭、走路等碎片闲散时间中观看，而不是像影视剧一样消耗时间，与现在的快节奏生活完美融合；另一方面，大数据技术的应用能够在自动发现不合法视频的同时，根据每个人生活、消费、习惯、爱好等特性，实时给每个用户单独推荐不同类型的视频，实现了用户的紧密性关注。

5）垂直App

随着短视频平台的成功，一些公司开始经营细分市场，设计了一些垂直App，筛选出专门的用户，以视频的形式来推广。例如，下厨房App专门针对美食用户，这样分享的视频更有针对性，能够让想看的人看到，避免信息爆炸所带来的负面效果。

6）互联网电视

虽然以手机、平板电脑为代表的移动用户越来越多，但是还有不少传统用户喜欢看电视。通过互联网电视平台，也可以发布和分享视频，增加视频的覆盖面。

2. 线下短视频

随着视频资源的丰富，平板电视、投影等设备普及，在机场、地铁站、办公楼宇甚至电梯等人流量相对比较密集的区域，都广泛采用了视频播放广告等形式来增加视频分享密度，提升宣传效果。不过这些视频平台一般掌握在几个大公司手中，所播放的视频大部分也都是由专业人员专门制作，内容以广告宣传为主。

阅读资料：融媒体

融媒体是传统媒体与新媒体融合发展而产生的，充分利用当前各种媒介载体，把广播、电视、报纸等既有共同点又存在互补性的不同媒体，在人力、内容、宣传等方面进行全面整合，实现"资源通融、内容兼融、宣传互融、利益共融"的新型媒体宣传理念。通俗地说，以前是报纸、电视播出内容，现在转型往移动端发展，把报纸、电视上的内容通过新媒体的传播形式展现出来，这种两者兼有的形式就是融合。

"融媒体"不是一个独立的实体媒体，而是一个把广播、电视、互联网的优势互为整合，互为利用，使其功能、手段、价值得以全面提升的一种运作模式。它是一种实实在在的科学方法，从而实现合理整合新、老媒体的人力、物力资源，在社会效益和经济效益两个方面都能够取得成功。

受信息技术发展的影响，当前的宣传主阵地已经从传统的纸质媒介，转为以互联网、移动互联网为基础的电子媒介，并且实现了两者的融合发展。比如人民日报、光明日报、中央电视台、大众网等，这些传统的报纸、电视、网络都开始推出App、官方公众号、官方抖音号等。通过当前容易被年轻人接受的分享平台，以更容易被人接受的方式发布官方消息，更好地倡导社会正能量，更好地引导舆论发展。

融媒体是当前信息化时代，信息技术与传统媒介融合的产物，体现了信息技术不断创新发展的特点。

综合训练电子活页

1. 结合自身特点，设计一个介绍自己学习、生活的短视频脚本。
2. 用手机按照本项目中的脚本拍摄照片和视频素材。
3. 编辑本项目中要求拍摄的照片和视频素材，制作完整的短视频。
4. 选择合适的平台，发布制作好的短视频。

项目2　综合训练
电子活页.docx

项目 3 虚拟现实与社会应用

📖 **导学资料：新一代信息技术与"吃喝玩乐"**

列夫·托尔斯泰曾经说过："理想是指路明灯，没有理想，就没有坚定的方向；没有理想，就没有生活。"

1. 理想

在新中国成立之前，我国的主要矛盾是封建主义和人民大众、帝国主义和中华民族之间的矛盾；新中国成立之初，我国的主要矛盾是人民对经济文化发展的需要同当时的经济文化无法满足人民需要的状况之间的矛盾；在社会主义改造基本完成以后，1981 年党的十一届六中全会指出，当时的主要矛盾是人民日益增长的物质文化需要同落后的社会生产之间的矛盾；2017 年，党的十九大报告提出，我国社会主要矛盾已经转化为人民日益增长的美好生活需要和不平衡不充分的发展之间的矛盾。

随着不同时期社会主要矛盾的不同，不同时期社会主流人的理想也不同：革命战争时期，人们的理想是建立新中国，为革命事业奋斗终生；新中国建设时期，不少人的理想是成为科学家、教师、医生等，投身于社会主义建设事业中；到了 21 世纪，随着我国社会主义建设取得阶段性成果，人们的经济、物质、文化水平有了一定的提升，很多人的理想信念没有及时转变，甚至有一些人迷失了方向。

2. 产业

世界各国对产业的划分和描述略有不同，但大致上认为第一产业主要指生产食材以及其他一些生物材料的产业，包括种植业、林业、畜牧业、水产养殖业等直接以自然物为生产对象的产业，可以简称为农业；第二产业主要指加工制造产业（或指手工制作业），利用自然界和第一产业提供的基本材料进行加工处理，也可以简称为工业，包括建筑业；第三产业是指第一、第二产业以外的其他行业（现代服务业或商业），范围比较广泛，主要包括交通运输业、通信产业、商业、餐饮业、金融业、教育业、公共服务业等非物质生产行业。

发达国家一般第三产业所占比例超过 50%，部分国家甚至达到 70% 以上。我国产业结构一直在不断变化调整，其中总的趋势是农业占比在不断下降，由"三五"时期的 38% 下降到现在的不到 15%；工业总体上保持不变，一直维持在 40% 左右；第三产业所占的比例在不断地上升，目前已经超过 40%。

在人们满足了基本的"衣食住行"之后，对于"吃喝玩乐"从品质和内涵上就有进一步提升的要求，也就是人民对于更美好生活的需要。围绕如何为人民提供更高品质的"吃喝玩乐"服务，一些企业取得了成功。例如，美团、饿了么等通过外卖送上门服务，满足了人们多种口味饮食需求；共享单车、共享汽车为人们提供更便捷的出行服务，同时推动了人们玩的兴趣；而虚拟现实等技术的出现，给人们带来了更多的欢乐。对于普普通通的社会一员，能够通过自己的努力，为社会提供更多、更好的服务，不断改善人们的生活，这也是大部分人实现理想的一个有效途径。

随着新一代信息技术在第一产业和第二产业中的应用，一些重复性、简单的工作可以通过机器人、自动化机械来完成，农业、工业效率大幅度提升，物质生活越来越丰富，但是理想信念仍然不可丢弃。一方面，我们应该看到国内乃至全球很多的地方发展不平衡不充分；另一方面，广大人民对美好生活的需要日益增长。因此，通过运用新一代信息技术手段，促进各地区公平发展，给人民带来更美好的生活体验，是部分 IT 工作者适应社会趋势的正确选择。只有在解决社会主要矛盾的过程中，找到自己的理想，明确人生的发展方向，才能成就一番伟大的事业。

任务 1 体验虚拟现实

本任务知识点：

• 理解虚拟现实技术的基本概念
• 虚拟现实技术的发展历程

项目3 虚拟现实 项目3 虚拟现实
与社会应用.pptx 与社会应用1.mp4

大学生活总是在青春飞扬中快速度过，每个人都充满了活力和对生活的热爱。小 C 很快就和身边的同学变得熟稔起来，尽管大家来自五湖四海，可是他们都很珍惜这人生的最后一段同窗光阴。学校所在的城市里有一个科技馆，不仅免费开放而且能够从中了解很多感兴趣的知识，小 C 和几个同学相约周末前往科技馆参观。在科技馆里，不仅能够参观各种高科技的应用，而且能通过虚拟现实体验一些太空遨游、核科技等在现实中无法实际感受的操作。

3.1.1 太空飞船项目

小 C 和同学们一起兴奋地体验了如图 3-1 所示的虚拟太空舱和虚拟赛车等设备，它以"神舟系列"返回舱为原型进行设计，可以通过它体验 VR 登月、火星救援、重返地球等太空飞行内容。首先，小 C 像真正的宇航员一样在虚拟的发射基地宣誓，然后如同坐着载人火箭，逐步脱离地心引力，感受着宇航员必须经历的飘飘欲仙的失重状态。当然为了能让普通人适应，这种状态比真实的宇航员要舒适得多，但是也能感受到宇航员的不容易。接着来到太空，小 C 绕地球一圈，看到美丽的太空风景，感受地球的美丽，心中充满了对地球的热爱之情。之后在月球上登陆，可以出太空舱做一些活动，感受到弱引力状态下的跳跃……最终当小 C 完成太空冒险，乘坐太空舱开始返回地球时，他甚至能感受到太空舱与大气的剧烈摩擦和振动。在返回地球那一刹那，一股兴奋、敬佩、热爱之情涌上心头。通过这次体验经历，小 C 更加感受到了祖国的伟大，对未来更加期待。

图 3-1　虚拟太空舱和虚拟赛车

虚拟现实（virtual reality，VR）本质上是一种计算机仿真系统，能够创建虚拟世界，通过一系列技术手段使人们感受现实世界中不存在于眼前的事物或未在眼前发生的现象。这些现象可以是真真切切地存在于现实世界中的物体，也可以是人们用眼睛看不到的，用手碰不到的虚拟物质，真假难辨，让人产生身临其境的感觉。综合利用了计算机图形学、仿真技术、多媒体技术、人工智能技术、计算机网络技术、并行处理技术和多传感器技术，模拟人的视觉、听觉、触觉等感官功能，使人能够沉浸在计算机生成的虚拟境界中，并能够通过语言、手势等自然的方式与之进行实时交互，创建了一种适人化的多维信息空间。

具体来说，虚拟现实技术就是通过收集现实生活环境中的真实数据，然后运用计算机技术将收集到的数据通过计算产生电子信号，再将这些电子信号与各种输出设备相结合，使电子信号转化为人们能够理解和感受到的现象。由于这些现象是通过计算机技术模拟出来的，并非人们通过眼睛直接看到的，所以它被称为虚拟现实技术。

1. 虚拟现实技术的发展阶段

虚拟现实是一种新型的计算机综合技术，最早是在 1965 年被美国科学家 Ivan Sutherland 博士提出，然后逐渐发展为一门比较成熟的技术。虚拟现实通过多种技术来实现虚拟与现实的融合，增加用户在视、听、嗅、触等感官的仿真感受，使用户虽然处在一个虚拟的三维空间中，却仿佛身临其境。这些技术包括视频图像处理技术、立体显示技术、数据传输技术以及人工智能技术等。目前，虚拟现实技术在各个领域发展迅速。在生活娱乐领域，虚拟现实技术渗入了 3D 电影行业、虚拟游戏行业等，给用户更真实的体验感，丰富了人们的生活。根据虚拟现实技术的发展，我们可以分为以下五个阶段。

1）孕育阶段

孕育阶段主要是 1963 年以前，主要是采用非计算机仿真技术，通过电子或者其他的手段进行动态的模拟，是蕴含虚拟现实思想的阶段。例如，1929 年 Edward Link 设计出用于训练飞行员的模拟器；1956 年，Morton Heilig 开发出多通道仿真体验系统等。

2）萌芽阶段

截至 1972 年之前，是虚拟现实的萌芽阶段。1965 年 Ivan Sutherland 发表论文"Ultimate Display"（终极的显示），提出"应将计算的显示屏进化为观看虚拟世界的窗口"；并且接下来将该思想付诸现实，于 1968 年研制成功了带跟踪器的头盔式立体显示器。1972 年 NolanBushell 开发出第一个交互式电子游戏 Pong。

3）产生形成阶段

产生形成阶段主要是正式提出虚拟现实的概念，并且相关的技术在实际中得到应用。20 世纪七八十年代，美国军方投入巨资研究"飞行头盔"和其他军用仿真器，成为虚拟现实技术发展的主要推动力；1984 年，NASA AMES 研究中心开发出用于火星探测的虚拟环境视觉显示器；与此同时，VPL 公司的 Jaron Lanier 首次正式提出"虚拟现实"的概念；1987 年，Jim Humphries 设计了双目全方位监视器（BOOM）的最早原型。并且在这一阶段，计算机技术开始突飞猛进，尤其是图形加速卡的出现，促使用计算机生成的图形代替摄制图像，并开始进行场景设计，一大批虚拟现实影视出现。

4）理论完善和应用阶段

在 2014 年之前，虚拟现实技术一直在不断发展和完善，但是大部分应用在军事和实验室中。1990 年，提出了 VR 技术，包括三维图形生成技术、多传感器交互技术和高分辨率显示技术；VPL 公司开发出第一套传感手套 Data Gloves 和第一套 HMD EyePhoncs；Lofin 等人在 1993 年建立了一个"虚拟的物理实验室"，用于解释某些物理概念，如位置与速度、力量与位移等。

5）普及推广阶段

2014 年 Google 发布了其 VR 体验版解决方案：CardBoard。使人们能以极低的价格体验到新一代 VR 的效果。2016 年被称为 VR 元年，在这一年，各大 IT 厂商纷纷推出了 VR 体验套装，之后大量游戏厂商推出了 VR 游戏。前面提及的小 C 在科技馆体验的太空舱、跑车模拟器等，大部分也是在这一年之后普及推广的。不仅如此，VR 还进入购物体验、房产展览、展会、医疗等领域，成为新一代信息技术发展的热点之一。图 3-2 展示了从简单的 CardBoard 眼镜到复杂的 VR 体验眼镜套装。

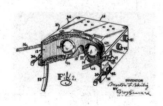

图 3-2　Ivan Sutherland 显示模型、Google CardBoard 和 HTC VR 眼镜

2. VR 技术的发展特点

1）多感知性（multi-sensory）

无论我们使用计算机还是手机，只能获取视觉感知和听觉感知。但是人类的感知系

统除了视觉和听觉之外，还包括触觉、嗅觉、运动等。在虚拟现实的概念中我们提及，虚拟现实是一种计算机仿真系统，在包括计算机的同时，还包括了仿真系统。通过仿真系统可以把计算机模拟的信息通过力反馈系统、振动系统、嗅觉系统等发送给使用者，从而使使用者获取丰富的触觉感知、运动感知、味觉感知、嗅觉感知等。理想的虚拟现实应该具有一切人所具有的感知功能，能够完全模拟人的感官系统。

2）交互性（interaction）

当我们使用计算机的时候，通过鼠标、键盘、显示器与计算机进行交互，但是计算机画面的显示是平面的，输入也是平面的。而我们生活的世界是三维的，在VR里画面显示变成了三维，你体验到的是一个个场景，而不是一张张图片。在VR中交互的方式自然而然也发生了变化。用真实世界的方式与场景中物体进行交互。例如，场景中有一个球，我们要拿这个球，就要走过去，把它抓起来；我们在太空舱体验月球登陆，感觉就像脚踩实地一样；我们在模拟驾驶舱体验赛车，就跟真实的赛车比赛一样。

借助于专用设备（如操作手柄、数据手套等）产生动作，以自然的方式，如手势、身体姿势、语言等，如同在真实世界中操作虚拟现实中的对象。

3）沉浸感（immersion）

通过在虚拟现实系统对体验者的刺激，符合我们在物理上和认知上的已有经验，从而感到自己作为主角存在于模拟环境中。这种沉浸感让我们感觉真的在一个虚拟世界中。沉浸感来源于很多方面，首先是视觉方面，也是最重要的一个方面，视觉在人们的感觉器官中占据了最重要的位置；其次是听觉，听到背后有人喊，回头刚好看到这个人，听觉系统感受到声源位置，视觉系统能看到声源，VR下通过声场技术来实现这种虚拟定位；再次是力反馈设备，在虚拟世界里受到了力的作用时，身体能感受到对应的力；最后还有一些其他感觉，如温度、嗅觉等。调用的感觉越多，沉浸感越好，但成本也越高。

4）想象力（imagination）

通过VR技术能够激发人的想象力，在体验虚拟世界中的场景和事物时，人们接触了更多前所未见的景象，获取了更多的信息。根据所获取的多种信息和自身在系统中的行为，通过逻辑判断、推理和联想等思维过程。随着系统运行状态的变化，能够更多地激发人们想象力，因此VR在科技研发方面有着越来越多的应用。

3.1.2 游戏体验

从科技馆出来之后，小C和同学们非常兴奋、意犹未尽，这个时候舍友提议到附近的商场再体验一下虚拟现实的游戏，于是几个人来到了VR游戏设备商店。商店里人并不多，店主看几位大学生来了，很是热情地请他们体验了"节奏光剑"游戏和一个射击类的游戏。"节奏光剑"游戏就是在游戏中可以跟随音乐的节拍，看清方块的箭头方向，挥动手中的光剑，将其砍成两半。这个游戏既能够娱乐，又能够锻炼身体，也很适合女生玩。而射击游戏则刺激得多，甚至有模拟加特林的装置，如图3-3所示。

图 3-3　酷炫的"节奏光剑"游戏和射击体验游戏设备

接下来让我们看看，要体验虚拟现实需要什么样的硬件设备，小 C 和同学们能不能便宜、便捷地体验虚拟世界呢？

其实，如同项目 1 中如图 1-1 所示的计算机体系架构一样，尽管虚拟现实设备被做成各种各样炫酷的样子，如太空舱、模拟驾驶舱、手柄甚至加特林模型，但是仍然符合计算机的逻辑结构，其硬件设备可以归为三大类，分别为输出设备、输入设备和生成设备。

1. 输出设备

虚拟现实是利用一些特殊的技术，将信息传递给人类的感知系统，之后这些信息在大脑中重组，成为一个"虚拟"的现实世界。当虚拟环境把信息传递给体验者时，其可以获得与真实世界相同或相似的感知，产生"身临其境"的感受。为了实现这种特性，虚拟现实系统的输出设备与普通计算机系统的输出设备不同，它能够刺激或者误导人体的感官，包括视觉、听觉、触觉、味觉、嗅觉等，让人以为是在一个真实的环境中。

1）显示设备

据研究，人类对客观世界的感知信息 75%～80% 来自视觉，所以虚拟现实系统要让人有种身临其境的感觉，首先要影响的就是视觉。因为大部分人通过双眼视物，而两眼空间位置的不同会产生立体视觉。为了给人以立体视觉的感觉，大部分显示设备从这个角度入手，为双目提供不同的图像，即有双目视差的图像，从而实现立体显示。这就意味着，在大多数情况下，当我们闭上一只眼时，立体感就不如用两只眼观看那么强。在体验虚拟现实时，大多数工作人员会提示我们，当感到头晕目眩、身体不适时，可以闭上眼睛，这样就基本上感觉不到了。

常见的显示设备包括 VR 眼镜、显示器、投影设备等。从显示技术上来说，有时分技术，即通过两套视差图像在不同的时间播放，显示设备在第一次刷新时播放左眼图像，下一次刷新时播放右眼图像，形成视差；有光分技术，用偏光滤镜或偏光片滤除特定角度偏振光以外的所有光，让偏振光只进入左眼或右眼，构造视差；有色分技术，即让某些颜色的光只进入左眼，其他颜色只进入右眼，构造视差；有光栅技术，将屏幕划分成一条条垂直方向上的栅条，栅条交错形成视差。另外，还有一些全息投影等技术需要根据具体场景进行实际开发，以营造出立体视觉感。不同 3D 显示技术应用场景和优缺点如表 3-1 所示。

表 3-1　3D 显示技术的应用场景和优缺点

是否需要眼镜	技　术		应 用 场 景	优 缺 点
需要眼镜	主动快门式	时分式	3D 电视	优点：3D 成像质量最好
		光分式	3D 影院	缺点：造价高
	被动式	波分式	3D 影院	优点：成像质量较好
		色分式	初级 3D 影院和电视	优点：造价低廉 缺点：3D 效果差，色彩丢失严重
不需要眼镜	光栅式 柱状透镜式		3D 电视机和显示器	优点：不需要配戴眼镜 缺点：3D 效果差，难以实现大屏幕
	全息照相			优点：从各个角度观看皆可以 缺点：目前技术不成熟

（1）眼镜。在虚拟现实概念普及、推广之前，3D 显示技术和观看 3D 效果的眼镜就被发明出来。3D 视觉效果和虚拟现实有关系，但也有不同之处，3D 显示主要是为了让人们获得一种三维的观看体验效果，而虚拟现实则注重于全面的体验感。

① 3D 眼镜。早在 1987 年 10 月 21 日，任天堂公司就推出了 3D 眼镜，现在大部分 3D 眼镜主要是用来观看采用了"时分技术"显示的视频或图像，通过与显示设备同步的信号来实现。当显示设备输出左眼图像时，左眼镜片为透光状态，右眼镜片为不透光状态；而在显示设备输出右眼图像时，右眼镜片透光而左眼镜片不透光，这样两只眼镜就看到了不同的游戏画面，大脑记录快速交替的左右眼图像序列，并通过立体视觉将其融合在一起，从而达到欺骗眼睛，实现立体成像的目的，如图 3-4 所示。3D 眼镜价格便宜，并且可以自己动手制作，现在广泛地应用在影院等场合。

图 3-4　时分法和色分法形成 3D 图像

② VR 眼镜。VR 眼镜现在又称头显设备，可以分为两种：一种价格便宜，搭配手机使用；另一种是带处理芯片的、功能复杂的一体机。在图 3-2 中，Google CardBoard 属于第一种，价格便宜且可以自己 DIY，但是要配合手机使用；HTC VR 眼镜则属于第二种，价格相对昂贵，但是体验感较好，小 C 和同学们在商场体验的就是这种设备。

VR 眼镜和 3D 眼镜成像原理不同，VR 眼镜一般都是将内容分屏，切成两半，如图 3-5 所示，通过镜片实现叠加成像。这时往往会导致人眼瞳孔中心、透镜中心、屏幕（分屏后）中心不在一条直线上，使视觉效果变差，出现不清晰、变形等一大堆问题。这些问题就需要设备生产厂商通过物理调节或者软件调节的方式纠正。因此不同厂商的 VR 眼镜效果差异很大，有些厂商由于技术不成熟，画面拖尾、粗糙，容易使体验者产生头晕、

图 3-5 VR 视频截图

目眩甚至恶心等不良感觉。

从对比中可以看出，VR 眼镜和 3D 眼镜在成像原理上有时会用到相同的技术，但是 VR 眼镜的目的是给人一种沉浸式的体验，更为逼真且角度更大，而 3D 眼镜主要是为了获取观看的立体感。从构成上来说，VR 眼镜要复杂得多，同时 VR 眼镜一般和其他虚拟现实设备一起使用，使人们能够获取身临其境的感觉，并且可以产生交互。

（2）显示器。根据前面讨论的 3D 成像技术，目前大部分显示设备都支持 3D 图像或视频显示。也就是说，在电视、计算机、手机上也可以观看 3D 类节目，但是得借助于 3D 眼镜。而类似于 Google CardBoard 的 VR 眼镜，只需要搭配普通手机，就能够使人享受到立体电影或者虚拟现实场景的效果。

而裸眼 3D 显示设备则复杂得多，目前技术上还不是十分成熟，显示效果也不尽人意，因此在实际中应用很少，大部分处于研究和实验阶段。但是相信在不久的将来，随着技术的进步和 3D 资源的爆发，裸眼 3D 显示技术和相关设备必将像今天普通显示设备一样，走入千家万户。

（3）全息投影。投影仪作为一种常见的显示设备，在日常办公、教学、会议、宣传中广泛使用。现在 3D 影院和 IMAX 影院常用的专业投影设备，使用了偏光技术、色分技术等 3D 技术。观影的时候需要带上 3D 眼镜，由于屏幕巨大，所以能够给人们以比较震撼的视觉感受。

与显示设备一样，投影设备裸眼式 3D 技术大多处于研发阶段，或者是在一些特定的场合使用。当前常用的一些全息投影解决办法主要有以下几种。

- 空气投影技术：在气流形成的墙上投影出具有交互功能的图像。此技术利用海市蜃楼的原理，将图像投射在水蒸气液化形成的小水珠上，由于分子震动不均衡，可以形成层次和立体感很强的图像。
- 激光束投射：这种技术是利用氮气和氧气在空气中散开时，混合成的气体变成灼热的浆状物质，并在空气中形成一个短暂的 3D 图像。这种方法主要是通过不断在空气中进行小型爆破来实现的。
- 360° 全息显示屏：这种技术是将图像投影在一种高速旋转的屏幕上，从而实现三维图像。

- 边缘消隐技术：我们在春晚、演唱会、舞台上看到的"全息"效果基本就使用此类技术。将画面投射到"全息"膜上或者反射到"全息"膜上，再利用暗场来隐藏起全息膜，从而形成图像悬浮在空中的效果，如图 3-6 所示。
- 旋转 LED 显示技术：这种技术利用了视觉暂留原理，通过 LED 的高速旋转来实现平面成像。但由于 LED 灯条在旋转时并非密不透风，观察者依然可以看到灯条后的物体，从而让观察者感觉画面悬浮在空中，实现类似 3D 的效果，如图 3-7 所示。

图 3-6　全息投影实现邓丽君和费玉清同台

图 3-7　央视的 3D 舞台效果

2）力反馈（force feedback）设备

小 C 和同学们在体验太空舱、射击游戏时，能够感受到失重、太空降落、机枪振动等触觉感觉，主要是借助了力反馈设备。力反馈设备通过感知人的行为，由计算机模拟出相应的力、震动或被动的运动，通过机械装置反馈给体验者，这种机械上的刺激使体验者从力觉、触觉上感受到虚拟环境中的物体运动，从而在大脑中可以更加真实地形成现实体验。最常见的力反馈设备包括手套、方向盘、手柄等，如图 3-8 所示。

图 3-8　力反馈手套和驾驶套装

力反馈设备的出现，使虚拟现实不仅是一种视觉体验，而且可以在交互中获得对肌肉的训练。因此虚拟现实技术被广泛应用到医疗、航空航天技术、纳米技术等方面，在动手能力培训和娱乐方面也更加真实。大部分力反馈设备不仅是输出设备，而且还是一种输入设备，能够实现交互。

虚拟现实的输入设备还包括一些虚拟场景构建辅助设备。例如：当你体验雨林穿梭时，有可能会有一些喷淋设备，将现实中的体验者衣服打湿，以给人真实的体验感。还包括一些嗅觉体验设备，模拟一些气味给人以刺激。

2. 输入设备

在前面提到，手套、方向盘、手柄等不仅是输出设备，而且还是输入设备。类似驾驶、射击发射的命令式输入，和普通的计算机一样，比较容易实现，但是对于虚拟现实来说，有一些输入技术需要更复杂的输入系统来实现。

1）3D 运动轨迹输入

例如，小 C 和同学们在体验"节奏光剑"游戏的时候，手持两个操控手柄在空中舞动，这个时候其实需要把手柄在空中舞动的轨迹信息输入游戏中，那么如何实现 3D 运动轨迹的捕捉与数据输入呢？不仅如此，一些一体化头显设备能够实现运动轨迹的捕捉，当体验者头部运动时，也能够捕捉到运动的轨迹，从而在游戏中显示相应的画面。

阅读资料：Oculus 的定位技术

当前 VR 头显销量排名居全球首位的公司是 Oculus，成立于 2012 年。2014 年 7 月 Facebook 以 20 亿美元的价格收购 Oculus，主要生产、销售 VR 头显，并且开发相应的资源。

Oculus Rift 设备上会隐藏着一些红外灯（即为标记点），这些红外灯可以向外发射红外光，并用红外摄像机实时拍摄。获得红外图像后，将摄像机采集到的图像传输到计算单元中，通过视觉算法过滤掉无用的信息，从而获得红外灯的所在方向。再利用相关的算法，即利用 4 个不共面的红外灯在设备上的位置信息、4 个点获得的图像信息，即可最终将设备纳入摄像头坐标系，拟合出设备的三维模型，并以此来实时监控玩家的头部、手部运动。具体的定位过程如下。

- 发出同步信号，等待头显上 LED 灯亮起后，提取收到的 8 位灰度视频帧中明亮的斑点。
- 创造一种斑点颜色为亮绿色的 8 位 RGB 输出视频帧（用于调试 / 可视化的目的）。
- 匹配大致为圆盘形的斑点，并与来自先前帧中的斑点尺寸进行比较，输入差分位解码器中，累积其 10 位 ID 和 LED 关联。排序所有提取或投射二维 LED 的位置到一个 kd（k-dimensional）树，用在下一帧中快速匹配。
- 如果有 4 个或更多的识别斑点且没有当前姿势估计，运行从头计算姿态估计方法。
- 如果有 4 个或多个识别斑点，且已经识别了先前帧的姿态，采用迭代姿态估计方法。
- 用姿态信息纠正惯性传感器的漂移，并融合惯性传感器的姿态信息。

当然这个过程涉及了过多的专业算法和词汇，感兴趣的读者可以到 http://www.eepw.com.cn/article/201605/291065.htm 网址查看详细资料。几乎所有的专门生产 VR 头显套装设备的厂商，都会发展出一套自身的定位算法，也可以说，定位算法的优劣，决定了厂商的前途命运。

通常情况下，刚体在三维空间中的运动，具有三个平移（沿着 X、Y、Z 轴）和三个转动（偏航、俯仰、滚动）自由度（又称6DoF）。在物体高速运动时，应该足够快地准确测出这 6 个数值，并将这 6 个数值输送到计算机中。计算机中的虚拟现实软件再根据这些数值进行处理，如图 3-9 所示。相比较于 PC 二维的鼠标输入，虚拟现实的定位要复杂得多，这就提高了对计算机的要求，这一点将在任务 2 中详细讲述。在三维测量过程中，不能够妨碍物体运动，因此需要尽量用非接触式测量（低频磁场、超声、雷达、红外摄像头和 LED 等）代替机械臂等接触式测量。目前常见的测量方式包括以下几种。

6DoF

图 3-9　虚拟现实中的自由度追踪

- 电磁跟踪系统。
- 声学跟踪系统。
- 光学跟踪系统。

现在最为常用的就是光学跟踪系统。光学跟踪系统又发展出了三种技术，分别是标志系统、模式识别系统、激光测距系统，这些都比较专业，在这里就不进行过多阐述，感兴趣的读者可自行学习。

由于采用了光学追踪技术，因此在很多厂商的头显套装中，除了头显、手柄以外，还需要安装定位器，安装好了定位设备之后，就只能在定位器覆盖的范围内体验 VR。例如，刚开始的时候，HTC 套装定位的范围最大可达到 $3m^3$ 的一个立体空间，后来又在逐步扩大中。随着 VR 技术的发展，追踪定位空间越来越大，给人们带来越来越美好的体验感。

2）3D 扫描

在前面介绍了虚拟现实的输入和输出硬件，相比之下虚拟现实的应用还很少，其中一个主要原因就是可用的资源，也就是可以用来体验、使用的软件、视频、游戏太少。并且相对于普通视频、图片来说，开发成本也很高。造成开发成本高的一大原因就是在资源开发建设过程中需要烦琐的三维建模。

例如：当我们通过二维的方式观察一个物体时，只需要选择一个面来进行拍摄，就能得到这个物体的一个侧写。但是如果想以三维方式、全方位观察这个物体，就需要对其进行三维建模，这个过程显然比二维复杂得多。

好在三维扫描技术的出现，能够大大地简化建模的过程。三维扫描技术是一种先进的全自动、高精度、立体扫描技术，集光、机、电和计算机技术于一体。通过测量空间物体表面点的三维坐标值，获得物体表面的空间坐标以及得到物体表面的点信息，通过软件自动记录下来这些信息，实现快速建模。在虚拟世界中创建实际物体的数字模型，又称"实景复制技术"。三维扫描技术具有快速性、不接触性、穿透性、实时性、动态性、主动性等特性，具有高密度、高精度、数字化、自动化等优点。

通过三维扫描技术，能够快速地完成模型建设，这就相当于给了虚拟现实基础资源。这大大拓宽了虚拟现实技术在工业设计、瑕疵检测、逆向工程、机器人导引、地貌测量、医学信息、生物信息、刑事鉴定、数字文物典藏、电影制片、游戏创作等方面的应用范围，大大促进了虚拟现实技术的应用和发展。在2012年上映的功夫巨星成龙拍摄的电影《十二生肖》中，成龙为了保护国宝而复刻1∶1的赝品时，即采用3D扫描方法，传回相应数据，并没有接触文物，如图3-10所示。平常通过这种方式，人们既可以随时欣赏精美绝伦的文物，又不会对文物产生破坏。因此，三维扫描技术和相关设备备受各国的重视，目前市场上出现了很多手持式三维扫描设备，如图3-11所示。

图3-10　成龙用微型扫描仪复刻文物　　　图3-11　手持式三维扫描设备

除了动作追踪捕捉系统、精准定位、三维扫描以外，虚拟现实设备还有一些其他的输入，包括：①眼动仪，用来监控用户的注视方向，分析用户的行为或通过目视进行交互操作；②光导纤维传感器，可以被缝制在手套或者衣服中，当手指弯曲、身体运动而导致光导纤维弯曲时，通过光纤传输的光能量将会有衰减，光能衰减的程度与光纤的弯曲程度有关，从而获取身体的运动情况；③环境传感器，获取环境的数据，以便于更好地模拟环境等。因此，虚拟现实输入系统是一个很复杂的系统，尤其在医学、工业等领域，甚至需要根据场景单独开发特殊的输入设备，人们在虚拟现实发展的道路上还需要不断地创新。

3. 生成设备

前面已经提及，制约虚拟现实发展应用的主要原因之一就是资源的缺乏。一方面，虚拟现实资源本身需要大量图形计算，这就对运行虚拟现实计算机的图形处理能力要求极高，一般的个人计算机很难流畅地运行虚拟现实游戏，必须要独立显卡的支持，这就需要图形工作站；另一方面，虚拟现实文件一般较大，当前网络速度尽管较快，但还是没有足够的带宽以支持大型的虚拟现实网络游戏运行，因此现在的虚拟现实游戏大部分以单机或局域网游戏为主，这显然大大削弱了游戏的可玩性。

"图形工作站"是一种专业从事图形、图像（静态）、图像（动态）与视频工作的高档次、专用计算机的总称。它其实就是一台普通的个人计算机，但是强化了图像处理能力，性能介于个人计算机和专业的图形服务器之间。从工作站的用途来看，无论是三维动画、数据可视化处理，还是CAD/CAM和EDA，都要求系统具有很强的图形处理能力。从这个意义上来说，可以认为大部分工作站都用作图形工作站。图形工作站现已被广泛地使用在以下领域中。

- 专业图形图像设计、建筑/装潢设计，如广告图、建筑效果图。
- 高性能计算，如有限元分析、流体计算、材料模拟计算、分子模拟计算等。
- CAD/CAM/CAE，如机械、模具设计与制造。
- 视频编辑、影视动画，如非线性编辑。
- 视频监控/检测，如产品的视觉检测。
- 虚拟现实，如船舶、飞行器的模拟驾驶。
- 军事仿真，如三维的战斗环境模拟。

在虚拟现实领域，要想获得流畅的体验感，一台性能优越的图形工作站是必不可少的，那么如何衡量图形工作站的性能呢？依据就是标准性能评估协会（standard performance evaluation council，SPEC）提供的世界公认的图形标准度量，其中主要的图形性能指标为 specfp95 性能指标，这是一个系统浮点数运算能力的指标。一般来说，specfp95 值越高，系统的 3D 图形能力越强；Plb（picture level benchmark）表示几个常用 3D 线框、3D 面操作的几何平均值；OpenGL 图形硬件的标准软件接口，用于科学数据可视化和分析的能力测定，它包含 10 种不同的测试，通过加权平均来得出最后的值。要提高图形工作站的性能，除了像普通个人计算机一样，使用更快的 CPU 芯片，以固态硬盘替换机械硬盘，扩大内存以外，其中最重要的就是选用更高档、处理能力更强的显示芯片。

随着未来技术的发展，尤其是 5G 通信网络基础建设不断完善，虚拟现实网络服务器可能被广泛应用，图形工作站的作用会被日益削弱。网络版的虚拟现实资源也将出现，甚至走入千家万户。

任务 2　设计一个 VR

📖 本任务知识点：

- 虚拟现实应用开发的流程
- 虚拟现实项目开发相关工具
- 不同虚拟现实引擎开发工具的特点和差异
- 开发一个实际的虚拟现实项目
- 使用虚拟现实引擎开发工具完成简单虚拟现实应用程序的开发

项目 3　虚拟现实
与社会应用2.mp4

大家兴高采烈地玩了个痛快，之后一起回学校，一路上同学们不停地讨论虚拟现实体验和游戏的精彩。当踏入校园的一刹那，小 C 突然有一个想法：能不能把校园做成虚拟现实的场景呢？前面有过制作校园宣传片的经历，如果能够做一个 3D 的校园，那该是一件多酷的事情！

3.2.1 可行性分析

虚拟现实系统的开发可以认为是一个综合性的软件项目开发。因此，其开发流程可以参照软件工程设计的软件开发流程。

要完成一个项目，第一步需要做可行性分析。

虚拟现实看起来好玩，但其综合了计算机图形学、三维建模、程序设计等多门学科，需要大量的专业知识，并且需要专门的设备和图形工作站作为支持。因此，小C要把自己的想法付诸现实，如果光靠自己的力量，是不可能实现的。但是作为一个在校大学生，好处就是可以充分利用整个学校的资源。为此，小C加入了创新协会——这是一个神奇且充满了各路"高手"的协会。

指导老师了解小C的想法之后，很热心地为小C联系了计算机专业的虚拟现实实训室管理员。实训室里有一套专业级的虚拟现实体验设备——最新的HTC vive套装，并且还有相当数量的图形工作站。当然这些设备不能全部给小C用，但是实训室管理员答应在不耽误教学和科研的情况下，可以给小C用来测试。另外，小C还找到了在环境艺术专业学习的老乡小王，现在小C感觉无论是技术还是软硬件环境，都具备了可行性。

3.2.2 需求分析和系统设计

首先，相比较于当前我国的人口基数而言，我国的高等教育资源相对不足。尽管清华、北大、复旦等国内一流高校也在扩大教学规模，但是仍然只有少数人能够到"一流名校、一流专业"接受教育，更多的人希望有机会能够感受清华、北大等这些名校的校园风光。

其次，很多高校都拥有风景如画的校园风光和历史韵味十足的人文景观，每年都吸引了大量的游客前来观光，也有很多家长趁假期让孩子领略一下名校风光，以激励孩子奋发向上、努力学习。大量的人员涌入校园，严重地干扰了正常的学习研究生活，所以不少知名学校假期都采用了限流的方式，但是于情于理大学校园都应该向社会开放。

再次，我国很多高校几经历史的变迁，不少学校经过合并、搬迁，原来的校址和建筑都已不在或者挪作他用，很多校友对此感到非常遗憾。例如：创建于1896年的唐山交通大学（以下简称唐山交大）是我国历史上一所重要的大学，是中国近代土木工程、矿冶工程、交通工程教育的发祥地，培养了茅以升、竺可桢、林同炎、杨杏佛、黄万里等名家。但是其旧址已经不复存在，这是近代教育历史上的一个遗憾。工程师们利用三维技术重现了唐山交大图书馆、明诚堂、东西讲堂、校友厅等主要建筑，同时利用虚拟现实技术实现了唐山交大校园的局部虚拟漫游，给一些老校友家属和教育工作者以慰藉，并将教育科研精神保持、传承，如图3-12所示。

最后，教育的最终发展形式是沉浸式的体验教学课堂，如图 3-13 所示。当我们在虚拟世界中漫游大学校园时，如果不仅能够游览优美的大学校园，感受浓厚的校园文化，同时还可以选择进入某个实验室，与行业领域内知名教授进行互动，那将在人文修养和知识拓展领域得到双重的提升。

图 3-12　唐山交大三维重现

图 3-13　VR 课堂

以上四点是当前校园虚拟现实中经常遇到的需求，以小 C 现在的能力和资源来说，这些需求是难以完成的。因此小 C 和小王选择了一个比较有意义的地方来实现——应用虚拟现实技术实现校史展览馆参观。只选择这一个场馆，一方面既能熟悉相关技术，另一方面也有足够的精力来保障完成。在表 3-2 中，小 C 列出了将要实现的功能。

表 3-2　校史展览馆 VR 系统功能分析

场景	校史展览馆
开启	用户控制角色推门，可进入校史展览馆
角色	一个虚拟角色
交互动作	（1）角色可以在校史展览馆中自由走动、逗留。 （2）在校史展览馆中的一些主要场景中，可以停留并通过单击查看。 （3）校史展览馆的天花板、地板上面都有图画，可以通过抬头、低头查看；并且能够单击放大。 （4）一些地方可以通过单击声音按钮，播放相关信息。 （5）可以查看一些有特色的展品
退出	在访问过程中可随时退出
中断	能够保留上次访问场景，且再次登录后会询问是否继续

3.2.3　三维建模

沉浸感和交互性是虚拟现实最重要的两个特征，要实现良好的沉浸感，就需要把现实世界的事物尽量完美地映射到虚拟世界中；而要实现自然的交互功能，就需要在虚拟世界中构建用来交互的人物。如图 3-14 所示，电影《头号玩家》中构建了丰富的虚拟现实场景和人物。

图 3-14　电影《头号玩家》中构建的虚拟现实场景和人物

要实现沉浸感和交互性，首先就要进行三维建模，通过三维建模来建立虚拟环境。三维建模通俗来说就是通过三维制作软件在虚拟三维空间构建出具有三维数据的模型，这项工作是 VR 系统的核心内容之一，通过获取实际环境的三维数据，根据应用的需要建立相应的虚拟环境模型。需要注意的是，三维建模不仅是虚拟现实需要，其出现比较早，如军事上用的沙盘，它的应用早于计算机上三维图形的流行使用，并且现在已经成为一个广为人知的术语。三维建模技术的快速发展对各行各业提供了有利的帮助，尤其在工业领域，在一些机械零部件的设计和制作中得到了广泛的应用。

当前三维建模软件多种多样，广泛地应用于机械、制造业等重要产业。目前世界主流的相关三维建模软件功能强大、内容丰富，如在工业领域应用比较广泛的 AutoCAD、CATIA、UG 等。还有一些常见的通用全功能 3D 建模软件，主要运用于外观设计，如 Rhino、Maya、3ds Max 等。

1. 犀牛建模软件（Rhino）

Rhino 是由美国 Robert McNeel 公司于 1998 年推出的一款以 NURBS 为主的三维建模软件，如图 3-15 所示。Rhino 的优势在于建模的精准度非常高，并且具有高度扩展性，可融入参数，进行逻辑编程，利于工业化产品形态和曲面建筑的推敲。Rhino 可以建立不同程序之间的联系，如机械装置、数控装置等。另外，Rhino 与一些插件建立链接之后，可以做动画，写程序和批量出渲染图，而其他软件则很难做到。Rhino 适合做一些机械感或者工业产品的建筑，类似于参数化表皮的建筑或者有机建筑等。

图 3-15　犀牛建模软件及其建模效果

2. 玛雅建模软件（Maya）

Maya 软件是 Autodesk 旗下的著名三维建模和动画软件，也是一款世界顶级三维动画软件，如图 3-16 所示。它主要以 polygon（多边形）为建模内核理念，塑形能力非常强，其自带的毛发、骨骼、粒子系统，在建筑设计中的使用较为频繁，并且它的曲面编辑能力远强于 Rhino。但是尺度的精准性比较低，只有部分参数化的程序，没有 Rhino 的应用范围广。Maya 改善了多边形建模，通过新的运算法则提高了性能，多线程支持可以充分利用多核心处理器的优势，新的 HLSL 着色工具和硬件着色 API 可以大大增强新一代主机游戏的外观。另外在角色建立和动画方面也更具弹性，在渲染方面真实感极强，被称为电影级别的高端制作软件。Maya 拥有着令人印象深刻且功能强大的工具包，但是这也意味着它是最复杂和最难学习的工具之一。

图 3-16　Maya 建模软件及其建模效果

3. 3ds Max

3ds Max 也是 Autodesk 公司一款三维动画渲染和制作软件，因为是同一家公司出品，因此与其姐妹软件 Maya 一样，拥有强大的 3D 建模工具集，如图 3-17 所示。但是由于有大量不同的修改器库，3ds Max 可以使新建或中级 3D 艺术家的建模过程更容易一些。其主要特点是：渲染效果好，渲染速度快，同时能够保证渲染画面的逼真度；采用工作流模式，可以通过相应的插件从外部导入模型；建模能力强，3ds Max 使用曲面细分技术、柔性选择变换技术、曲面工具及 NURBS 曲面建模技术，不仅增强了模型的真实性，

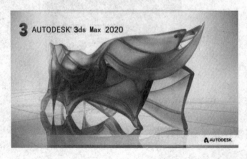

图 3-17　3ds Max 软件和建模效果

而且使模型渲染后效果更佳。最为关键的是，3ds Max 相比 Maya 更容易学习和上手操作。

对于非专业的小 C 和小王同学来说，显而易见 3ds Max 建模软件是其最好的选择，并且小王同学在环境艺术设计专业，曾经学习过该软件，有过一定的经验，这样应用起来就比较得心应手了。

拓展资料：3ds Max 的建模方式

1）基础建模

基础建模是所有使用者必须掌握且最基础的部分，简洁高效的操作可以在命令面板中快速创建出简单模型，如标准几何体、扩展基本体、二维图形等。操作方法简便，单击所选几何体后拖动鼠标即可创建。每种几何体可以通过调整多种属性参数来精确实现其位置、形态等参数的控制，基础建模是搭建简单模型最高效的方式，也是创建复杂模型的基础。理论上每个复杂的模型都由多个简单模型组合而成，对于复杂模型的创建可以由简入繁，对基础模型进行弯曲、扭曲等变形操作，最后组合成所需的复杂物体。

2）复合对象建模

复合物体指的是将两个或多个物体进行组合形成的新物体，实际物体可以看作由多个简单物体组合而成。在合并的过程中对物体可以进行反复调节，从而实现一些较高难度的模型，如毛发、毛皮、变形动画和复杂的地形等。复合对象建模方法有以下几种变形方式：由多个节点数相同的二维或三维对象组成，通过插入节点的方法，改变节点参数而转变成一个新物体，其间两物体形状的渐变过程即可生成动画。

- 连接：将两个具有开放面的模型通过开放面或空洞连接后组成一个新的物体，连接的对象必须都有开放的面或空洞，就是两个对象连接的位置。
- 布尔：通过交、差、并集的数学关系运算将多个物体模型转变成一个新物体。
- 放样：通过某条路径，将一个二维图形作为该路径的剖面，从而形成复杂的三维物体。
- 形体合并：在三维物体的表面投影一个二维图形，通过交集或差集的方法产生复杂的物体，经常用于物体表面的镂空、花纹、浮雕等效果。
- 包裹：将一个物体的节点包裹到另一个物体表面上而塑造一个新物体，常用于给物体添加几何细节。
- 地形：根据一组等高线的分布创建地形对象。

3）二维图形建模

二维图形指的是由一条或多条样条线组成的图形，二维图形建模广泛应用于复合物体的面片建模中，它可以直接渲染并输出为几何体。更重要的是，它可以用作动画路径和放样路径或剖面，通过编辑和修改二维拉伸、旋转和倒角，还可以直接将二维图形设置为可渲染并创建霓虹灯效果。3ds Max 包括三种重要的线类型，分别为样条线、NURBS 曲线和扩展。

4）多边形建模

多边形建模是诸多建模方法中创建复杂模型最常用的建模方法。在 3ds Max 中，多边形建模主要通过 mesh 和 Polygon 命令实现。对于各种模型结构，可以通过网格将其塌陷为可编辑多边形网格，其中闭合曲线能够通过塌陷转变成曲面。如果不想使用"塌陷"，也可以为其指定一个可编辑多变形。可修改网格是 3ds Max 最基本的建模方法，同时它最稳定，建模所需系统资源最少，系统响应最快。它用于修改或编辑三维对象的组件，提供了对由三角形面、顶点、边组成的网格对象的操作控制。其关键操作是通过对曲面的调整来创建基本模型，然后添加平滑网格修改器来平滑曲面，提高精度。该技术使用了大量的点、线、面编辑操作，对空间控制能力要求较高，适用于创建复杂模型。

5）面片建模

面片建模是以多边形为基础逐步发展起来的，曲面编辑采用 Bezier 曲线法，解决了多边形表面不易平滑的问题。多边形的边只能是直线，而面片的边可以是曲线，因此，多边形模型中的单个面只能是平面，而面片模型的单个面可以是曲面，这使面内部区域更加平滑。它的优点是可以显示光滑的表面和皱纹较少的细节，它适用于创建两种生物模型面片建模方法：一种是雕塑法，它使用面片编辑修改器来调整面片的子对象，通过拉动节点并调整节点的控制手柄，将四边形面片塑造成模型；另一种是蒙皮法，将第二级修改器加入第二级模型中，最后在三维模型中添加一个线框。面片的创建可以直接由系统提供的四边形面片或三角面片完成，也可以将创建的物体转变成面片对象。

6）NURBS 建模

NURBS 建模也称作曲面建模，顾名思义在曲面建模上具有显著的优势，常常在复杂的曲面结构中表现非凡。它使用数学函数定义曲线和曲面，并自动计算曲面精度和相关面片建模。

NURBS 可以用较少的控制点来表示同一条曲线，但由于曲面的性能是由曲面的算法决定的，而且 NURBS 曲线函数比较先进，所以对 PC 的要求最高。NURBS 最大的优点是曲面精度可调，可以在不改变外部条件的情况下自由控制曲面的精细度。

如图 3-18 所示，3ds Max 基本操作界面相对简单，功能强大。

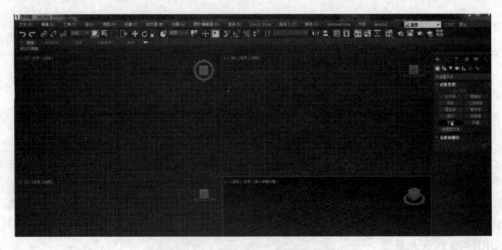

图 3-18 3ds Max 软件操作界面

小王让小 C 拍好现场照片，以此为基础进行了建模。但是在实现过程中，还存在不少的问题：一是室内建模方面，有些场景和内容 3ds Max 并不一定适合，还需要配合其他软件来实现最优的效果，如用 CAD 来建立门、窗等模型；二是室内灯光、照明的模型需要单独设计，相对比较复杂；三是为了减少工作量，并且达到最佳效果，模型需要尽量优化，如在创建三维模型的过程中尽量减少点、线、面的显示数量，对于一些不重要的复杂模型，使用二维图片代替，采用渲染静态窗口，尽量减少像素光的使用等。

3.2.4 实现动作及交互性

虚拟现实与普通三维动画、影视的一个最大区别就是互动性，也就是在虚拟的世界中，能够完成一些动作，并且进行交互。在建模的时候，我们有几款工具软件可以进行选择。在实现交互性时，同样也有几款工具，可以进行选择。

1. Unreal

Unreal 是 Unreal Engine（虚幻引擎）的简写，由 Epic Games（一家美国公司，2012 年腾讯收购了其 48.4% 的股权）公司用 C++ 语言开发，如图 3-19 所示。由于其用于非商业用途，完全免费，因此得到了快速推广，成为使用率最高的游戏引擎之一。Epic 公司用其开发了一系列成功的游戏，也给众多的用户以信心。由于其具有游戏品质的互动引擎制作能力，因此也常用于教育、演示等场景制作。

图 3-19 Unreal Engine 官网给出的城市设计案例

Unreal 能够实现完整的游戏开发功能，它的物理仿真效果非常好，并且可以打包成

exe 安装包，非常适合虚拟现实作品的制作。虚幻引擎提供的功能非常完善，无论开发内容是二维应用还是高端视觉效果，开发者都能够通过虚幻引擎针对移动平台和主机平台上的应用进行开发和无缝部署。虚幻引擎的优点是有强大的实时渲染，支持可视化编程，引擎源代码公开，材质编辑器给力；缺点是对新手不够友好，对配置要求较高，插件少。

2. VRP

VRP 是中视典数字科技有限公司独立开发，具有完全自主知识产权，面向三维美工的一款虚拟现实软件。VRP 具有稳定高效的增强现实算法库和方便易用的编辑器，可以方便开发者快速定制个性化案例。VRP 所有的操作都是以美工可以理解的方式进行，不需要程序员参与。如果操作者有良好的 3ds Max 建模和渲染基础，只要对 VRP 平台稍加学习和研究，就可以很快制作出自己的虚拟现实场景。VRP 支持多种工业数据，可以将模型直接从工业软件导入 VRP 中进行编辑，也可以将 VRP 模型导回工业软件中再次修改。

3. Unity

Unity 是一个综合型游戏开发工具，由丹麦的 Unity Technologies 公司开发。它的编辑器既可以在 Windows 下运行，也可以在 Mac OS X 下运行。开发者可以将开发内容发布到普通 PC、移动终端、网页和游戏主机上，如图 3-20 所示。作为一个专业的游戏引擎，开发者可以在 Unity 上开发多种类型的互动内容，这些互动内容可以是三维视频游戏，也可以是可视化建筑，还可以是实时三维动画等。Unity 的优点是对配置要求不高，通过脚本编辑器和第三方插件可以实现很多操作，大量的教程和素材可以帮助开发者实现低成本开发。

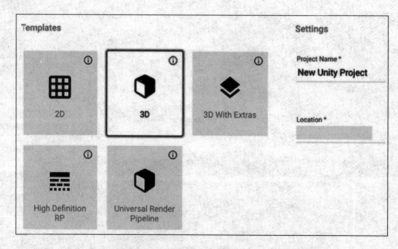

图 3-20　使用 Unity 创建一个项目

Unity 的开发环境是图形化交互式的，开发者只需要掌握资源、场景、游戏对象、组件和脚本等关键概念，就可以使用 Unity 引擎来进行开发，如图 3-21 所示。Unity 采用的是世界坐标系中的左手坐标系，可以用自带的插件进行 3D 建模，同时也支持主流建模软件的模型文件导入。

图 3-21　Unity 操作界面

小 C 选择使用 Unity 来进行交互性动作的开发，在 3ds Max 中创建完场景之后，修正模型的格式、大小、法相和物体坐标系。然后导入 Unity 平台，场景中的三维模型就成了虚拟对象。再根据需求中设计的动作，在 Unity 中实现展馆内动作交互，流程如图 3-22 所示。

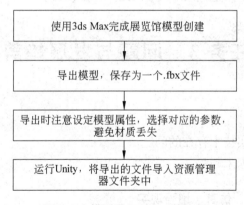

图 3-22　模型导入 Unity 的流程

3.2.5　测试

如同软件开发一样，在虚拟现实项目初步完成时，也需要不断测试和修改完善。在项目开发之初，小 C 通过创新协会的指导老师，获得了学校的虚拟现实实训室的使用机会。当他初步完成了交互性开发之后，需要将开发的结果导入虚拟现实体验套装中，进行真实的体验与测试。具体测试流程和场景如图 3-23 所示。

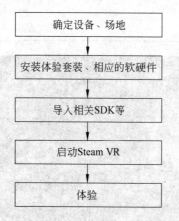

图 3-23　具体测试流程及场景

　　虚拟现实项目开发完成后，因为其需要软硬件配合，因此除了检测基本内容是否正确之外，还需要重点测试以下几个方面的内容：一是项目中设定的动作是否与硬件操作同步，如全视角观察、人物视角移动、物体触碰、物体拾取、物体使用和菜单交互等功能，是否能通过相应的硬件进行操作，并且具有一致性；二是运行是否流畅，画面质感和渲染的效果是否合适，体验者会不会产生眩晕感或者其他的不适；三是对硬件需求的测试，一般来说虚拟现实项目对硬件的要求都比较高，要找出项目运行所需要的最低硬件配置，以指导用户进行硬件购置与安装使用。还有一些比较复杂的大型项目，如需要多人互动等，还需要多个角色同时参与互动来完成测试。

任务 3　问题与发展趋势

👆 **本任务知识点：**

- 了解当前虚拟现实技术存在的问题
- 了解虚拟现实的未来趋势

1. 三维、虚拟现实、仿真、增强现实

　　在日常生活中，接触最多的就是三维影视、游戏等。随着新一代信息技术的发展，虚拟现实等类似的技术得到快速发展。对于一些非专业人士而言，很多人对三维技术、虚拟现实、仿真和增强现实技术难以区别。这里简单介绍一下这些技术之间的区别和联系。

　　三维技术是在二维平面技术上发展起来的。人生活在三维空间中，但是显示设备大部分是平面的。为了获得更逼真的效果，人们利用光学原理，借助于人眼视差，在二维平面上实现了三维显示技术。这种技术在影视和游戏中应用最多，只需要一个价格便宜的三维眼镜即可体验，因此现在在影院大量推广，大部分影片都借助三维技术使观影者

获得更佳体验感。

虚拟现实是以三维空间为基础发展起来的，提供一个完全的虚拟化三维空间，令用户深度沉浸其中而不自知。在项目1中已经介绍过，虚拟现实的特征包括多感知性、沉浸感、交互性等，最重要的是，通过虚拟的沉浸体验，能够激发出体验者的想象力。因此虚拟现实在模具设计、模拟培训等更多的领域具有更广阔的应用前景。

仿真是一个大的概念，是利用模型复现实际系统中发生的本质过程，包括数学理论模型和物理实质模型。人们很早就用仿真的方法来进行学习或推理。例如，战争中，很多指挥家都会用一些地图、模拟沙盘来进行推演，以增加战斗的胜率。虚拟仿真是指将虚拟现实技术和仿真技术结合起来，通过软硬件的系统设计，以达到以假乱真的地步。比如：虚拟驾驶即通过真实的驾驶舱，再模拟真实的公路驾驶情境，帮助人们进行驾驶训练；虚拟皮划艇可以模拟真实的水上漂流；虚拟太空舱模拟太空飞行等。

增强现实（augmented reality，AR）技术则是在虚拟仿真的基础上，对硬件设备进行加强，以提升人们的各项能力。例如，在一些影视作品中，我们看到一些角色利用机械设备，能够增加自身力量、速度等，甚至达到了和"超人"对抗的地步。因此，AR技术也是在VR技术的基础上，进一步发展而成的。

2. 虚拟现实发展中的问题

作为一项重要的新一代信息技术，虚拟现实技术能够给人们带来良好的体验感，并在培训、实验、教育、科研等领域有广阔的前景。但是与任何一项高速发展的科技技术一样，其自身也有很多问题，主要表现在制作成本高、用户接受度不稳定、产品回报率低、用户视觉体验感不稳定等方面。

首先，从校史展览馆的体验项目开发过程可以看出，目前虚拟现实项目开发很费时间、人力、物力。这就导致虚拟现实项目开发制作成本比较高。例如，一个全校园的现实体验项目的制作开发费用有可能达到千万元级别以上，性价比相对较低。这就导致了虚拟现实的资源相对较少，从而影响了推广应用。

其次，体验费用相对比较高。与低成本的三维眼镜不同，VR眼镜价位一般都在几千元甚至上万元，并且由于需要定位，因此受区域的限制，而不是像三维眼镜一样不受地理位置的限制。同时用户如果想体验到高端的视觉享受，还需要更高端的计算机作为支撑，这显然也限制了虚拟现实技术的推广应用。

再次，部分用户使用VR设备会带来眩晕、呕吐等不适之感，这也造成其体验不佳的问题。造成身体不适的一部分原因来自清晰度的不足，而另一部分来自刷新率无法满足要求。据研究显示，14K以上的分辨率才能基本使大脑认同，但就目前来看，国内所用的VR设备达不到骗过大脑的要求。消费者的不舒适感，可能产生VR技术是否会对健康造成损害的担忧，这将影响VR技术的发展与普及。

最后，虚拟现实以及增强现实会不会带来一系列恶性结果。因为一些依托传感的力反馈系统，如果操作不当，会对人们的身体造成伤害。如同一些科幻片中预测的那样，假如将力反馈设备或者电流刺激设备与游戏中的惩罚机制相连接，在虚拟现实中受到的伤害，也可能带入现实社会中。而在这些方面，无论是道德还是法治，当前人类社会都还没有准备好，还缺乏相关的政策和制度。

3. 未来发展趋势

2016 年被誉为 VR 行业真正的元年，环境、产业链初具雏形。随着 5G 时代的来临，可以期待未来越来越多的影视、游戏都会向虚拟现实过渡。人们对内容的真实感、体验感要求持续增加，从平面、音频到视频，下一个突破口就是虚拟现实。无论是视觉还是听觉，甚至是触觉，它都会给人们带来前所未有的体验感，都会带来新的享受。虚拟现实可以跨领域协同，促进其他产业的发展，诸如游戏、社交、教育等，产生质的变革。沉浸式的虚拟现实教育培训，被认为是教育发展的最终形式，只是受限于当前资源的缺乏。下面我们将从几个方面讨论一下虚拟现实未来的发展前途。

游戏产业一直是虚拟现实技术应用的最前沿，很多技术、设计软件都是从游戏产业发展起来的，目前被人们看作虚拟现实最容易实现的一个行业，也是最有"钱途"的产业。一方面游戏产业需要虚拟现实技术来实现更炫、更酷的效果；另一方面游戏玩家大部分是年轻人，更容易接受。无论是角色扮演、竞速赛车，还是动作类游戏，众多的玩家都期待更多的虚拟现实游戏出现。尤其是在模拟驾驶、射击类游戏方面，虚拟现实有很大的应用空间，以提高游戏的真实感。

在影视娱乐行业，虚拟现实能够再现很多场景，足不出户即可获得现场体验。随着虚拟现实设备的普及，人们戴上头显设备，在家里就能体验到 IMax 级的电影效果，也可以体验到演唱会现场的感觉。一些公司已经开始拍摄 VR 电影，这种电影的沉浸感更加强烈，观众甚至可以化身为主角，体验影视中宏大的场面。

在体育比赛中，通过虚拟现实技术，将产生一种身临其境的感觉。例如，2015 年10 月底举行的美国 NBA 新赛季揭幕战，是世界上第一场使用 VR 技术转播的 NBA 比赛。球迷们在家里戴上 VR 眼镜后，好似"掉"进 NBA 比赛第一排。国内也有体育赛事用虚拟现实技术转播。2015 年 11 月 6 日，CKF（Chinese KongFu）国际战队三番赛首站在西安搏击运动中心开战，此次比赛与暴风魔镜合作，以 360° 全景呈现的方式进行全程录播。

在电商领域，虚拟现实将会有更广阔的应用前景。比如对衣服的体验，如果在网上购物时，能够在下单前穿上身，或许能够省掉不少的退货运费。当前主要是网络速度和设备限制了电商的发展。但是在房地产销售行业，VR 看房目前非常火爆，这是由于房产单价高昂，地产商可以制作样板间资源，购房者远程通过网络即可体验，这比单纯的图片看房效果更好，并且节省了大量的时间。因此在电商领域，商家会倾向于将单价比较昂贵的产品制作成虚拟现实资源，引导消费者进行虚拟体验，以推动销售。

在医学领域，借助于虚拟现实技术，人们可以建立虚拟的人体模型，以用于教学或者是模拟手术。借助于跟踪球、HMD、感觉手套，可以更好地学习了解人体内部各器官的结构。通过对虚拟的人体模型进行手术、模拟训练等方式，可以预测手术的效果，以达到更好的治疗目的。医生需要反复手术，以提高熟练程度，利用虚拟现实技术训练新医生，可以大大提高医疗技术，降低医疗成本，避免医疗事故。

在侦查领域,虚拟现实可以将你融入不同的地点和时间中。对于重现犯罪现场来说，这堪称完美，因为它可以帮助人们找到和分析最初被忽略的东西。警方可使用先进相机拍摄现场照片，并制作成360°全景视频，随后一系列事件将被再现。调查人员只需戴上简单的虚拟现实眼镜，就可以环顾四周以便发现更多线索。当犯罪现场处于繁忙街区等无法保持完整的地方时，这种技术便显得更加重要。

在科研领域，虚拟现实可以用来进行仿真实验，或者是进行模拟设计，这在大大提高效率的同时，还能够降低成本。例如，采用虚拟现实的方式进行建筑设计，能够最大限度地模拟现实中的建筑，并提高设计的效率；在城市设计规划中，虚拟现实技术不仅能十分直观地表现虚拟城市环境，而且能很好地模拟各种天气情况下的城市，让人们一目了然地了解排水系统、供电系统、道路交通、沟渠湖泊等，同时能模拟飓风、火灾、水灾、地震等自然灾害的突发情况，这些都将大大提升设计效率。

除了上述领域外，虚拟现实技术还可以在旅游、教育、军事等诸多领域得到广泛的应用。比如，受新冠肺炎疫情等影响，人们不能亲身到一些旅游景点现场，但是可以通过虚拟现实360°全景展示，体验一些热门旅游景点。在军事上，士兵们可身处安全环境中，模拟各种可能的战场形势和敌人。在教育培训中，通过虚拟现实可以模拟火灾现场施救、发动机拆解等现实中成本高昂的环境，增强培训效果。随着虚拟现实制作软件和技术的发展，越来越多的资源将被制作出来，虚拟现实必将普及生活的方方面面。

综合训练电子活页

1. 根据本书介绍内容和相关参考资料，自制一个VR眼镜，并用其观看网上（如https://www.cdstm.cn/xnxs/vr/ 等）一些VR展馆。

2. 如果条件允许，可以尝试开发一个虚拟现实资源。

项目3　综合训练
电子活页.docx

项目 4　程序设计与思维模式

导学资料：设计思维

为什么人人都需要学习程序设计基础？可以大胆假设，在未来社会中，只有两种类型工作岗位：一种岗位是设计软件；另一种岗位是使用软件。因为当前是信息社会，很多工作要符合软件流程，而程序则是软件的基础，因此非计算机专业人士也需要具备一定的程序设计知识，以更好地适应社会。

上海交通大学王浣尘教授提出，世界由物质、能量和信息三元组成。这种用系统分析理论来认识世界的方法越来越广泛地为人们所接受。随着社会进步，信息在社会中起到越来越重要的作用。现代学者对计算机（无论什么形态）的一个普遍的定义为：能够存储和操作信息的智能电子设备，而计算机是通过软件来完成信息的操作和处理的。无论是设计软件，或者是使用软件来处理信息，都应该具备一定程序设计思维。

"万丈高楼平地起"，再优秀的软件，都是由一条条指令按照一定的顺序和规则组成的，这种指令和顺序的片段构成了程序。程序指令描述方式不同于人类社会自然语言，顺序和规则不同于日常社会和工作中思考问题方式。换句话说，软件是由若干程序组成的，而程序是按照计算机思维和逻辑设计而成的，因此要求我们学习和掌握利用逻辑和计算机思维来发现、分析问题，并设计出程序来解决问题，形成能够被大多数人使用的软件。

通过运用计算机相关学科来进行问题求解、系统设计甚至理解人类的行为和思维。尽管计算思维目前并不成熟，也不为科学家们所接受，甚至被认为是求解问题的一个错误方向。但是计算机思维是程序设计和软件设计的基础，是进一步学习计算机知识的基础，程序设计基础就是培养计算思维。

如何学好程序设计基础？

程序设计大概可以分为三步：分析、设计和试验。分析即运用计算思维和数学方法，厘清问题的结构，找到问题的核心；设计即通过某种具体的语言和工具来实现程序，解决问题；试验即将设计完成的程序，在各种环境下进行运行，试验程序是否正确。要想学好程序设计基础，无非是做好这三个环节的工作。首先，要掌握比较先进数学思维和解决问题的方法，有助于迅速解决问题。其次，要熟练地掌握某种计算机语言，以及与语言相关的技巧和方法，能够较快地将算法实现出来。最后，要有坚持不懈的决心和耐力，反复不断地进行试验和调试，找到各种可能出现的问题，确保程序正确运行。

任务 1 运行一个程序

本任务知识点：

- 程序设计的基本概念
- 程序设计的发展历程
- 程序设计与程序设计语言
- 程序运行环境

项目4 程序基础 项目4 程序基础
与思维模式.pptx 与思维模式1.mp4

程序是指一组计算机能够识别的指令，按照一定顺序和规则组合在一起。下面是用 C 语言来演示的一段程序，该程序实现的功能非常简单：从键盘输入两个整数，然后输出这两个数的和。

【例 4-1】 输入两个整数，求和并输出。

程序代码如下：

```c
# include <stdio.h>
int main()
{
    inta,b,sum;
    sum=0;
    scanf("%d",&a);
    scanf("%d",&b);
    sum=a+b;
    printf("The sum is:%d\n",sum);
    return 0;
}
```

这是一个简单的求和程序源代码，把以上代码复制到一个在线运行环境中（如 https://www.bejson.com/runcode/c740/），得到如图 4-1 所示的结果。

通常情况下，在设计环境中设计好程序，由设计环境（设计软件）来生成可执行文件。把可执行文件放到操作系统中，通过执行可执行文件来运行该程序。程序运行过程中，

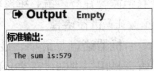

图 4-1 程序运行结果

会要求我们输入两个数字，如输入 123 和 456 两个数字，得到一个结果。当我们得到了想要的结果时，可以关闭程序运行窗口，结束程序。

程序（即机器指令）通过键盘或鼠标等输入设备输入，键盘和鼠标即计算机系统的输入设备，输入完成的程序存储在计算机硬盘中。由于硬盘中的数据即使在失电的情况下也可以保存，因此存储好的程序代码不会丢失，方便设计人员下次打开文件后继续编辑，也可以通过 U 盘等外界存储设备复制到不同的计算机上进行编辑。

编辑好的程序代码放在硬盘上,当设计人员通过编译系统下达编译指令时,将代码从计算机硬盘中调入内存中进行错误检查,一旦发现没有问题,程序通过了编译,则生成一个可执行文件,这个文件也保存在硬盘上。当执行该文件时,再将该文件调入计算机内存中执行,执行完毕的程序,如果有结果,则将结果通过显示器或打印机等输出设备输出。注意,程序是在内存中运行的。在例 4-1 中,我们把程序放在网络上,这个程序也是在网络服务器的内存中运行的。

程序设计就是设计程序指令的过程,计算机可以依据这些指令,有条不紊地进行工作。为了使计算机系统能实现各种功能,需要不同的、成千上万的程序,这些程序可以"同时"运行,也可以按照程序设计人员的意志,依次执行。例 4-1 中,诸如"int main()"用来描述程序功能,实现程序设计的语句,我们称为程序设计语言。例 4-1 中,我们采用了 C 语言来实现两个数相加的案例,要了解程序设计,首先要了解程序设计语言。

4.1.1 程序设计语言

语言是人类用来沟通交流的工具之一,同时利用这种工具还可以描述、保存人类文明的成果。

程序设计语言是人类与计算机之间进行沟通的语言。程序设计语言与现代计算机共同诞生、共同发展。进入 20 世纪 80 年代以后,随着计算机的日益普及和性能的不断改进,程序设计语言也迅猛发展。

根据程序设计语言的特点,可将程序设计语言分为低级语言、结构化语言以及面向对象语言。

1. 低级语言

低级语言是面向机器的语言,依赖于计算机的结构,其指令系统随机器而异、生产效率低、容易出错、难以维护。低级语言分为机器语言和汇编语言。

1)机器语言

机器语言是最早、最原始的程序语言,也称第一代程序语言,即机器语言。机器语言是用二进制代码表示的机器指令集合,与每台计算机的 CPU 等硬件有直接的关系,难以理解、难以记忆也难以掌握,目前已经被淘汰。但是机器语言是计算机唯一能够直接执行的语言,大部分语言需要编译系统翻译成机器语言再运行。

2)汇编语言

为了便于普通人能够进行计算机编程,人们将机器指令符号化,使机器指令容易记忆,并且能够直接与符号相对应,这就是汇编语言。尽管汇编语言已经采用符号来帮助人们记忆枯燥的指令,但是仍然难以记忆,难学难用。由于汇编语言可以面向计算机硬件系统直接编程,并且效率较高,因此只有在一些特殊的场合,如编写操作系统或者硬件的驱动程序、信息通信等，才利用汇编语言来进行程序设计。

2. 结构化语言

结构化语言的显著特征是代码和数据的分离。这种语言能够把执行某个特殊任务的指令和数据从程序的其余部分中分离出去、隐藏起来。获得隔离的一个方法是调用使用局部（临时）变量的子程序。通过使用局部变量，我们能够写出对程序其他部分没有副作用的子程序，这使编写共享代码段的程序变得十分简单。

结构化语言比非结构化语言更易于程序设计，用结构化语言编写的程序的清晰性使得它们更易于维护。这已是人们普遍接受的观点了。比如，作为结构化语言的 C 语言的主要结构成分是函数 C 的独立子程序。在 C 语言中，函数是一种构件（程序块），是完成程序功能的基本构件。函数允许一个程序的诸任务被分别定义和编码，使程序模块化。可以确信，一个好的函数不仅能正确工作且不会对程序的其他部分产生副作用。如果开发了一些分离性很好的函数，在引用时我们仅需要知道函数做什么，不必知道它如何做。结构化语言既有自然语言灵活性强、表达丰富的特点，又有结构化程序的清晰易读和逻辑严密的特点，是一种有利于编写结构化程序的语言，如 C、SQL、Pascal 等。

3. 面向对象语言

面向对象语言是一类以对象作为基本程序结构单位的程序设计语言，指用于描述的设计是以对象为核心，而对象是程序运行时刻的基本成分。语言中提供了类、继承等成分，其刻画客观系统较为自然，便于软件扩充与复用，有以下四个主要特点。

- 识认性：系统中的基本构件可识认为一组可识别的离散对象。
- 类别性：系统具有相同数据结构与行为的所有对象可组成一类。
- 多态性：对象具有唯一的静态类型和多个可能的动态类型。
- 继承性：在基本层次关系的不同类中共享数据和操作。

其中，前三者为基础，继承性是特色。

拓展资料：类、对象、方法、属性、继承与多态

一切事物皆对象，通过采用面向对象的方式，将现实世界的事物抽象成对象，现实世界中的关系抽象成类，类包含对象，对象具有属性。通过方法来实现功能，对象的属性和方法可以继承，并且具有多态性。

如图 4-2 所示，假如我们要设计一个学籍管理系统，根据所涉及事物的不同属性，可划分为三个大类：教师、班级、学生。其中教师大类中又分为辅导员、任课教师、行政管理人员、系统管理员等不同对象。我们简单分析就可以发现，教师和学生类其实有一些基本操作是相同的，如年龄、性别、电话等基本信息的建立，因此我们可以设计一个 Person 的基本类，让教师、学生类来继承这个类，通过继承获取了 Person 的基本属性和方法。

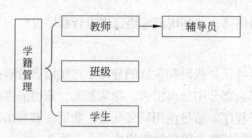

图 4-2　学籍管理系统分类及所包括的对象

　　如果有几个相似而不完全相同的对象，有时人们要求在向它们发出同一个消息时，它们的反应各不相同，分别执行不同的操作，这种情况就是多态现象。

　　用一种叫作 UML 的工具对面向对象程序设计类、对象、属性之间的关系进行设计。

　　较典型的面向对象语言如下。

　　C++ 和 Java 是目前最流行的两种面向对象语言，二者均以 C 语言语法为基础，同时支持多继承、多态和部分动态绑定。

　　Python 提供了高效的高级数据结构，还能简单有效地面向对象编程。Python 语法和动态类型，以及解释型语言的本质，都推动了其快速流行。近年来大数据技术和人工智能技术的发展，带动了 Python 语言的快速发展。

　　Powerbuilder 是美国 Sybase 公司研制的一种新型、快速开发工具，它包含一个直观的图形界面和可扩展的面向对象的编程语言 PowerScript，由于能够方便地和数据库连接，因此在管理信息系统开发方面应用广泛。

4.1.2　运行环境

　　通过上面的学习，我们了解到程序的概念和程序设计语言的分类，在前面提到过，程序在设计完成之后，要在计算机内存中运行。计算机要想运行该程序，需要相应的软件和硬件的支持，程序运行过程中对软硬件的需求称为运行环境。

1. 软件运行环境

　　运行环境是一个软件运行所要求的各种条件，包括软件环境和硬件环境。软件环境即操作系统平台和运行环境平台。例如，Java 软件需要 JVM 支持，对操作系统平台没有要求；而一些我们常见的软件，如一些驱动程序软件，往往提供 Windows XP、Windows Vista、Linux 等不同的版本，就是因为这些软件是在不同的环境中运行。

　　例如，我们常见的学生管理系统属于一个简单的 B/S 或者 C/S 管理系统。软件环境相对简单，操作系统可以是 Windows 系列，也可以是 Linux 系列，数据库软件只要是大型关系型数据库即可，中间件根据开发语言进行选择。而如果我们加入了人脸识别模块，所需的运行环境会更复杂一些，需要 TensorFlow、Anaconda 集成环境、Python 运行环境等软件环境支持。

阅读资料：软件分类

通常情况下，我们把软件分为系统软件和应用软件，也有的把软件分为系统软件、数据库、中间件和应用软件。

1）系统软件

系统软件指的是操作系统，是管理和控制计算机硬件与软件资源的计算机程序，其他的软件必须运行在操作系统软件平台上。操作系统使普通计算机用户不需要接触，就能够顺利地对硬件进行管理，并且安装和使用必要的应用软件。操作系统软件按应用领域划分为三种：桌面操作系统、服务器操作系统和嵌入式操作系统。

桌面操作系统主要用于个人计算机上。个人计算机市场从硬件架构上来说主要分为两大阵营，为 PC 与 Mac 机；从软件上可主要分为两大类，分别为类 UNIX 操作系统和 Windows 操作系统。UNIX 和类 UNIX 操作系统有：Mac OS X、Linux 发行版（如 Debian、Ubuntu、Linux Mint、openSUSE、Fedora 等）；微软公司 Windows 操作系统有：Windows 98、Windows XP、Windows Vista、Windows 7、Windows 8、Windows 10 等。

服务器操作系统一般指的是安装在大型计算机上的操作系统，如 Web 服务器、应用服务器和数据库服务器等。服务器操作系统主要分为三大类：UNIX 系列的 SUNSolaris、IBM-AIX、HP-UX、FreeBSD、OS X Server 等；Linux 系列的 Red Hat Linux、CentOS、Debian、Ubuntu Server 等；Windows 系列的 Windows NT Server、Windows Server 系列等。

嵌入式操作系统是应用在嵌入式系统中的操作系统。嵌入式系统广泛应用在生活的各个方面，涵盖范围从便携设备到大型固定设施，如数码相机、手机、平板电脑、家用电器、医疗设备、交通灯、航空电子设备和工厂控制设备等。越来越多嵌入式系统安装有实时操作系统。在嵌入式领域常用的操作系统有嵌入式 Linux、Windows Embedded、VxWorks 等，以及广泛使用在智能手机或平板电脑等消费电子产品中的操作系统，如 Android、iOS、Symbian、Windows Phone 和 BlackBerry OS 等。另外，华为公司发布了可以使用的鸿蒙操作系统，它是一种开源的分布式操作系统，可以广泛地应用到移动设备上，并且具有强大的生命力。

2）数据库

数据库软件包括数据库本身和数据库管理系统。数据库本身指的是以一定方式存储在一起，能为多个用户共享，具有尽可能小的冗余度，与应用程序彼此独立的数据集合。而数据库管理系统使用户能够快速便捷地操作数据集合，用于建立、使用和维护数据库，并且保障数据库的安全性和完整性。常见的数据库管理系统软件有 Sybase、DB2、Oracle、MySQL、Access、Visual FoxPro、MS SQL Server 等。最近几年国产数据库（如达梦等）也有快速发展。数据是任何软件的基础，数据库相关技术和软件的发展，也对软件技术乃至信息技术的发展有着巨大的推动。

3）中间件

中间件是一类连接软件组件和应用的计算机软件，它包括一组服务，以便于运行在一台或多台机器上的多个软件通过网络进行交互。通常中间件介于操作系统和应用软件之间，为应用软件的运行提供服务。中间件提供的互操作性，推动了一致分布式体系架构的演进，采用中间件的架构能够支持并简化那些复杂的分布式应用程序，包括 Web 服务器、事务监控器和消息队列软件等。

在 2000 年以后，绝大部分应用软件都支持网络功能，应用服务器也越来越多。为了便于应用开发，出现了"三层架构"的开发技术，即操作系统、中间件、应用软件的开发架构，应用软件的开发不直接面向操作系统，而是在中间件的基础上进行开发。NET 技术和 Java 开发技术都是基于中间件技术的"三层架构"。由于中间件技术能够消除用户和系统软件之间的隔阂，因此它至今仍然是一项非常重要的发展技术，并且正呈现出业务化、服务化、一体化、虚拟化等诸多新的重要发展趋势。

4）应用软件

应用软件是为满足用户不同领域、不同问题的应用需求而提供的软件。计算机要想实现什么样的功能，必须有什么样的应用软件与之配套。

2. 硬件运行环境

硬件运行环境是指软件运行时所应该具有的设备和相关硬件设施。随着计算机软件的发展，软件对硬件的要求越来越高。在项目 1 中，我们了解了个人计算机的主要构成和硬件配置参数，并且练习了如何满足娱乐、学习需求的硬件搭配。但是当我们需要考虑程序运行限制时，我们不仅要考虑经济性，同时还要更深刻地了解硬件性能。例如：用来做深度学习的计算机，对 CPU 和显卡的要求比较高；而做大数据分析的计算机，则需要强大的数据存储功能。

程序运行的硬件环境大部分情况下也包括网络环境。例如，App 的开发需要考虑无线移动网络的信号传输和网络支持问题；B/S 系统则需要考虑是在内网还是在 Internet 上运行。不同的网络环境对程序运行影响很大。

阅读资料：程序（软件）开发过程和 C/S、B/S、App 架构

在开发程序过程中，代码编写工作只占据一部分的工作量。在开始开发之前，还需要完成需求分析等工作，需求分析除了确定程序的运行环境、开发环境之外，还需要确定程序的架构体系。

根据程序运行环境不同，我们可以将程序（软件）分为单机程序、C/S、B/S 和 App 架构。单机程序顾名思义就是单独运行在某台计算机上的软件，如办公软件 WPS、一些单机游戏等；C/S（client/server，客户机/服务器）结构通常采取两层结构。服务器负责数据的管理，客户机负责完成与用户的交互任务。B/S（browser/server，浏览器/服务器）架构是从 C/S 架构改进而来，统一了客户端，将系统功能实现的核心部分集中到服务器上，简化了系统的开发、维护和使用。App 架构是一种移动端的 C/S 架构模式，在移动端现在还没有完成由 C/S 架构向 B/S 架构的转化。

B/S 架构是三层架构，通常意义上的三层架构就是将整个业务应用划分为表示层、业务逻辑层、数据访问层。图 4-3 分别给出了程序（软件）开发过程和三层架构。

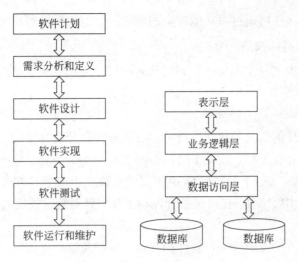

图4-3 程序（软件）开发过程和三层架构

任务 2 设计一个程序

本任务知识点：

- 程序设计基本思路与流程
- 程序设计开发环境
- 算法概念
- 程序基本流程
- 基本语法、流程控制、数据类型
- 数组、函数、模块、文件操作等

项目4 程序设计
与思维模式2.mp4

假设我们要来设计一个程序，需解决以下问题（大写变换问题）：从键盘上输入一个大写字母，输出其对应的小写字母。

这个问题比较简单，因此其软硬件运行环境是普通计算机环境即可，不需要网络和数据库的支持，接下来我们需要确定具体用哪种程序语言、什么样的开发环境来实现程序的开发过程。

4.2.1 开发环境

软件开发环境（software development environment，SDE）是指在基本硬件和数字软件的基础上，为支持系统软件和应用软件的工程化开发和维护而使用的一组软件。

软件开发环境按开发阶段分类，有前端开发环境（支持系统规划、分析、设计等阶段的活动）、后端开发环境（支持编程、测试等阶段的活动）、软件维护环境和逆向工程环境等。此类环境往往可通过对功能较全的环境进行剪裁而得到。

1. 软件开发环境的构成

软件开发环境由工具集和集成机制两部分构成，工具集和集成机制间的关系犹如插件和插槽间的关系。

1）工具集

软件开发环境中的工具可包括支持特定过程模型和开发方法的工具，如支持瀑布模型及数据流方法的分析工具、设计工具、编码工具、测试工具、维护工具和支持面向对象方法的 OOA 工具、OOD 工具和 OOP 工具等；独立于模型和方法的工具，如界面辅助生成工具和文档出版工具；也可包括管理类工具和针对特定领域的应用类工具。

2）集成机制

集成机制对工具的集成及用户软件的开发、维护及管理提供统一的支持。

按功能可划分为环境信息库、过程控制和消息服务器、环境用户界面三个部分。

- 环境信息库是软件开发环境的核心，用于存储与系统开发有关的信息并支持信息的交流与共享。库中储存两类信息：一类是开发过程中产生的有关被开发系统的信息，如分析文档、设计文档、测试报告等；另一类是环境提供的支持信息，如文档模板、系统配置、过程模型、可复用构件等。
- 过程控制和消息服务器是实现过程集成及控制集成的基础。过程集成是按照具体软件开发过程的要求进行工具的选择与组合，控制集成并行工具之间的通信和协同工作。
- 环境用户界面包括环境总界面和由它实行统一控制的各环境部件及工具的界面。统一的、具有一致视感的用户界面是软件开发环境的重要特征，是充分发挥环境的优越性、高效地使用工具并减轻用户的学习负担的保证。

较完善的软件开发环境通常具有以下功能。

- 软件开发的一致性及完整性维护。
- 配置管理及版本控制。
- 数据的多种表示形式及其在不同形式之间自动转换。
- 信息的自动检索及更新。
- 项目控制和管理。
- 对方法学的支持。

2. 常见的开发环境

1）Turbo C

Turbo C 不仅是一个快捷、高效的编译程序，同时还有一个易学、易用的集成开发环境。使用 Turbo C 无须独立地编辑、编译和连接程序，就能建立并运行 C 语言程序。因为这些功能都组合在 Turbo C 的集成开发环境内，并且可以通过一个简单的主屏幕使用这些功能。

Turbo C 对硬件系统要求非常低，需要的软件支持也很少，甚至可以在 DOS 操作系统下运行，如图 4-4 所示，这是其能够普适的主要原因之一。它几乎可运行于现有的所有计算机之上，只占用几百 KB 的内存，对显示器的要求也不高，甚至不需要彩色显示器的支持，同时还支持数学协处理器芯片，效率相对也较高。

图 4-4　Turbo C 2.0 集成开发环境

Turbo C 是美国 Borland 公司的产品，Borland 公司是一家专门从事软件开发、研制的大公司。该公司在 1987 年首次推出 Turbo C 1.0 产品，Borland 公司后来又推出了面向对象的程序软件包 Turbo C++，它继承发展了 Turbo C 2.0 的集成开发环境，并包含了面向对象的基本思想和设计方法。

其中顶上一行为 Turbo C 2.0 主菜单，中间窗口为编辑区，接下来是信息窗口，最底下一行为参考行。这 4 个窗口构成了 Turbo C 2.0 的主屏幕，C 程序的编写、编译、调试以及运行都将在这个主屏幕中进行。

随着计算机的发展，Turbo C 系列在使用便捷性和功能上都不适应新的软硬件系统，目前很少使用其作为开发工具，大部分只将它作为教学工具软件，让同学们熟悉 IDE 发展的历史。这里只作简单介绍，并不详细说明 Turbo C 系列软件的操作，感兴趣的同学可以自己到网上查询。

2）Visual C++

Visual C++ 是一个功能强大的可视化软件开发工具，是微软推出的一款 C++ 编译器，其中最主要的是 Visual C++ 6.0，简称 VC 或者 VC 6.0，是将"高级语言"翻译为"机器语言（低级语言）"的程序，如图 4-5 所示。自 1993 年 Microsoft 公司推出 Visual C++ 1.0 后，随着其新版本的不断问世，Visual C++ 在相当长的一段时间是软件开发的重要工具之一。1998 年微软公司推出 VC 6.0 之后，就不再推出新的 VC 开发工具，而是将 VC 作为 .NET 开发平台的一个工具，之后推出的 Visual C++ 其他版本，已经与原来的 Visual C++ 有很大的不同了。

3）Visual Studio

Visual Studio（VS）是微软的开发工具包系列产品，它是一个基本完整的开发工具集，不仅包括软件开发环境，同时还包括了整个软件开发过程中所需要的大部分工具，

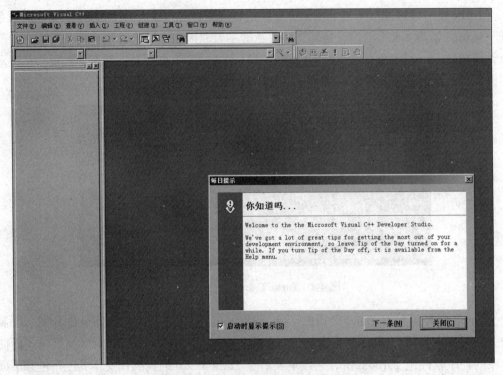

图 4-5　Visual C++ 6.0 集成开发环境

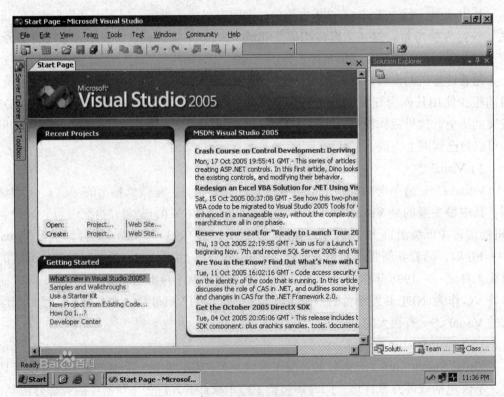

图 4-6　Visual Studio 2005 集成开发环境

如 UML 工具、代码管控工具、集成开发环境（IDE）等，如图 4-6 所示。通过使用 VS 这样的集成工具集，可以节省软件设计人员大量的基础工作，缩短项目开发周期，加快软件开发进程。尤其是针对大型软件开发提供了比较方便的协同开发工具集，支持大型软件的开发。

1998 年，微软发布了 Visual Studio 6.0，这也是 Visual Basic 和 Visual C++ 最后一次发布，从下一个版本（7.0）开始，微软开始将程序开发环境发展成为 .NET 环境。

2002 年，随着 .NET 口号的提出与 Windows XP/ Office XP 的发布，微软发布了 Visual Studio .NET 正式版本。

.NET 的通用语言框架机制（common language runtime, CLR）的目的是在同一个项目中支持不同的语言所开发的组件。所有 CLR 支持的代码都会被解释为 CLR 可执行的机器代码，然后运行。

Visual Studio .NET 开发环境是一次重大的突破，微软把大量的基础模块和应用程序需要的开发环境集成到一起。程序设计人员不需要再重复做一些基础工作，只需要快速地创建和部署就可以了，这大大缩减了程序设计人员的工作量，因此，.NET 开发环境得到了广泛的应用。

2003 年，微软对 Visual Studio 2002 进行了部分修订，以 Visual Studio 2003 的名义发布。在该版本中，引入了 Visio 来支持设计工作，同时被引入的还包括移动设备支持和企业模版。

2005 年，微软发布了 Visual Studio 2005。.NET 字眼从各种语言的名字中被抹去，但是这个版本的 Visual Studio 仍然还是面向 .NET 框架的。

2007 年 11 月，微软发布了 Visual Studio 2008。

2010 年 4 月 12 日，微软发布了 Visual Studio 2010 以及 .NET Framework 4.0。

2012 年 9 月 12 日，微软发布了 Visual Studio 2012。

2013 年 10 月 17 日，微软发布了 Visual Studio 2013。

2017 年 3 月 8 日，微软发布了 Visual Studio 2017。

2019 年 4 月 2 日，微软发布了 Visual Studio 2019。

2021 年 4 月 19 日，微软发布了 Visual Studio 2022 的首个预览版。

4）Java 开发环境

Eclipse 是一个开源的 IDE，这个开源 IDE 长期以来一直是开发者最可靠和最常用的 IDE 之一。它是开发人员最友好的框架之一，其中包含许多工具和插件。它由 IBM 开发，目前与 Visual Studio 工具竞争，旨在为 Java 开发者提供与 Microsoft 的标准化流程相同的标准。

Eclipse 受欢迎的原因包括：标准化、内置测试、调试、源代码生成、插件服务器以及轻松访问"帮助"功能。

5）Python 开发环境

PyCharm 是专业的 Python 集成开发环境，有两个版本：一个是免费的社区版本；另一个是面向企业开发者的更先进的专业版本。免费版本中大部分功能都是可用的，包括智能代码补全、直观的项目导航、错误检查和修复、遵循 PEP8 规范的代码质量检查、智能重构，图形化的调试器和运行器。PyCharm 专业版本支持更多高级的功能，如远程开发功能、数据库支持以及对 Web 开发框架的支持等。

安装过程如图 4-7 所示，整个安装过程比较简单，PyCharm 需要的内存较多，建议将其安装在 D 盘或者 E 盘中，不建议放在 C 盘中。

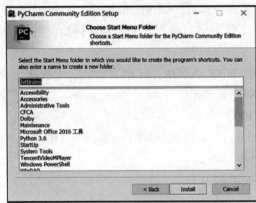
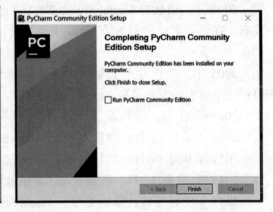

图 4-7　PyCharm 安装过程

安装完 PyCharm 后，启动 PyCharm，按照如图 4-8~图 4-16 所示进行操作即可。

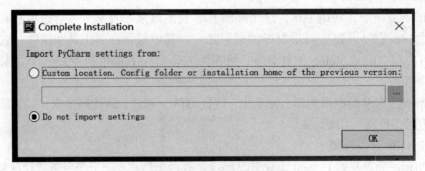

图 4-8　从头开始一个项目

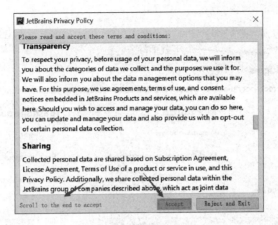

图 4-9　接受许可

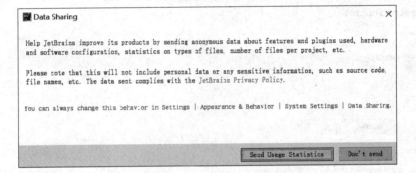

图 4-10　是否发送问题报告

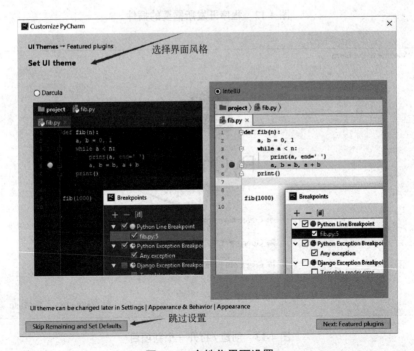

图 4-11　个性化界面设置

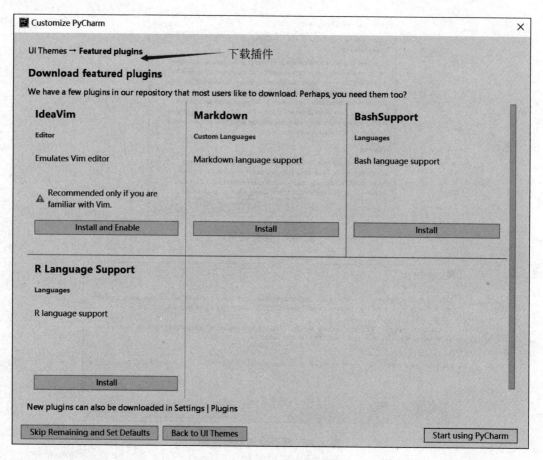

图 4-12　程序开发所需要的插件

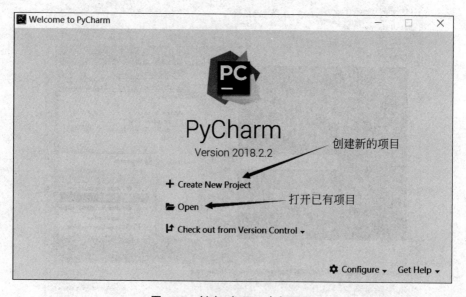

图 4-13　创建 / 打开一个新项目

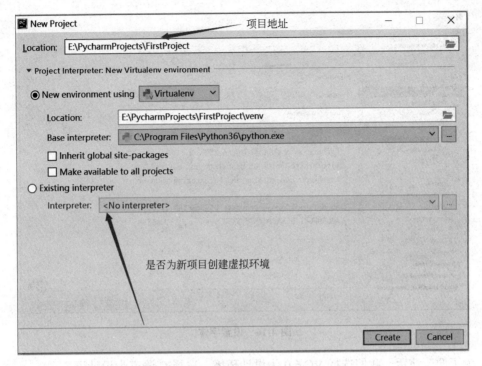

图 4-14　输入项目名称

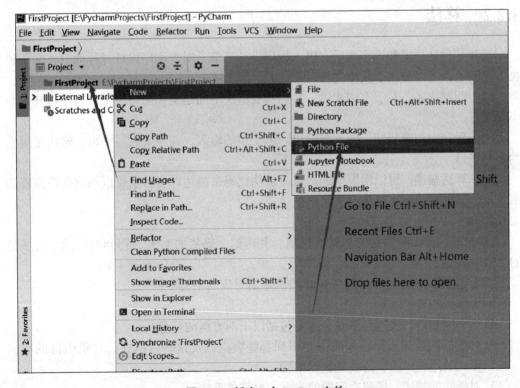

图 4-15　新建一个 Python 文件

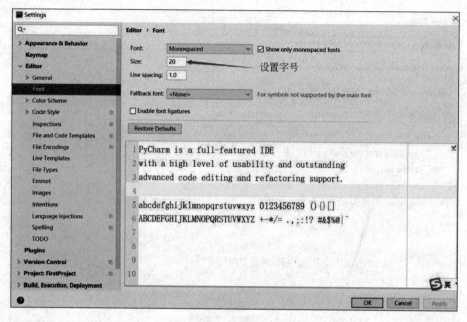

图 4-16　设置字体

为了便于演示，我们选择 VC 6.0 为设计环境，选择 C 语言为设计语言。

4.2.2　算法

选择好设计环境和语言之后，进入程序设计环节。对于程序设计过程而言，为了解决上述问题，可以分以下几步进行。

（1）问题描述。对于本例来讲，我们所要解决的问题是如何将一个大写字母转化为小写字母。

（2）程序中注意问题，输入与输出。例子中的输入，即一个大写字母，输出是对应的小写字母。

（3）算法描述。可以用简单的语言或者伪代码来描述算法，也可以画出程序流程图来表示。下面对问题进行分步骤简单描述。

① 输入一个大写字符。

② 获取这个大写字符的 ASCII 码值，并将这个码值加上 32，得到对应的小写字符的 ASCII 码值。

③ 根据得到的小写字符的 ASCII 码值输出对应的小写字符。

（4）编码实现。

从这个问题的解决过程来看，主要包括以下两方面的信息。

• 对数据的描述。即在程序中要用到哪些数据以及这些数据在计算机内部的存储形式及组织形式，这就是数据结构。

• 对操作的描述。即解决问题的步骤，也就是算法。

著名计算机科学家沃思（Nikiklaus Wirth）提出一个公式：程序 = 算法 + 数据结构。

后来有专家对这个公式加以补充：程序＝数据结构＋算法＋程序设计方法＋语言工具和环境。算法是灵魂，数据结构是加工对象，语言是工具，编程需要采用合适的程序设计方法。

什么是算法呢？其实，我们每天都在跟算法打交道。比如，家里来了客人，主人要沏茶给客人喝，首先要找到茶叶，还要烧一壶开水，然后将茶叶放到杯子里并将开水倒入杯中，稍等片刻茶就可以喝了。再如，要把大象装进冰箱，首先要打开冰箱门，然后把大象放进去，最后关上冰箱门。这些都是算法。

作为算法，必须具备以下五个特性：有限性、确定性、可行性、输入、输出。

拓展资料：算法复杂度

算法复杂度是指算法在编写成可执行程序后，运行时所需要的资源，资源包括时间资源和内存资源。

1. 时间复杂度

当我们评价一个算法的时间性能时，主要标准就是算法的渐近时间复杂度。时间复杂度是某个算法的时间耗费，它是该算法所求解问题规模 n 的函数；渐近时间复杂度是指当问题规模趋向无穷大时，该算法时间复杂度的数量级。

在算法分析时，往往对两者不予以区分，经常是将渐近时间复杂度 $T(n)$ 简称为时间复杂度：

$$T(n)=O(f(n))$$

其中，$f(n)$ 一般是算法中频度最大的语句频度。语句频度是指一个算法中的语句重复执行的次数。

按数量级递增排列，常见的时间复杂度有：常数阶 $O(1)$、对数阶 $O(\log_2 n)$、线性阶 $O(n)$、$O(n \log_2 n)$、平方阶 $O(n^2)$、立方阶 $O(n^3)$……k 次方阶 $O(n^k)$、指数阶 $O(2^n)$。随着问题规模 n 的不断增大，上述时间复杂度不断增大，算法的执行效率降低。

2. 空间复杂度

与时间复杂度类似，空间复杂度是指算法在计算机内执行时所需存储空间的度量。记作：

$$S(n)=O(f(n))$$

算法执行期间所需要的存储空间包括 3 个部分。
- 算法程序所占的空间。
- 输入的初始数据所占的存储空间。
- 算法执行过程中所需要的额外空间。

4.2.3　基本语法

根据上述算法，采用 C 语言实现大写变换问题的程序代码如下。

```
1   #include <stdio.h>
2   int main()
3   {
4       char ch;
5       printf(" 请输入一个大写字母：\n");
6       scanf("%c",&ch);
7       ch=ch+32;
8       printf(" 该大写字母对应的小写字母是：%c\n",ch);
9       system("pause");
10  }
```

将其在 VC 6.0 运行环境中输入，并运行得到如图 4-17 所示结果。

图 4-17　运行结果

至此，整个问题得到解决。如果代码编写过程中有错误，则需要反复调试，才能够
得到正确的结果。

1. 关键字

计算机（运行环境）之所以能够理解语言所表述的问题，并给出正确的结果，首先
是因为程序中包含了关键字，又称保留字。所谓的关键字，就是预先定义好的一些单词，
运行环境可以直接理解。每个程序设计语言都有不同的关键字，在程序设计过程中，不
能去改变这些关键字的意思，在设计过程中输入的其他字符，都是由关键字来进行阐述。
表 4-1 列出了 C 语言中常见的关键字。

表 4-1　C 语言中常见的关键字

关键字	说　明	关键字	说　明
auto	声明自动变量	else	条件语句否定分支
break	跳出当前循环	enum	声明枚举类型
case	开关语句分支	extern	声明变量或函数是在其他文件或本文件的其他位置定义
char	声明字符型变量或函数返回值类型	float	声明浮点型变量或函数返回值类型
const	定义常量	for	一种循环语句
continue	结束当前循环，开始下一轮循环	goto	无条件跳转语句
default	开关语句中的"其他"分支	if	条件语句
do	循环语句的循环体	int	声明整型变量或函数
double	声明双精度浮点型变量或函数返回值类型	long	声明长整型变量或函数返回值类型

续表

关键字	说 明	关键字	说 明
register	声明寄存器变量	switch	用于开关语句
return	子程序返回语句	typedef	用于给数据类型取别名
short	声明短整型变量或函数	unsigned	声明无符号类型变量或函数
signed	声明有符号类型变量或函数	union	声明共用体类型
sizeof	计算数据类型或变量长度	void	声明函数无返回值或无参数，声明无类型指针
static	声明静态变量	volatile	声明变量在程序执行中可被隐含地改变
struct	声明结构体类型	while	循环语句的循环条件

2. 标识符

在设计程序过程中，除了关键字、运算符和标点符号以外，剩下的是大量的由关键字定义的符号，被统称为"标识符"。就像每个人都要有一个名字，每个事物都要有一个名称一样，程序代码中用标识符来表示程序中需要用到的变量、常量、函数、程序块、文件名等。在例子中 stdio.h 表示头文件名称；而 main、printf 和 scanf 则是代表了函数名；ch 是一个变量名。在简单的结构化程序设计语言中，标识符包括所表示的类型。

标识符中最常见的就是常量和变量，如图 4-18 所示。数据在计算机中存储在存储器的一个个存储单元中。可以给用来存储数据的存储单元起一个名字，即用一个标识符来表示这个存储单元，如果我们规定了某个存储好的数据或即将存储的数据不能更改，那么这个数据或者这个存储单元的名称就是一个常量。如果这个存储单元中的数据可以更改，那么这个存储单元的名称就是一个变量。例如："char ch;"这个语句就定义了一个变量。图 4-19 说明了存储单元、变量、常量之间的关系，C 是一个变量，变量定义时由操作系统分配了一个存储单元，这里存了一个常量 A。

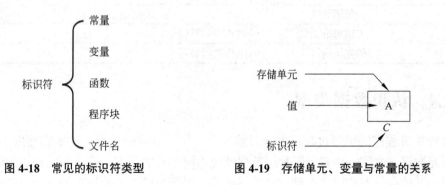

图 4-18　常见的标识符类型　　　　图 4-19　存储单元、变量与常量的关系

3. 运算符

有了标识符之后，就需要用运算符将标识符联结起来，形成表达式。表 4-2 给出了 C 语言中的运算符。

101

表 4-2　C 语言中的运算符

类　型	运　算　符	说　明
算术运算符	加 (+)、减 (−)、乘 (*)、除 (/)、求余 (或称模运算,%)、自增 (++)、自减 (−−)	用于各类数值运算
关系运算符	大于 (>)、小于 (<)、等于 (==)、大于或等于 (>=)、小于或等于 (<=) 和不等于 (!=)	用于比较运算
逻辑运算符	与 (&&)、或 (‖)、非 (!)	用于逻辑运算
位操作运算符	位与 (&)、位或 (|)、位非 (~)、位异或 (^)、左移 (<<)、右移 (>>)	用于位运算
赋值运算符	赋值 (=)、复合算术赋值 (+=、− =、*=、/=、%=) 和复合位运算赋值 (&=、|=、^=、>>=、<<=)	用于赋值运算
条件运算符	条件求值 (?:)	唯一的三目运算符
逗号运算符	把若干表达式组合成一个表达式 (,)	用于多个表达式连接,以构成一个更大的表达式
指针运算符	取内容 (*) 和取地址 (&)	用于指针运算
求字节数运算符	计算数据类型所占的字节数 (sizeof)	有点像函数
特殊运算符	括号 ()、下标 []、成员 (→, .)	特殊数据结构运算

4. 标点符号

构成程序设计语言的除了上述变量、运算符、表达式以外,还有一些标点符号,如 "{" "}" 和 ";"。也有一些程序设计语言中,不使用标点符号来分隔程序。表 4-3 列出了 C 语言中的标点符号。

表 4-3　C 语言中的标点符号

符　号	作　用	说　明
{	程序块开始	程序块是指相对功能独立的一段程序,由若干条语句组成
}	程序块结束	
;	一条语句结束	
,	未结束的语句	也作为运算符
()	优先运行	也作为运算符

4.2.4　认识数据类型

计算机程序的运行过程,就是对数据进行加工处理的过程。这里的数据是广义的,可以是数字、文字、声音、图片以及视频等不同种类的数据。这些不同种类的数据在计算机内部的存储方式以及处理方法是不同的,但同一种类的数据在计算机内部的表示以及处理的方法则是相同的。

如果程序设计语言中能够区分各种数据的种类,那么在编程时就可以根据需要,选择合适的类型,极大地方便了程序的编写。这就好比交通工具分为火车、汽车、飞机、轮船等不同种类一样,它们各有各的特点。当人们要出行时,就可以根据实际路况选择适合的交通工具。

不同的语言数据类型有所不同，常见的数据类型可分为两大类：基本数据类型和导出数据类型。如图 4-20 所示，基本数据类型包括整型、浮点型、字符型、布尔型、字符串型等；导出数据类型是由基本数据类型构造出来的数据类型，包括数组、枚举、结构体、指针、类等。

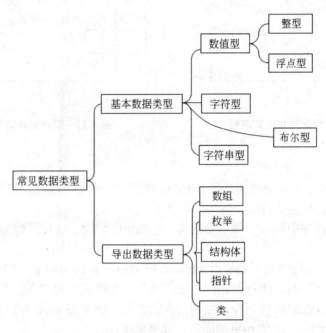

图 4-20　C 语言中常见的数据类型

4.2.5　程序基本结构

程序有三种基本的控制结构，即顺序结构、选择结构（也称分支结构）和循环结构。

1. 顺序结构

通常，程序中的语句是按照编写时的顺序自上而下、一条一条地执行的，这一过程就称为顺序执行，这些语句组成的结构就称为顺序结构。顺序结构是最基本、最简单的程序结构，任何一个程序从整体上都可以看作一个顺序结构。

2. 选择结构

在许多实际问题的程序设计中，需要根据不同情况选择执行不同的语句序列。在这种情况下，必须根据某个变量或表达式的值做出判断，以决定执行哪些语句和跳过哪些语句不执行，这种结构就是选择结构，也称分支结构，如图 4-21 和图 4-22 所示。

在日常生活中，选择结构到处可见。例如，大家都坐过出租车，出租车的计价器就是一个典型的选择结构，起步价即 3 千米以内 8 元，超出 3 千米外，每千米加 1.8 元。再如，要从烟台到北京，可以选择的交通工具有火车和飞机：如果天气晴朗，就乘坐飞机；如果阴天下雨，就乘坐火车。还有"如果学生考试不及格，就要补考""如果开车遇到红灯，就要停车"等都是选择结构在现实生活中的体现。

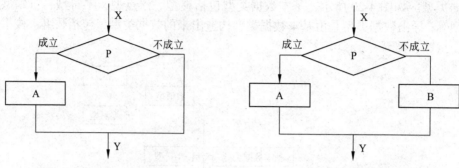

图 4-21 单分支 if 语句流程   图 4-22 双分支 if 语句流程

3. 循环结构

在一些算法中,经常会遇到从某处开始,按照一定的条件反复执行某些步骤的情况,这就是循环结构,反复执行的步骤为循环体。

循环结构是程序中的另一种重要结构,它和顺序结构、选择结构共同作为各种复杂程序的基本结构。

在 C 语言中,循环结构主要是由 while 语句、do-while 语句和 for 语句实现的。当"表达式"结果为"真"时,执行循环体,然后进行"表达式"的判断;当"表达式"结果为"假"时,则结束循环,执行循环结构后面的语句。图 4-23 和图 4-24 给出 while 语句、do-while 语句的流程,for 语句更加简洁,效率更高。

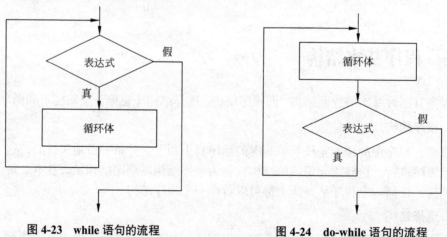

图 4-23 while 语句的流程   图 4-24 do-while 语句的流程

拓展资料: 求闰年

输入一个 2000—2500 年的年份,判断该年份是否是闰年,并输出判断结果。

分析如下。

本例中,需定义一个变量 year 接收从键盘上输入的年份,然后依次对 year 进行两个闰年条件的判断,因此需要用选择结构实现。

闰年的判断条件是：如果能被 4 整除且不能被 100 整除，或者能被 400 整除，则可证明是闰年。

因此，判断 year 是否是闰年的过程如下。

首先用一个选择结构判断 year 是否能被 4 整除，如果不能，则输出判断结果：year 不是闰年，程序结束；

如果 year 能被 4 整除，则接着进行第一个条件的判断，即"year 能否被 100 整除"，如果不能，则输出判断结果：year 是闰年，程序结束；

如果 year 能被 100 整除，说明第一个闰年的条件不满足，需要进行第二个条件的判断，即"year 能否被 400 整除"，如果能，则输出判断结果：year 是闰年；否则，输出判断结果：year 不是闰年，程序结束。

按照上述描述过程画出的流程如图 4-25 所示。这里反复使用了分支和循环结构，从而解决了该问题。

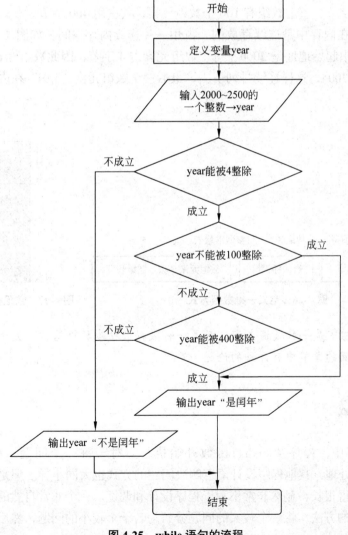

图 4-25 while 语句的流程

4.2.6 数组

在 C 语言中，单个数据的存储使用变量，但如果要存储一组相同类型的数据，最合理的是使用数组。使用数组存储一组相同类型的数据时，可以提高数据的处理效率。在 C 语言中，数组分为一维数组以及多维数组（二维及以上）。下面以一维数组为例来介绍数组的定义、引用及初始化。

一维数组是用来存放多个相同类型的数据的集合。数组由连续的存储单元组成，用一个统一的数组名来标识，用一个下标来指示数组元素在数组中的位置。需要特别指出的是，不同程序设计语言下标的开始不同。例如：C 语言下标从 0 开始，而一些语言则需要用户制订下标的起始。在 C 语言中，使用如图 4-26 所示方式来定义一维数组。

例如，"int a[100];"定义了一个数组 a，a 是数组名，数组元素的数据类型是整型，每个元素占 4 字节，整个数组有 100 个数组元素，共占用 400 字节。

一维数组在内存中是连续存放的，占用一片连续内存空间，如图 4-27 所示。假设数组 a 在内存中起始地址是 2000，每个数组元素占 4 字节，因此数组元素"a[1]"在内存中的地址是 2004，这样连续排列下去，最后一个数组元素"a[9]"在内存中的地址是2036。

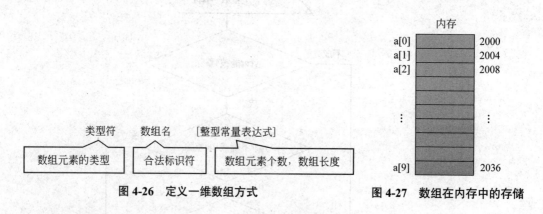

图 4-26　定义一维数组方式　　　　　图 4-27　数组在内存中的存储

注意： 数组不是一种数据类型，而是一种数据最初步数据结构。关于数据结构的概念，我们在后面的章节中有详细的论述。

4.2.7 函数

在 C 语言中，程序从 main() 函数开始执行。对于每一个问题，都必须用一个main() 函数来处理，其他程序设计语言解决问题的方式也大同小异。但是一旦问题比较复杂，代码写得很长，显然非常不利于程序设计和调试。一个非常自然的解决方式就是采用分而治之的方法，将一个较大的问题分解为若干个较小的问题，然后每个问题都是独立的，通过解决这些子问题，迅速地解决整个问题。

例如，我们要编写一个程序来演示一些常见的排序方法，如果把所有的排序算法统统写进一个 main()，那么一方面这个程序将会很长，可读性很差；另一方面这些不同的排序方法放在一起容易混淆，即每种排序方法都用一个函数来表达，不能清晰明快地表示出所有排序算法。

可以说，程序中的一切功能代码都可以写进函数中，使用函数有以下优点。

（1）具有良好的可读性。使用函数把一个大模块分解为若干个小模块，使程序脉络分明，即使比较长的程序，也可以像分好章节的长篇小说一样，具有较好的可读性。

（2）便于程序调试。在较长的程序中，语法错误是比较容易被发现的，但是逻辑上的错误或者偏差却是很难被发现的。函数的设计方法，不仅是将工作量分开，同时也将逻辑分开，这样调试起来就更加容易。

（3）便于程序设计人员分工编写，分阶段调试。这个是很显然的，通过函数能够把一个较大的工作分解成为若干个较少的工作，这些工作可以由各个不同的人来完成。采用函数的方法，可以逐步对程序进行调试，首先调试子函数，当子函数运行正确的时候，再与主函数以及其他函数进行联合调试。

（4）函数通过参数，能够实现数据的交互。函数的参数和返回值非常灵活，可以实现数据的交互，满足程序设计需求。

（5）节省程序代码、存储空间和程序设计时间。函数可以反复调用，因此如果在程序中需要实现的某一功能多次出现，可以设计为函数，来避免重复设计。例如，每个程序中都出现的输入 / 输出函数，是系统预先定义好了的，程序设计人员只需要反复调用即可。

（6）有利于进行结构化程序设计。即使是复杂的大型软件，也是由一个个简单的程序根据一定的逻辑组合而成，因此面向函数设计的思维非常重要。有利于帮助学习程序设计的初学者迅速掌握程序设计思维，也有助于进一步理解其他的程序设计方法。

正因为函数的设计方法具有上述较多优点，因此在设计程序过程中，把大量的功能都设计成函数。另外，对于熟练的程序设计人员，也可以通过互相调用对方的函数，来加快程序开发过程。

1. 函数的分类

依据不同分类标准，函数可以分为不同的类型，从函数是由谁定义的角度来看，函数可分为库函数和自定义函数两种。

1）库函数

由编译系统提供，程序设计人员无须定义，也不必在程序中做类型说明，只需在程序前包含该函数原型的头文件即可。例如，在 C 程序设计过程中使用的 printf()、scanf() 等函数均属此类，其他的一些功能函数也可以通过这种方式调用。实际上，C 语言为程序设计人员提供了丰富的库函数，能够大幅加快程序开发过程，除了标准输入 / 输出函数库 stdio.h，还包括数学函数库 math.h、字符串函数库 string.h 等。

2）自定义函数

自定义函数是由程序设计人员根据程序的需求设计的函数。对于自定义函数，不仅要在程序中定义函数本身，而且在主调函数模块中还必须对该被调函数进行类型说明，然后才能使用。

2. 自定义函数

1）函数的定义

C 语言中的函数定义的一般形式如下：

```
return_type function_name(parameter list)
{
    body of the function
}
```

在 C 语言中，函数由一个函数头和一个函数主体组成。下面列出一个函数的所有组成部分。

返回类型：一个函数可以返回一个值。return_type 是函数返回值的数据类型。有些函数执行所需的操作而不返回值，在这种情况下，return_type 是关键字 void。

函数名称：函数的实际名称。函数名和参数列表一起构成了函数签名。

参数：参数就像是占位符。当函数被调用时，需向参数传递一个值，这个值被称为实际参数。参数列表包括函数参数的类型、顺序、数量。参数是可选的，也就是说，函数可能不包含参数。

函数主体：函数主体包含一组定义函数执行任务的语句。

例如，以下是 max() 函数的源代码。该函数有两个参数 num1 和 num2，会返回这两个数中较大的那个数。

```
/* 函数返回两个数中较大的那个数 */
int max(int num1, int num2)
{
    /* 局部变量声明 */
    int result;
    if (num1 > num2)
        result = num1;
    else
        result = num2;
        return result;
}
```

2）函数声明

函数声明会告诉编译器函数名称及如何调用函数。函数的实际主体可以单独定义。函数声明包括以下几个部分。

```
return_type function_name(parameter list);
```

针对上面定义的函数 max()，以下是其函数声明。

```
int max(int num1, int num2);
```

在函数声明中，参数的名称并不重要，只有参数的类型是必需的，因此下面也是有效的声明。

```
int max(int, int);
```

当在一个源文件中定义函数且在另一个文件中调用函数时，函数声明是必需的。在这种情况下，应该在调用函数的文件顶部声明函数。

3）调用函数

创建 C 函数时，会定义函数做什么，然后通过调用函数来完成已定义的任务。

当程序调用函数时，程序控制权会转移给被调用的函数。被调用的函数执行已定义的任务，当函数的返回语句被执行时，或到达函数的结束括号时，会把程序控制权交还给主程序。

调用函数时，需传递所需参数，如果函数返回一个值，则可以存储返回值。例如：

```c
#include <stdio.h>
/* 函数声明 */
int max(int num1, int num2);
int main ()
{
    /* 局部变量定义 */
    int a = 100;
    int b = 200;
    int ret;
    /* 调用函数来获取最大值 */
    ret = max(a, b);
    printf( "Max value is : %d\n", ret );
    return 0;
}
/* 函数返回两个数中较大的那个数 */
int max(int num1, int num2)
{
    /* 局部变量声明 */
    int result;
    if (num1 > num2)
        result = num1;
    else
        result = num2;
    return result;
}
```

把 max() 函数和 main() 函数放在一起，编译源代码。当运行最后的可执行文件时，会产生下列结果。

```
Max value is : 200
```

4）函数参数

如果函数要使用参数，则必须声明接受参数值的变量。这些变量称为函数的形式参数。形式参数就像函数内的其他局部变量，在进入函数时被创建，退出函数时被销毁。当调用函数时，有两种向函数传递参数的方式，如表 4-4 所示。

表 4-4　参数传递方式

调用类型	描　　述
传值调用	该方法把参数的实际值复制给函数的形式参数。在这种情况下，修改函数内的形式参数不会影响实际参数
引用调用	通过指针传递方式，形参为指向实参地址的指针，当对形参的指向进行操作时，就相当于对实参本身进行的操作

默认情况下，C 函数使用传值调用来传递参数。一般来说，这意味着函数内的代码不能改变用于调用函数的实际参数。

任务 3　调试一个程序

本任务知识点：

- 调试一个程序
- 处理程序异常
- 程序设计发展未来趋势

项目 4　程序设计
与思维模式 3.mp4

4.3.1　程序调试

在编辑完成一个 C 语言源程序并最终在计算机上看到程序的执行结果，要经过以下几个步骤。

（1）上机输入与编辑源程序文件（生成 .c 源程序文件）。

（2）编译源程序文件（生成 .obj 目标文件）。

（3）与库函数连接（生成 .exe 可执行文件）。

（4）执行可执行文件。

在这个过程中，对程序设计人员而言，编译源程序文件可能会遇到各种各样的错误提示，这表明源程序文件有语法结构和语句的设计和书写上的错误；在执行可执行文件得到程序执行结果后，可能会遇到得到的执行结果与设计结果不符的现象，这表明源程序文件有可能存在逻辑设计上的错误。诸如此类的错误都需要通过程序的调试才能找到错误并进行修改，程序的调试是指对程序的查错和排错。在程序调试过程中应掌握以下方法和技巧。

（1）首先进行人工检查，即静态检查。在写好一个程序以后，应先对程序进行人工检查。人工检查能发现程序设计人员由于疏忽而造成的多数错误。

为了更有效地进行人工检查，编写程序应力求做到采用结构化程序方法编程，以增加可读性；尽可能多加注释，以帮助理解每段程序的作用。在编写复杂的程序时不要将全部语句都写在 main( ) 函数中，而要多利用函数，用一个函数来实现一个单独的功能。各函数之间除用参数传递数据外，尽量少出现耦合关系，这样便于分别检查和处理。

（2）人工检查无误后，上机调试。通过上机调试发现错误称为动态检查。在编译时会给出语法错误的信息，调试时可以根据提示信息具体找出程序中出错之处并改正。

应当注意的是，有时提示出错的地方并不是真正出错的位置，如果在提示出错的行找不到错误的话，应当到上一行再找；有时提示出错的类型并非绝对准确，由于出错的情况繁多且各种错误互有关联，因此要善于分析，找出真正的错误，而不要只从字面意义上找出错信息，钻牛角尖。

如果系统提示的出错信息很多，应当从上到下逐一改正。有时显示出一大片出错信息，往往使人感到问题严重，无从下手。其实可能只有一个或两个错误。例如，对使用的变量未定义，编译时就会对所有含该变量的语句发出出错信息。这时只要加上一个变量定义，再进行编译时所有错误就都消除了。

（3）改正语法错误后，进行链接(link)并运行程序，对运行结果进行分析。运行程序，输入程序所需数据，得到运行结果后，应当对运行结果作分析，看它是否符合要求。

有时，数据比较复杂，难以立即判断结果是否正确。可以事先考虑好一批"试验数据"，输入这些数据可以很容易判断结果正确与否。例如，解方程 $ax^2+bx+c=0$，输入 a、b、c 的值分别为 1、-2、1 时，根 x 的值是 1。这是容易判断的，如果根不等于 1，程序显然有错。

但是，用"试验数据"时，即使程序运行结果正确，也不能保证程序完全正确。因为有可能输入另一组数据时运行结果不对。例如，用公式求根 x 的值，当 $a \neq 0$ 和 $b^2-4ac>0$ 时，能得出正确结果；当 $a=0$ 或 $b^2-4ac<0$ 时，就得不到正确结果 (假设程序中未对 $a=0$ 做防御处理以及未做复数处理)。

因此应当把程序可能遇到的各种情况都一一调试到。例如，if 语句有两个分支，有可能程序在经过其中一个分支时结果正确，而经过另一个分支时结果不对。因此，对于包含选择结构的程序，在调试时应将所有可能的情况都考虑到，保证每个分支都执行一次，这样才能确保整个程序的正确性。

（4）如果运行结果不正确，应首先考虑程序是否存在逻辑错误。对运行结果不正确这类错误，往往需要通过仔细检查和分析才能发现，可以采用以下办法。

第一，将程序与流程图仔细对照，如果流程图是正确的，程序写错了，是很容易发现的。例如，复合语句忘记写花括号，只要一对照流程图就能很快发现。

第二，如果实在找不到错误，可以采用"分段检查"的方法。在程序不同的位置设几个 printf( ) 函数语句，输出有关变量的值，逐段往下检查，直到找到在某一段中数据不对为止，这时就已经把错误局限在这一段中了。这样不断缩小"查错区"，就能发现错误所在。

第三，也可以用"条件编译"命令进行程序调试。在程序调试阶段，就要对若干printf 函数语句进行编译并执行。当调试完毕，不用再编译这些语句了，也不再执行它们了。这种方法可以不必——去掉 printf 函数语句，以提高效率。

第四，如果在程序中没有发现问题，就要检查流程图有无错误，即算法有无问题。如有则改正之，接着修改程序。

第五，有的系统还提供 debug（调试）工具，跟踪程序并给出相应信息，使用更为方便。

总之，程序调试是一项细致深入的工作，需要下功夫去研究，认真动脑思考，逐渐积累经验。上机调试程序的目的不是去验证程序正确，而是去发现更多的问题并且学会解决这些问题，逐渐掌握调试的方法和技术，久而久之，写出的程序错误就会越来越少，甚至没有错误。

4.3.2　软件测试

程序设计完成之后，经过调试就可以实现预计的功能了，但是从将程序打包成软件，到客户现场安装运行之前，还需要经过测试，才能够真正地运行。

1. 软件测试的定义

软件测试是为了发现程序中的错误而执行程序的过程。它是帮助识别开发完成（中间或最终的版本）的计算机软件（整体或部分）的正确度 (correctness)、完全度 (completeness) 和质量 (quality) 的软件过程，是 SQA(software quality assurance) 的重要子域。

2. 软件测试的目标

软件测试有以下目标。

• 好的测试方案是极可能发现迄今为止尚未发现的错误的测试方案。

• 成功的测试是发现了至今为止尚未发现的错误的测试。

3. 软件测试的内容

软件测试主要工作内容是验证 (verification) 和确认 (validation)，下面分别给出其概念。

（1）验证是保证软件正确地实现了一些特定功能的一系列活动，即保证软件做了你所期望的事情。

• 确定软件生存周期中的一个给定阶段的产品是否达到前阶段确立的需求的过程。

• 程序正确性的形式证明，即采用形式理论证明程序符号设计规约规定的过程。

• 评估、审查、测试、检查、审计等各类活动，或对某些项处理、服务或文件等是否和规定的需求相一致进行判断和提出报告。

（2）确认是一系列的活动和过程，目的是想证实在一个给定的外部环境中软件的逻辑正确性，即保证软件以正确的方式来做了这个事件。

- 静态确认：不在计算机上实际执行程序，通过人工或程序分析来证明软件的正确性。
- 动态确认：通过执行程序做分析，测试程序的动态行为，以证实软件是否存在问题。

软件测试的对象不仅是程序，还应该包括整个软件开发周期各个阶段所产生的文档，如需求规格说明、概要设计文档、详细设计文档，当然软件测试的主要对象还是源程序。

4. 软件测试的分类

从不同的角度出发，软件测试可以划分为不同的分类。

从是否关心软件内部结构和具体实现的角度划分为：白盒测试、黑盒测试、灰盒测试。

从是否执行程序的角度划分为：静态测试、动态测试。

从软件开发的阶段的角度划分为：单元测试、集成测试、确认测试、验收测试、系统测试。

4.3.3 进一步理解程序设计

1. 程序设计的基本概念

数据：计算机加工和运算的对象称为数据。

指令：在计算机系统中，一条机器指令规定了计算机系统的一个特定动作。

指令系统：一个系列的计算机在硬件设计制造时就用了若干指令规定了该系列计算机能够进行的基本操作，这些指令一起构成了该系列计算机的指令系统。

程序：多条命令的集合。

软件：运行在计算机系统上的程序，还包括相关的文档和数据的集合。软件文档则包括开发文档、说明性文档和用户手册等，这些文档是对程序的有力支持，是软件不可分割的一部分。数据是软件运行的基础，软件的运行离不开数据。在软件设计、运行维护阶段都要充分考虑数据，数据既是程序设计的基础，也是软件的核心。

2. 程序设计的发展历程和未来趋势

程序设计是给出解决特定问题程序的过程，是软件构造活动中的重要组成部分。程序设计离不开编程语言。

Anders Hejlsberg 是微软的 Technical Fellow（技术院士），担任 C# 编程语言的首席架构师，也参与了 .NET Framework，以及 VB.NET 和 F# 等语言的设计与开发。

在 Anders 眼中，如今影响力较大的趋势主要有三种，它们分别是"声明式编程风格""动态语言"以及多核环境下的"并发编程"。此外，随着语言的发展，原本常用的"面向对象"语言、"动态语言"或是"函数式"等边界也变得越来越模糊。例如，各种主要的编程语言都受到函数式语言的影响。因此，"多范式"程序设计语言也是一个越发明显的趋势。

1）声明式编程

目前常见的编程语言大多是命令式（imperative）的，如 C#、Java 或 C++ 等。这些语言的特征在于，代码里不仅表现了"做什么（what）"，而更多表现出"如何（how）完成工作"这样的实现细节，如 for 循环、i += 1 等，甚至这部分细节会掩盖了我们的"最终目标"。在 Anders 看来，命令式编程通常会让代码变得十分冗余，更重要的是由于它提供了过于具体的指令，这样执行代码的基础设施（如 CLR 或 JVM）没有太多发挥空间，只能老老实实地根据指令一步步地向目标前进。例如，并行执行程序会变得十分困难，因为像"执行目的"这样更高层次的信息已经丢失了。因此，编程语言的趋势之一便是能让代码包含更多的 what，而不是 how，这样执行环境便可以更加聪明地去适应当前的执行要求。

2）函数式编程

Anders 提出的另一个重要的声明式编程方式便是函数式编程。函数式编程历史悠久，它几乎和编程语言本身同时诞生，如当年的 LISP 便是一种函数式编程语言。除了 LISP 以外，还有其他许多函数式编程语言，如 APL、Haskell、ML 等。关于函数式编程在学术界已经有过许多研究了，在 5~10 年前许多人开始吸收和整理这些研究内容，想要把它们融入更为通用的编程语言。现在的编程语言，如 C#、Python、Ruby、Scala 等，它们都受到了函数式编程语言的影响。

3）动态语言

动态语言不会严格区分"编译时"和"运行时"。对于一些静态编程语言（如 C#），往往是先进行编译，此时可能会产生一些编译期错误，而对于动态语言来说这两个阶段便混合在一起了。常见的动态语言有 JavaScript、Python、Ruby、LISP 等。动态语言和静态语言各有一些优势，这也是两个阵营争论多年的内容。不过 Anders 认为它们各自都有十分重要的优点，而未来不属于其中任何一方。他表示，从编程语言发展过程中可以观察到两种特点正在合并的趋势，未来应该属于两者的杂交产物。

4）并发

在 Anders 看来，多核革命的一个有趣之处在于，它会要求并发的思维方式有所改变。传统的并发思维是在单个 CPU 上执行多个逻辑任务，使用旧的分时方式或是时间片模型来执行多个任务。但是如今的并发场景则正好相反，是要将一个逻辑上的任务放在多个 CPU 上执行。这改变了我们编写程序的方式，这意味着对于语言或是 API 来说，我们需要有办法来分解任务，把它拆分成多个小任务后独立地执行，而传统的编程语言中并不关注这一点。

综合训练电子活页

1.输入一组数，求这组数的最大值，参考图 4-28 用 C 语言实现后的结果。

图 4-28　运行结果

2.有 5 个学生，每个学生有 3 门课的成绩，从键盘输入以上数据（包括学号、姓名、3 门课成绩），计算出平均成绩，将原有的数据和计算出的平均成绩存放在磁盘文件 stud 中，参考图 4-29 用 C 语言实现输入的结果。

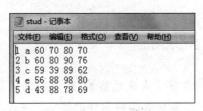

图 4-29　输入数据

打开 stud 文件，内容如图 4-30 所示。

图 4-30　文件内容

项目 4　综合训练
电子活页.docx

项目 5 物联网与万物互联

导学资料：信息、物

"个人计算机已经改变了工作习惯……当明天威力强大的信息机器与信息高速公路连通之后，人、机、娱乐以及信息服务都将可以同时接通……无论是白天还是夜晚，你丢失的或被盗窃的照相机向你发出信号，告诉你它所在的准确位置，即使它处在一个不同的城市。你将可以在办公室里收听、回答你公寓中的内部通信联络系统，或者回复你家中的任何邮件。今天难以获得的信息那时将很容易获得（如下列信息）。"

"你的公共汽车是否准时？"

"你通常所走的那条通往办公室的路上是否正好发生了什么车祸？"

"是否有人愿意用他或她星期四的剧票换你星期三的票？"

"你的子女在校学习表现如何？"

……

"针眼是如何制造出来的？"

"在洗衣房中的衬衫是否已洗好？"

……

以上摘自比尔·盖茨的名著《未来之路》，这本书阐述了当计算机普及并且高速网络互联互通之后，人们将很容易获取各种各样的信息，并改变我们的生活方式。在这本书中，有不少预言都得以快速实现。当时由于基础设施的限制，盖茨在书中主要论述了以人为端点的信息点接入互联网之后，能够得到的功能，但是一部分内容也涉及了以物为端点接入互联网之后，能够给人们生活带来便利：公共汽车是否准时；针眼是如何制造出来的；洗衣房的衬衫是否已经洗好……这些通过物联网相关技术都已经实现。

目前"人"常用的电子设备已经能够便捷地接入互联网，在项目 1 中我们对移动设备和入网方式已经进行了描述，在项目 6 我们还将讨论 5G 网络（一种更为高速便捷的联网方式）会给人们生活带来什么样的改变。随着信息技术的发展，不仅是人，"物"也通过各种方式接入了互联网（或者其他网络），不仅人与人之间能够交流，人也能够方便地获取"物"的一些信息，甚至人与"物"之间能够进行交流互动。

通过 GPS 系统，人们已经能够从手机 App 上随时查看公交车的位置信息，以便于更好地安排自己的出行；通过洗衣机联网，不仅能够随时了解衬衫是否已经洗好，并且可以控制洗的方式、洗涤时间等一些功能……通过信息技术，让物变得具有一定智慧，并且通过网络（盖茨所谈的信息高速公路）能够随时随地指挥它们工作。

盖茨可能没有想到的是，照相机除了部分专业人士在使用，已经从普通大众视野中消失了，但是他所指出丢失物品寻找的功能，在手机上得以完美实现：新技术的出现，不仅提供了更多的功能和便利，同时也改变了我们的生活。同样，联网的主体从人扩展到物，也会给我们的生活带来巨大改变。

　　一转眼小 C 从学校毕业了。小 C 经过几年辛苦工作，购买了一套房子，并且小 C 正在热恋中，这套房子准备将来作为婚房。这是小 C 靠自己努力打拼买到的第一套房子，因此小 C 和未婚妻决定好好装修一下，竭力打造一个安全、温馨的家，智能家居系统的设计与使用是不可避免的。

任务 1　安防系统、舒适系统与智能家居

本任务知识点：

- 物联网的概念与发展过程
- 物联网感知层、网络层和应用层
- 感知层传感技术、二维码技术、RFID 技术
- 网络层 NB-IoT 网络、Wi-Fi 网络、蓝牙、ZigBee 网络、NFC 技术
- 应用层云计算、中间件、应用系统等

对于一个家来说，首先要安全，智能家居给家庭生活带来更安全、更便捷的生活方式。

项目5　物联网与
智能家居.pptx

项目5　物联网与
万物互联1.mp4

项目5　物联网与
万物互联2.mp4

项目5　物联网与
万物互联3.mp4

项目5　物联网与
万物互联4.mp4

项目5　物联网与
万物互联5.mp4

项目5　物联网与
万物互联6.mp4

项目5　物联网与
万物互联7.mp4

5.1.1　安防系统

　　既然要用智能家居来保护家人，和大多数人的第一反应一样，小 C 首先考虑门锁

问题。对于普通家庭来说，一套安全方便的门锁是保护家人安全和私密性的关键。早就听说智能门锁功能强大、更安全，且不用携带钥匙，更方便、快捷，智能家居的安全保障当然先从智能门锁开始。

随着信息技术的发展变化，锁由传统的机械设备，逐步演化成了一个信息化设备，所具有的功能也更强大，如图 5-1 所示。智能门锁是在传统的机械锁基础上，增加更多的开锁方式，除了仍然具备原始的机械钥匙开锁方式以外，还可以通过指纹、密码、手机或卡片等方式开锁，并且在联网之后还可以具有以下功能。

图 5-1　木门锁、防盗门锁与智能门锁

- 可以随时通过手机、计算机等终端查看门锁状态，对门锁的数据连接状态、信号强度、电池电量、开关状态等基本信息进行查看。
- 查询开锁记录，通过手机 App 实时查询到每一次开锁的信息、开锁方式和开锁时间，并且可以查看是谁开锁。
- 可以支持部分物业和用户管理功能，可以加载视频监控系统，远程查看入户人员，可以设置小区、楼栋、楼层、房间号以及管理用户等基本信息，绑定物业一些服务。
- 能够实现自动报警，如果门锁异常开启、信息丢失、电量过低等，可以通过手机 App 推送，从而保证门锁系统不会被破解，保证家庭安全。

根据不同用户要求，智能门锁厂商可以开发出更多功能，那为什么智能门锁能实现如此多的功能呢？这是因为智能门锁顾名思义已经不再是一个简单的机械装置，而是在里面增加了主板，并集成了大量芯片，已经具备了简单的计算机体系结构，使原来机械锁的体系架构，升级成了智能门锁，并且能够联入网络中。也就是说，"锁"这种"物"，首先通过电子信息技术变得具有一定的智慧，其后又联入了网络中，这就是我们常说的物联网的一种应用。与很多新出现的信息技术一样，物联网也缺乏统一的定义，一般来说，有以下几种关于物联网的定义。

- 欧盟定义：将现有互联的计算机网络扩展到互联的物品网络。
- 2010 年中国政府工作报告中定义：物联网是指通过信息传感设备，按照约定协议，把任何物品与互联网连接起来，进行信息交换和通信，以实现智能化识别、定位、跟踪、监控和管理的一种网络。它是在互联网基础上延伸和扩展的网络。
- 国际电信联盟 ITU 在 2005 年的《ITU 互联网报告 2005：物联网》中的定义：一个无所不在的计算及通信网络，在任何时间、任何地方、任何人、任何物体之间都可以相互联结。
- 物联网（the Internet of things，IoT）的基本定义：通过射频识别（RFID）、红外

感应器、全球定位系统、激光扫描器等信息传感设备，按约定的协议，将任何物品通过有线或无线方式与互联网联接，进行通信和信息交换，以实现智能化识别、定位、跟踪、监控和管理的一种网络。

在安装好智能门锁之后，当小 C 或者家人要回家时，可以扫描指纹，或者通过房卡、蓝牙等方式，打开智能门锁。同时通过不同的网络传输方式，将开锁信息传输到小 C 的手机上，而小 C 手机安装了 App，可以实现远程监控。在这个过程中，我们发现整个物联网技术可以分为三个方面，或者叫作三层架构：感知层（智能门锁）、网络层（实现门锁联网）、应用层（手机 App 或者计算机客户端软件）。

物联网技术中的感知层，顾名思义是实现类似于人类感知的功能，包括两个方面：一方面是对事物自身的感知；另一方面是事物对外界环境的感知。针对不同的应用场所，"物"的感知能力不同，因此实现的方式和主要技术不同。从简单的一个增加了传感器、RFID 标签、二维码等简单设备或事物，到复杂的具有多种感知设备的设备，如高端汽车、无人驾驶汽车等，都属于感知层的概念。按照欧盟的定义，物联网，即将计算机网络拓展到"物"，显而易见能够接入计算机网络的"物"，并不是一般的物，这里的"物"要满足以下条件才能够被纳入"物联网"的范围。

- 要有数据传输通路，能够实现数据的输送。
- 要有一定的存储功能。
- 要有 CPU。
- 要有信息接收器。
- 要有操作系统。
- 要有专门的应用程序。
- 遵循物联网的通信协议。
- 在世界网络中有可被识别的唯一编号。

因此感知层中主要包括传感技术、RFID、二维码技术、GPS、影音数据采集等技术，影音数据采集、部分信息输入是常见的技术，这里不再介绍。下面重点介绍一下感知层中最为常见的三项技术，为传感技术、二维码技术和 RFID 技术。

1. 传感技术

人类通过眼、耳、鼻、舌、皮肤五大感觉器官感知外界信息。在物联网感知层中，传感器则是利用技术实现对光、色、温度、压力、声音、湿度、气味及辐射等的感知和测量。显而易见，传感技术现在已经成为信息获取与信息转换的重要技术，是新一代信息技术的基础技术之一。以传感器为核心的检测系统就像神经和感官一样，源源不断地向人类提供宏观与微观世界的种种信息，成为人们认识自然、改造自然的有力工具。传感器是能感受规定的被测量并按照一定的规律转换成可用信号的器件或装置，通常由敏感元件和转换元件组成，传感器在以下领域得到广泛的应用。

- 医学领域，用于探测人体内的组织结构，广泛用于肿瘤手术等方面。
- 机器人产业领域，是机器人模拟人类五大感觉器官的基础，通过传感数据完成对机器人的反馈、控制。

- 智能家居行业，能够完成光、水、烟、气、人体移动等各种感应，从而实现自动切断电路、自动关窗、自动报警等功能。
- 汽车行业早就大量应用传感设备，速度测量、轮胎压力监测、发动机温度传感、邮箱液位等这些都是常见的，较先进的还有辅助驾驶、自动安全防御等功能，都依靠传感器实现。
- 航空航天行业中，无人机、航天飞机全部依靠传感来掌握飞行情况，包括陀螺仪、阳光传感器、星光传感器、地磁传感器等设备。
- 在工业领域，还需要大量的污水、pH 值、氰化物、氨氮金属离子浓度、风向、风速、温度、湿度、工业粉尘、烟尘、烟气等参数测量的传感器，这些传感器一部分已经被广泛应用，另一部分还在不断研发中。

传感器当前主要分为物理传感器、化学传感器和生物传感器三种。

为了家人的安全，小 C 在厨房中安装了燃气报警器及联动装置，燃气报警器能够自动检测天然气 / 甲烷（CH_4）、液化气、煤气等，一旦超过一定的浓度能够立刻发出报警声，并通过通信控制器自动关闭燃气，如图 5-2 所示。

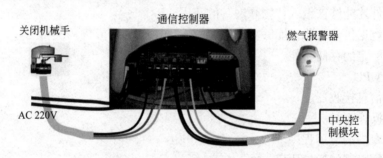

图 5-2　燃气报警器及联动装置

传感器在各个行业广泛应用，需要把所获取的数据及时传输给网络，这就需要传感器接入网络中。一方面传感器数量众多，另一方面大量传感器都安装在诸如汽车、机器人等移动设备上。要实现数据通信，除了通过通信模块接入 Wi-Fi、有线网络外，还有两种联网方式：一种方式是直接接入移动通信网络，这样尽管非常方便，但是在 5G 得到迅速推广之前，受接入点数量限制，且成本高昂；另一种方式就是通过无线传感网进行通信。关于 5G 技术和应用将在项目 6 中详细阐述，这里主要讲述无线传感器网络。

无线传感器网络（wireless sensor network，WSN）顾名思义是无线网络的一种，与其他无线网络一样，都是通过电磁波进行通信的。WSN 是大量静止或移动的传感器以自组织和多跳方式构成的无线网络，目的是协作采集、处理和传输网络覆盖地域内感知对象的监测信息，并报告给用户，如图 5-3 所示。无线传感器网络的发展最初起源于战场监测等军事应用，目前在物联网领域得到广泛应用。传感器网络由三部分组成，分别为 WSN 硬件、WSN 软件与网络协议，如图 5-4 所示。能够组成无线传感网的传感器必须具备以下四个模块：传感器模块、处理器模块、无线通信模块和电源模块。无线传感网具有以下特点。

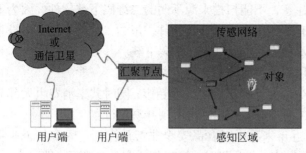

图 5-3 无线传感网

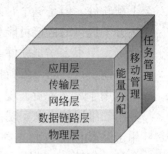

图 5-4 WSN 硬件、WSN 软件与网络协议

- 电源能量有限。
- 通信能量有限。
- 计算能力有限。
- 网络规模大、分布广。
- 自组织、动态性。
- 以数据为中心。
- 与应用相关。

2. 二维码技术

二维码是目前常见的在物体上传递信息的一种技术手段,是用某种特定的几何图形按一定规律在平面上分布的、黑白相间的、记录数据符号信息的图形。当前最常见的二维码有条形码和二维码,条形码(barcode)是将宽度不等的多个黑条和空白,按照一定编码规则排列,用于表达一组信息的图形标识符。一维码是由一组粗细不同、黑白(或彩色)相间的条、空及其相应字符(数字字母)组成的标记,即传统条码。如图 5-5 所示,二维码是用某种特定的几何图形按一定规律在平面(二维方向)上分布的条、空相间的图形来记录数据符号信息。

四一七条码

Code 49

Code 16K

Code one

123456789012345678 9012
Data Matrix

QR Code

图 5-5 常见的二维码

二维码技术应用广泛,常见的应用场合如下。

- 在物流管理方面,现在基本上所有的商品都有二维码,记录商品的信息。例如,超市通过扫描二维码进行结账、清点库存等,非常方便。
- 在传递信息方面,能够包含和表达一定信息。例如,当前国内火车票上都印制了二维码,通过二维码信息能够方便地实现实名制,即火车票使用人的身份和购买人一致。
- 可以作为网站链接地址,方便下载。扫描二维码有时候会刷出一条链接,提示下载软件。但是这个时候要注意，不能扫描来源不明的二维码下载软件，因为不法分子提供的链接可能会含有不良信息或者病毒软件，虽然二维码本身不会携带病毒，但很多病毒软件或者木马程序可以利用二维码下载。

- 在移动支付方面，目前扫码付款已经成为主流付款方式。
- 可以用于无人售货，现在不少地方已经出现了无人超市；同时共享消费也大部分使用二维码技术来实现，如共享单车，扫码即可实现共享出行。
- 用于防伪溯源方面。例如，近年来我国对食品安全非常重视，一些食品企业将食品生产批次、产地、成分等做成二维码链接，通过扫描产品二维码，即可查看。
- 方便优惠促销。例如，生成一些二维码电子促销券，通过扫码即可领取。

二维码技术主要包括二维码、识读设备和应用系统。

在前面已经介绍了，当前有多种不同形式的二维码技术，常见的码制有 Data Matrix、MaxiCode、Aztec、QR Code、Vericode、PDF417、Ultracode、Code 49、Code 16K 等。一个普通的二维码结构如图 5-6 所示，二维码其实就是由很多 0、1 组成的数字矩阵。在代码编制上巧妙利用构成计算机内部逻辑基础 0、1 比特流的概念，使用若干个与二进制相对应的几何形体来表示文字数值信息，也就是说，将所要表达的信息转化为二进制后再转化为对应的几何体，按照一定的编码方式打印或者显示在屏幕上。二维码读取装置如图 5-7 所示。

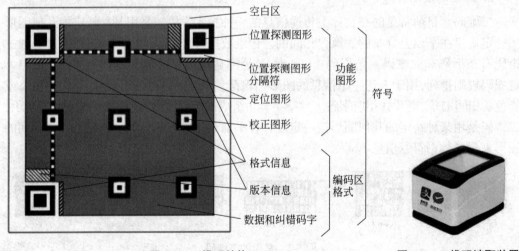

图 5-6　二维码结构　　　　　　　　图 5-7　二维码读取装置

以手机读取二维码为例：当手机摄像头扫描黑白相间的二维码时，手机利用点运算的阈值理论将采集到的图像变为二值图像，即对图像进行二值化处理，得到二值化图像后，对其进行膨胀运算，对膨胀后的图像进行边缘检测得到条码区域的轮廓。然后经过一项灰度值计算公式对图像进行二值化处理。得到一幅标准的二值化图像后，对该符号进行网格采样，对网格每一个交点上的图像像素取样，并根据阈值确定是深色 1 还是浅色 0，从而得到二维码的原始二进制序列值。这样就完成了对二维码的读取，获取了二维码中记载的信息，再经过转换成为人们所需要的信息。

二维码的读写技术特点，决定了二维码具有以下特点。

- 成本低廉，易制作，持久耐用。与其他自动化识别技术相比较，条形码技术仅需要一小张贴纸和构造相对简单的光学扫描仪，成本相当低廉。
- 容错能力强，具有纠错功能：即使二维条码因穿孔、污损等引起局部损坏，照样可以正确得到识读，损毁面积达30%时仍可恢复信息。
- 读取速度快，二维码的读取速度很快，相当于每秒40个字符。
- 高密度编码，信息容量大，尤其是二维条码通过利用垂直方向堆积来提高条码的信息密度，比普通条码信息容量大约几十倍。
- 使用灵活，条形码符号可以手工输入，也可以和有关设备组成识别系统，实现自动化识别，还可和其他控制设备联系起来，实现整个系统的自动化管理。
- 可以表示多种语言形式，甚至可以表示图像：二维条码具有字节表示模式，即提供了一种表示字节流的机制，无论何种语言文字，它们在计算机中存储时都以机内码的形式表现，而内部码都是字节码，可识别多种语言文字的条码。
- 具有较高的可靠性和安全性，条形码的读取准确率远远超过人工记录，平均每15000个字符才会出现一个错误；可以先用一定的加密算法将信息加密，再用二维条码表示，从而提高了二维码安全性。

3. RFID 技术

无线射频识别（radio frequency identification，RFID）技术也被称为电子标签技术，它通过无线射频信号实现非接触方式下双向通信，完成对目标对象自动识别和数据的读写操作。1948年RFID的理论基础就已经诞生，在1970年左右得以在实际中进行应用，到20世纪90年代开始兴起。RFID技术具有无接触、精度高、抗干扰、速度快以及适应环境能力强等显著优点，在传感技术被广泛应用之前，RFID技术就已经在物联网技术上得到大量应用。

- 制成卡片实现门禁管制，是最早的人员出入门禁监控管理方式。
- 方便对动物监控，可以制成标签贴在动物身上，以随时进行畜牧动物管理、宠物识别、野生动物生态追踪。
- 物流方面，能够实现行李识别、存货、物流运输管理。
- 建设ETC系统，实现高速公路快速收费。
- 医疗行业可以支持电子病历。
- 危险品、危化品的管控和追踪。
- 在超市、图书馆、烟酒专卖等方面广泛地使用，以防止盗窃、造假，并且便于清点仓库。

一套完整的RFID系统由电子标签（tag）、读写器（reader）和数据管理系统组成。

与传感器等电子器件相比较，电子标签具有价格低、体积小、质量轻等优点。电子标签按供电方式可以分为有源（active）标签和无源（passive）标签。按工作频率可以分为低频（LF）标签、高频（HF）标签、超高频（UHF）标签以及微波（μW）标签。同时，根据使用场合的不同，电子标签可以被制成各种形状，用于各种不同的用途，如

图 5-8 所示。

图 5-8 不同用途的 RFID 标签

RFID 系统工作过程如下。

（1）需要读写数据时，读写器通过发射天线发送一定频率的射频信号，不同频率射频信号覆盖的读写距离不同，如表 5-1 所示。当射频卡进入发射天线工作区域时产生感应电流，射频卡获得能量，被启动。

表 5-1 RFID 频率表

类 别	低频 (LF)	高频 (HF)	超高频 (UHF)	微波 (μW)
频率	125~134kHz	13.56MHz	433MHz，860~960MHz	2.45GHz，5.8GHz
技术特点	穿透及绕射能力强（能穿透水及绕射金属物质）；但速度慢、距离近	性价比适中，适用于绝大多数环境；但抗冲突能力差	速度快、作用距离远；但穿透能力弱（不能穿透水，被金属物质全反射），且全球标准不统一	一般为有源系统，作用距离远；但抗干扰力差
作用距离	<10cm	1~20cm	3~8m	>10m
主要应用	门禁、防盗系统畜牧、宠物管理	智能卡电子票务图书管理商品防伪	仓储管理物流跟踪航空包裹自动控制	道路收费

（2）含有 RFID 芯片的射频卡在启动之后，通过获取的能量将自身编码等信息通过卡内天线发送出去。

（3）当读写器接收天线接收到从射频卡发送来的载波信号，经天线调节器传送到读写器，读写器对接收的信号进行解调和译码，然后通过网络送到后台软件系统进行处理。

（4）由后台软件系统根据逻辑运算判断该卡的合法性，针对不同的设定做出相应处理和控制，发出指令信号控制执行相应动作。

例如，当前广泛使用的 ETC 系统，其读写器所用的工作频段支持 915MHz、2.45GHz和 5.8GHz 等，因此可以在 10~30m 的距离内直接读取位于汽车上的芯片信息，并且支持完善的加密通信机制（3DES、RSA 算法）。当汽车需要通过收费站时，ETC 读取器对车内的芯片信息进行读取，并通过网络输送到计费系统；当车辆出收费站时，ETC 读取器再次读取信息，并根据系统计算的费用，自动扣取通行费，完成收费工作。整个收费工作可以在车辆保持运动状态下完成，大幅提升收费效率。

总的来说，电子标签技术有以下特点。

- 能够支持快速扫描，并且 RFID 辨识器可同时辨识、读取数个 RFID 标签，这就大幅提高了数据读取效率。
- 支持形状多样化，RFID 在读取上并不受尺寸大小与形状限制，不需为了读取精确度而配合纸张的固定尺寸和印刷品质。
- 体积小，RFID 标签可往小型化与多样形态发展，以应用于不同场合。
- 具有较强的抗污染能力和耐久性，相较于传统条形码以纸质印刷，RFID 卷标是将数据存在芯片中，因此可以免受污损。
- 可重复使用，条形码印刷上去之后就无法更改，RFID 标签则可以重复新增、修改、删除 RFID 卷标内储存的数据，方便信息更新。
- 具有穿透性，支持无屏障阅读，在被覆盖的情况下，RFID 能够穿透纸张、木材和塑料等非金属。

上面介绍了物联网感知层中的传感、二维码、RFID 三种技术，随着物联网技术的发展，有越来越多新的技术不断涌现出来，并且这些原有的技术也在不断进步。感知层主要是获取数据，接下来就需要把获取的数据发送给网络层。

5.1.2 舒适系统

在选购智能门锁时，一些厂商给小 C 提供了不同的门锁方案，同时也问小 C，在后面的智能家居选购上，打算安装哪些设备？在准备购买这些系统时，厂商都会告诉小 C，设备有的支持 Wi-Fi，有的采用 NB-IoT 协议或者 ZigBee 方式，那这是怎么回事呢？为了提高生活的舒适性和便捷性，小 C 准备安装灯光控制系统和自动窗帘系统，这些系统和门锁、燃气报警等共同构成智能家居系统，灯光控制、自动窗帘、智能门锁如何协同运作，形成一个舒适的家居环境？

 阅读资料：未来之屋

1990 年，当计算机还未普及，物联网概念还未正式出世的时候，比尔·盖茨以物联网技术为核心打造出了被人们称为"未来之屋"的住宅。

"未来之屋"位于美国西雅图麦迪那区，最令人瞩目的是其超乎想象的智能化和自动化：主人尚在回家途中，浴缸已经自动放水调温；厕所里安装了一套检查身体的系统，如发现主人身体异常，计算机会立即发出警报；主人可以对车道旁的一棵 140 岁的老枫树进行 24 小时全方位监控，一旦监视系统发现它"渴"了，将释放适量的水来为它"解渴"；当有客人到来时，都会得到一个别针，只要将它别在衣服上，就会自动向房屋的计算机控制中心传达客人最喜欢的温度、电视节目和对电影的喜好……这种超前的智能化生态一度被视为人类未来生活的典范。

访客可以以乘船渡湖的方式进入，在甲板上就可以远程操控热水器，通过中央计算机向卫浴系统下达指令："开始在大浴缸放满一池热水吧！"不只是放洗澡水，开启空调、基本烹煮等，都能借由手机通信，远距离交代宅内计算机，精准完成指令。客人都可以通过专属电子胸针，通过胸针内的微型发信器，与豪宅开展互动。

当走进大厅时，空调系统会将室温调整至客人最舒适的温度；音响系统也会针对客人喜好来播放音乐；灯光系统同时投其所好，增减明暗亮度；墙上的 LCD 荧幕会自动显示客人喜欢的名画或影片；而这一切的环境变化都是完全自动的，不需要任何人拿起遥控器来一一设定。且不只是大厅，无论是餐厅、客房、健身室，还是图书馆等，都仿佛是为客人"量身打造"的室内环境，它们之所以会自动自发地投其所好，关键在于电子胸针发出信号之后的连串对话与执行。

"未来之屋"也安装了大量的物联网设备，以确保安全不出问题。只要按下"休息"开关，设置在房子四周的防盗报警系统便开始工作；当发生火灾等意外时，住宅的消防系统可通过通信系统自动对外报警，显示最佳营救方案，关闭有危险的电力系统，并根据火势分配供水。在这座房子里，共铺设了 52 英里（约 83.7 千米）电缆，将房内的所有电器设备连接成一个绝对标准的家庭网络。大门设有气象情况感知器，计算机可根据各项气象指标控制室内温度和通风的情况。计算机住宅门口安装了微型摄像机，除主人外，其他人想进入门内时，必须由摄像机通知主人，由主人向计算机下达命令，大门方可开启，否则，任何人无法进入。

30 年过后，物联网技术已经融入我们的生活。曾经遥不可及、如梦似幻的高科技生活环境已经来到我们身边。未来已至，"未来之屋"你我都可拥有！

盖茨在"未来之屋"中铺设了 52 英里的电缆，以支持物联网技术的应用，实现智能家居。而我们的小 C 打造的舒适化的智能家居压根不需要这些，得益于物联网网络层技术的发展，通过无线网络，已经能够全部快速、安全、可靠地完成对智能家居设备的数据通信进行控制。

物联网的网络层作为纽带连接着感知层和应用层，它由各种私有网络、互联网、有线和无线通信网等组成，相当于人的神经中枢系统，负责将感知层获取的信息安全可靠地传输到应用层，然后根据不同的应用需求进行信息处理。网络层基本上综合了已有的全部网络形式，来构建更加广泛的"互联"。每种网络都有自己的特点和应用场景，互相组合才能发挥出最大作用，因此在实际应用中，信息往往经由任何一种网络或几种网络组合的形式进行传输。网络层包含实现接入功能的接入网和实现传输功能的传输网，传输网一般是骨干网，和互联网重合，这里重点介绍的是感知层接入网络层的方式。

1. NB-IoT 网络

窄带物联网（narrow band Internet of things, NB-IoT）是一种射频带宽仅 180kHz、基于蜂窝网络的无线接入技术。不同于无许可频谱的通信技术，NB-IoT 技术是基于通信运营商的一种许可频谱无线通信技术，符合国际化标准组织 3GPP 制定的窄带蜂窝技术标准，是一种长距离、远程移动通信技术。适合移动物体或者偏远地区的物体接入互联网中，能够同样实现相关功能的网络技术，也不同于一些没有得到许可的接入方式，如远距离无线电（long range radio, LoRa）等低功耗广域技术。3GPP 设计目标是设备电池长续航、复杂性低、成本低、能够支持海量设备以及覆盖范围大幅增强。

因此，NB-IoT 具备四大特点。

　　一是覆盖面广泛。能够接入移动网络，这大幅提高区域覆盖能力，同时改进了室内覆盖。在同样频段下，NB-IoT 比现有的网络增益 20dB，相当于提升了 100 倍覆盖区域的能力。

　　二是连接数量多。NB-IoT 一个扇区能够支持 10 万个连接，支持低延时敏感度、超低的设备成本、低设备功耗和优化的网络架构。

　　三是功耗非常低。一个 NB-IoT 终端模块的待机时间理论上可长达 10 年。

　　四是成本低。模块价格较低且由于数据量不大，通信费用也比较低，企业预期的单个接连模块成本在 50 元以内。

　　这些特点决定了 NB-IoT 技术传输速率低，上下行的峰值速率不超过 250kb/s。因此，NB-IoT 技术更适用于低流量需求的应用场景，如智能抄表、智能交通预警等。物联网提出的 NB-IoT 技术，使大量的边远设备能够接入互联网，因为需要通过移动运营商网络来实现数据传输，因此有可能给运营商带来数倍增量，带来巨大经济收益。Wi-Fi、蓝牙等技术收集的数据都是传到用户手机上，难以形成大数据，且数据准确率低、能耗大，大部分需要外接电源；NB-IoT 采集数据后直接上传到云端，比较精确，并且可以实现多年不充电，不需要外接电源。

　　由于 NB-IoT 是一种直接接入互联网的技术，小 C 的智能门锁可以选择支持 NB-IoT 网络和 Wi-Fi 等多种网络通信形式，这样即使在断电的情况下，小 C 仍然能够随时了解门锁的状态，并远程控制门锁。图 5-9 给出了一些常见的 NB-IoT 设备。

图 5-9　NB-IoT 开启报警器、路灯远程控制开关、智慧井盖

2. Wi-Fi 网络

　　为了有更好的生活体验感，小 C 家的照明系统采用了智能化照明系统的设计方式。主要能够实现以下功能。

- 语音控制：可以在房间内用语音控制开 / 关灯，以及调节亮度等。这样当小 C 走到一个房间之后，不必去摸索着找开关。
- 远程遥控：在其他房间甚至是室外，通过遥控装置或者手机等便携设备，实现对照明系统远程控制。如果上班后发现家里灯没有关，也可以远程关闭。当出差的时候，适当地让灯亮一会，不会让人觉得家里长时间没有人。
- 安全保护：当发生了断电及一些其他情况时，能够自动关闭照明系统。当来电的时候，可以仅使指定的灯具启动，以便于及时通知小 C。
- 自动场景：能够根据不同环境和需求实现不同亮度的调节，营造舒适氛围的同时，也保护我们的眼睛。例如，在卫生间，当小 C 的家人进入的时候，如果光线不够，能够自动打开灯，以防止滑倒；当人离开的时候，灯光逐渐暗淡并关闭。

这些功能都可以通过如图 5-10 所示智慧开关来完成，智慧开关，即在开关中增加了传感器及无线通信模块，一般来说，智慧开关都支持 Wi-Fi，通过 Wi-Fi 连接到智能家居中控（可以是手机，也可以是其他），通过中控完成与智能家居系统的数据交换。

图 5-10　Wi-Fi 智慧开关

Wi-Fi 是一种短距离无线通信技术，主要用作无线局域网通信，一般情况下符合 IEEE 802.11 标准。Wi-Fi 技术使用了 2.4GHz 附近的频段，实质是数字信号与无线电信号的转换，发送方与接收方分别实现了转换与还原数据内容的功能。在众多无线通信技术中，最受欢迎的就是 Wi-Fi 通信技术。主要原因就是 Wi-Fi 具有安装简单、成本低、传输速度快等优点。Wi-Fi 的半径可达 100m 左右，传输速度可以达到百兆以上，并且属于无线局域网数据传输，不产生额外费用，符合个人和社会信息化的需求。

Wi-Fi 网络建设非常简单，大部分普通环境都可设置，只有两个设备。一个是无线 AP（access point，访问接入点），也就是一个用于无线网络的无线交换机，是无线网络的核心，Wi-Fi 的覆盖距离和效率主要就是由 AP 决定，有时候也起到路由器的作用。另一个是具有 Wi-Fi 模块的终端设备，常见的如手机、平板电脑、打印机、投影仪、智能家居设备、智能家电等。由于 Wi-Fi 网络的优点，现在人们的生活已经离不开 Wi-Fi 无线网络，在生活、工作各个场景中非常常见，甚至在动车、飞机上，都开始逐步普及安装 Wi-Fi 无线网络。但是随着 5G 的推广使用，未来 5G 有可能取代 Wi-Fi 网络。

下面是 Wi-Fi 网络通信的实现过程。

（1）AP 发送 beacon（无线信标，通常为连接到路由器的各种设备）广播管理帧。其中包含广播地址，接收方的 Wi-Fi 无线模块会接收这个数据包，然后在"无线连接列表"中显示出来。

（2）客户端向承载指定 SSID（service set identifier，无线网络名称）的 AP 发送 probe request（探测请求）帧。当用户在"无线连接列表"中选择一个 Wi-Fi 网络并且单击"连接"的时候，无线网卡就会发送一个 Prob 数据帧，用来向 AP 请求连接。

（3）AP 对客户端发起的身份验证请求进行应答。

（4）客户端对目标 AP 请求进行身份认证（authentication）。

（5）AP 对客户端的身份认证请求做出回应。在该身份认证步骤完成之后，标志着所有的前期身份认证工作已经完成。

（6）客户端向 AP 发送连接（association）请求。

（7）AP 对连接请求进行回应。该回应数据包括 SSID、性能、加密设置等参数设置。至此，Wi-Fi 建立连接过程结束，之后即可进行数据收发。

（8）客户端向 AP 请求断开连接（disassociation）。当我们单击"断开连接"的时候，无线网卡会向 AP 发送一个断开连接的管理数据帧，请求断开连接。

至此，一个完整的通信过程完成。

3. 蓝牙

影音娱乐是人们调剂生活、放松心情、接收信息的重要手段。在家的时候，小 C 和家人都喜欢打开音响系统，一起听听歌，或者是在周末一起看一场电影。智能影音系统的使用，能够极大地方便对音响系统的操控。

家庭影音系统接入整体智能家居系统后，可实现以下功能。

- 一键观影：通过设置一键观影模式可以实现灯光自动调暗、窗帘关闭、窗户关闭、音响响起、投影幕落下、投影机开启、空气净化器开启等操作，可以通过手机等操控。
- 高清 4K 片源调取：可从家庭计算机或者其他存储设备中调取高清片源进行播放，无卡顿，高速率传输，保障观影体验。
- 家庭视频、照片共享：可以从计算机、手机、平板电脑等设备中调取家庭视频 / 图片（如结婚照、旅游记录，宝宝成长记录等），全家共享观看。
- 背景音乐系统：通过与家庭各区域的音响相连接，在工作、做家务的时候，可以播放音乐，以提高工作效率，缓解疲劳。

通过蓝牙技术，实现音箱和播放器的连接，可以避免过多的布线，同时也方便音箱移动和摆放。图 5-11 给出现在常见的一些蓝牙设备。

图 5-11　智慧音响系统的蓝牙音箱、蓝牙手表、蓝牙耳机

蓝牙（bluetooth）是一种支持设备短距离通信（一般 10m 内）的无线电技术。能在包括移动电话、PDA、无线耳机、笔记本电脑、相关外设等众多设备之间进行无线信息交换。

蓝牙采用分散式网络结构以及快跳频和短包技术，支持点对点及点对多点通信，工作在全球通用的 2.4GHz ISM（即工业、科学、医学）频段。其数据速率为 1Mb/s，最新的蓝牙 5.0 速度可以达到 2.0Mb/s，采用时分双工传输方案实现全双工传输。蓝牙技术主要应用在手机、平板电脑、耳机、数字照相机、数字摄像机、汽车套件等方面。今年以来由于物联网技术的发展，也广泛应用在微波炉、洗衣机、电冰箱、空调机等传统家用电器和工业机器人等领域。

蓝牙操作非常简单，一般通过一次适配，之后相关的设备在开机后便可以直接建立联系。设备通过规定步骤建立的"蓝牙"连接，使在电子设备之间建立通信联系不再需要像传统方式那样烦琐复杂，进一步缓解开发者设计和开发压力，也优化了使用者的体验。蓝牙利用其自身组网的方式，不需要用户配置网络，也不需要解决一些繁杂的兼容性问题，可以很轻松地建立网络连接。因此蓝牙可以使电子通信设备之间建立通信和数据传输变得非常便捷，是目前很多近距离无线通信网络推广和应用的基础，极大方便了人们的生活。

蓝牙主要用于设备之间的互联，蓝牙通信特点如下。

- 能传送语音和数据。
- 全球范围适用，使用频段前无须申请。
- 低成本、低功耗和低辐射。
- 安全性、抗干扰性和稳定性强。
- 可以建立临时性的对等连接。

4. ZigBee

在选购智能家居产品时，不断有厂商向小 C 推广基于 ZigBee 组网技术的智能家居设备，那么 ZigBee 是什么呢？

ZigBee 是一种低速、短距离的双向无线网络通信方式，底层是采用 IEEE 802.15.4 标准协议。主要特色有低速、低耗电、低成本、低复杂度、快速、可靠、安全以及支持大量网上节点和支持多种网上拓扑。ZigBee 可以在 2.4GHz/915MHz/868MHz 这三个频段完成工作，分别具有 250kb/s、40kb/s 和 20kb/s 的传输速率。

ZigBee 技术的目标就是针对工业、家庭自动化、遥测遥控、汽车自动化、农业自动化和医疗护理等，如灯光自动化控制、传感器的无线数据采集和监控、油田、电力、矿山和物流管理等应用领域。图 5-12 是在智能家居中常用的支持 ZigBee 技术的设备。

图 5-12　ZigBee 中控、窗帘控制开关、空气质量探测器

ZigBee 技术有以下几个特点。

- 低功耗：ZigBee 节点工作周期短，进行数据收发的消耗低，而且具有休眠模式，当不进行工作时，可以进入休眠状态，最大限度降低能耗，多适用于电池供电设备，如偏僻地带或者人们难以达到的地方。
- 成本低：由于 ZigBee 协议栈设计得非常完善，工作流程清晰，研发和后期维护成本较低，并且 ZigBee 协议免专利费，对外公开，因此成本比较低，适合各种场所大规模使用。
- 网络容量大：一个 ZigBee 网络最多可以有近 65535 个数据网络，有 27 个信道可

以用来通信，并且 ZigBee 底层协议芯片均可在全球的 2.4GHz 频段上工作，有
16 个信道可以进行通信，这就保证了一个区域可以有多个网络存在。这比蓝牙
的 8 个和 Wi-Fi 的 32 个多很多。

- 自组织能力：给电后，以协调器为中心组建网络，可以自动分配网络 IP 地址，
  终端节点可以自动加入网络，实现自组网功能。
- 可靠性高：如果在传输过程中出现问题，信息会重复发送，组网避免 IP 地址冲突，
  会自动选择剩余地址，而且采用了避免冲突的网络通信方式。

5. NFC

NFC（near field communication，近距离无线通信）是应用于设备短距离通信的技
术。目前 NFC 符合 ISO 18092 和 ISO 21481 标准，同时兼容 ISO 15693、ECMA 340、
ECMA 352 等射频标准。NFC 是在 RFID 的基础上发展而来，NFC 从本质上与 RFID 没
有太大区别，都是基于地理位置相近的两个物体之间的信号传输。NFC 最大的优势就
是功耗更低，连接速度更快，且向下兼容射频识别技术。在 10cm 内，两个 NFC 终端
能够依靠其电感耦合技术在 0.1s 内建立起连接，但是数据的传输速度最高仅 424kb/s。

但 NFC 与 RFID 还是有区别的，NFC 技术增加了点对点通信功能，可以快速建立
蓝牙设备之间的 P2P（点对点）无线通信，NFC 设备彼此寻找对方并建立通信连接。
P2P 通信的双方设备是对等的，而 RFID 通信的双方设备是主从关系。

NFC 仅限于在 13.56MHz 频段上使用，因此 NFC 的通信距离只有 10cm，这使 NFC
技术仅能在一些特殊场合使用，如门禁、公交、手机支付等，通过牺牲通信距离来保障
信息安全性。

NFC 分为有源和无源两种设备，其中有源 NFC 设备诸如用 NFC 支付的智能手机、
公交车的读卡器和公司的打卡器，能够兼顾近距离数据的收发和与无源 NFC 设备通信，
如图 5-13 所示。而无源 NFC 设备不需要电源，也不能接收信息，如 NFC 标签与其他
微发射器。

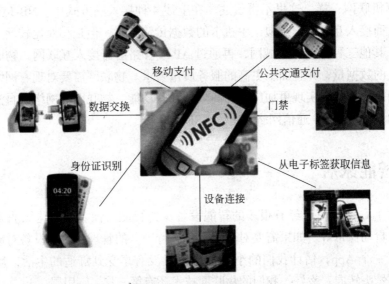

图 5-13　NFC 常见应用

至此,我们已了解物联网技术中常见的网络接入方式,那么这些方式有哪些优缺点?在不同场景下,需要具体应用哪种技术呢? 下面我们对常见的网络接入方式做一个归纳,在项目6中,还将着重讨论5G网络通信方式,读者可以结合起来,一起比较一下。

- NB-IoT 是一种直接接入互联网的网络连接方式,只要在有移动网络的地方,即可连接设备,与4G、5G设备属于同一种类型,但是具有能耗低、速度慢等特点。
- Wi-Fi 是目前应用最广泛的局域网通信技术,传输距离在100m左右,速率可达300Mb/s,功耗为10~50mA,但是构建简单,方便实用。
- ZigBee 网络传输距离为50~300m,速率为250kb/s,功耗为5mA,最大特点是可自组网,网络节点数最大可达65000个。
- 蓝牙5.0 传输距离可达200m,速率为2Mb/s,功耗介于ZigBee和Wi-Fi之间。
- 这3种无线技术,从传输距离来说,Wi-Fi>ZigBee>蓝牙;从功耗来说,Wi-Fi>蓝牙>ZigBee,后两者仅靠电池供电即可;从传输速率来讲,Wi-Fi>ZigBee>蓝牙。

RFID、ZigBee、Wi-Fi、蓝牙的比较结果如表5-2所示。

表 5-2　RFID、ZigBee、Wi-Fi、蓝牙的比较

名　称	RFID	ZigBec	Wi-Fi	蓝牙 5.0
传输速度	1kb/s	250kb/s	54Mb/s	2Mb/s
通信距离 /m	1	75	100	200
频段	868~915MHz	2.4GHz	2.4GHz	2.4GHz
稳定性	高	中等	低	高
国际标准	未统一	IEEE 802.15.4	IEEE 802.11	IEEE 802.15.x
功耗 /mA	10	5	10~50	2

上面介绍了"物"接入传输网络(互联网)时常见的几种无线接入方式,有线网络和普通计算机联网一样,这里不再赘述。在上述4种接入网方式中,NB-IoT是直接通过移动运营商接入互联网,类似于手机卡的数据传输方式,但是相对比较便宜,以便于广泛使用。其他三种是接入局域网,再通过AP或者路由器接入互联网。物联网网络层承担着巨大的数据量,并且面临更高的服务质量要求。物联网需要对现有网络进行融合和扩展,利用新技术以实现更加广泛和高效的互联功能。物联网的网络层自然也成了各种新技术的舞台,如5G通信网络、IPv6、SDN等。

5.1.3　智能家居

现在,小C的家里已经有很多的智能设备,如智能门锁、智能化照明系统、智能影音系统、自动窗帘等。如果需要对这些设备进行一一的管理,每个设备对应着一个管理系统或者一个App,估计我们的小C同学不仅没有享受到舒适的生活,反而会被设备管理搞得晕头转向。幸好,我们的物联网技术还有第三层:应用层。

　　物联网技术的使用，最终目的是让人们的生活更美好、工作更便捷。因此我们通过感知层实现"物"的数据采集；通过网络层把数据接入互联网并且进行输送，但是数据输送到哪里？怎么用好千辛万苦、费时费力获取的数据呢？这些都需要物联网三层结构中应用层来完成，其功能主要是对感知层获取的数据进行加工和"处理"，最终变成对人们有用的信息，来帮助人们掌控万事万物。如图 5-14 所示，应用层在获取数据以后，会根据人们的需求，将数据整合起来，按照具体场景需求来实现一定功能。

　　例如，对于小 C 而言，无论是针对安全需要还是舒适生活的需求，都最终形成了一个智能家居的应用场景。对于非专业人员而言，不需要知道过多的感知层设备或者传输层技术，最终只要会操作应用层的软件系统或 App 就可以了。

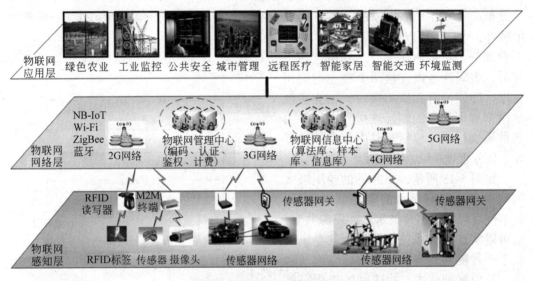

图 5-14　物联网三层网络架构

　　在前面我们分别介绍了感知层的 RFID 技术、传感技术和二维码技术以及网络层的 NB-IoT 技术、Wi-Fi 技术、蓝牙技术和 ZigBee 技术，现在我们来介绍一下应用层所涉及的主要软件和技术。

1. 云计算平台

　　关于云计算的定义和技术，我们将在项目 9 中详细阐述。这里我们只说明云计算技术在物联网体系架构中的作用，也就是说，物联网中为什么会用到云计算。

　　首先，比较容易理解的是，"物"的数量巨大，因此无论感知层使用哪一种技术，尽管单个物体数据量比较小，但是基于某个场景，能够获取的数据量比较大。在这种情况下，单独的计算机或者服务器难以处理如此大的数据量，因此大部分物联网的应用需要云计算技术作为数据存储和处理的平台来支持。

　　其次，从前面的学习中容易知道，感知层数据通过各种各样的网络最终汇聚到一起，这也利于云存储获取数据。云计算强大的数据处理能力，能够为各种应用场景提供有力支持。

最后，云计算平台处于数据传输的中端。一些教材把云计算平台划分为网络层，认为其是基础支撑平台，这样也是可以的。网络层和应用层之间，也没有严格的划分。这是因为云计算平台本身就分为多层：基础架构即服务层（IaaS）、平台即服务层（PaaS）、软件即服务层（SaaS）。

2. 物联网中间件

在项目 1 中我们提及安全中间件的概念。中间件是介于应用系统和系统软件之间的一类软件，它使用系统软件所提供的基础服务，衔接网络上应用系统的各个部分或不同应用，能够达到资源共享、功能共享的目的。如图 5-15 所示，物联网中间件可以将各种系统及功能进行统一封装，起到物联网中桥梁的作用。在物联网中，中间件主要作用于分布式应用系统，使各种技术相互连接，实现各种技术之间资源共享。作为一种独立的软件，中间件可以分为两个部分：一是平台部分；二是通信部分。利用这两个部分，中间件可以连接两个独立的应用程序，即使没有相应的接口，也能实现这两个应用程序的相互连接。中间件由多种模块组成，包括实时内存事件数据库、任务管理系统、事件管理系统等。

如图 5-15 所示，中间件的使用极大地解决了物联网领域的资源共享问题，它不仅可以实现多种技术之间资源共享，也可以实现多种系统之间资源共享，类似于一种能起到连接作用的信息沟通软件。利用这种技术，物联网的作用将被充分发挥出来，形成一个资源高度共享、功能异常强大的服务系统。从微观角度

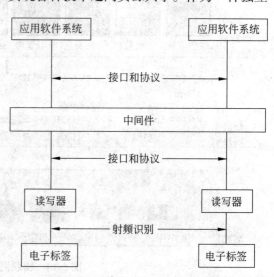

图 5-15　物联网中间件的工作原理

分析，中间件可实现将实物对象转换为虚拟对象的效用，而其所展现出的数据处理功能是该过程的关键步骤。要将有用信息传输到后端应用系统，需要经过多种步骤。例如：在医疗系统中，需要大量的传感对数据进行收集、汇聚、过滤、整合、传递等，如果这些传感每个功能都需要单独开发，那么将增加大量的工作量，而通过物联网中间件技术，则能够快速完成开发和部署，如图 5-16 所示。物联网中间件能有如此强大的功能，离不开多种中间件技术的支撑，这些关键性技术包括上下文感知技术、嵌入式设备、Web服务、Semantic Web 技术、Web of Things 等。

3. 应用程序

应用程序就是用户最终直接使用的各种应用，如智能操控、智能安防、智能抄表、远程医疗、智能农业等。

以小 C 的智能家居系统为例，小 C 只需要安装一个智能家居的应用就可以了，把所有设备集中到这一个设备中，可以实现统一管理。不仅包括智能门锁、各种传感、灯光控制系统等，甚至包括各种家电，都可以集中到一起，进行统一管理。现在的家电也

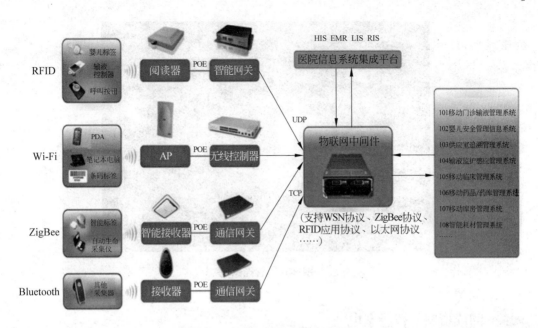

图 5-16 在医疗系统中的应用举例

变得越来越智能化，大部分家电可以通过 Wi-Fi、ZigBee、蓝牙等方式接入互联网中，最终形成一个智能家居系统，如图 5-17 和图 5-18 所示。

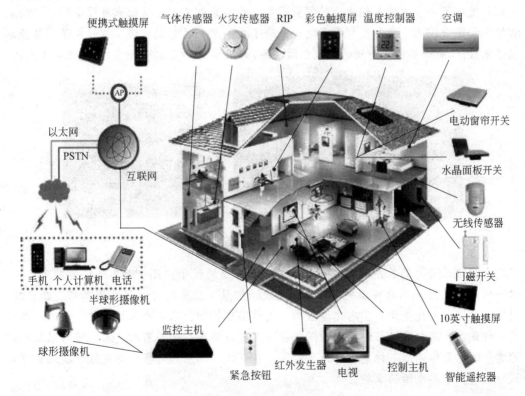

图 5-17 智能家居系统

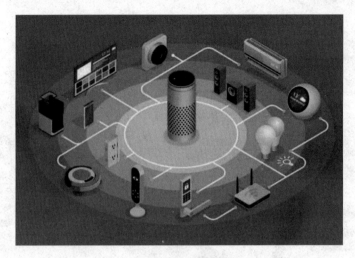

图 5-18　智能家电

阅读资料：智能家电

　　恐怕盖茨都没有想到，物联网技术会这么快改变我们的生活。在当时世界顶级"未来之屋"中应用的物联网相关技术，现在已经进入普通家庭。不仅如此，家电领域也迅速和物联网技术结合，使智能家电得到了迅速发展。以海尔、格力等大型家电企业为例，它们开发出了一系列受人们欢迎的智能家电。各类家电又可与其他家庭设备联动，形成智能场景集中控制。在各类智能家电中，除了我们常见的智能空调、智能电视、智能冰箱等电器，还有一些较为新颖的智能电器设备，如图 5-19 所示的智能魔镜、智能桌子产品。

图 5-19　智能魔镜和智能桌子

　　在魔镜未开启的状态下，其实它就是一面普通的镜子，几乎看不到任何不同之处。但一旦开启之后，里面可谓别有洞天，便捷、智慧、健康都可以用来形容它。开启后，魔镜可以提供天气查询、室内环境监测、热水温度控制、家庭个人健康档案及影音娱乐等多种服务。海尔魔镜与浴室中的探头相连，可自动感应是否有人进入，随后根据人们的需求进行智能调节。把桌面作为显示器，在吃饭、喝水的时候，都能随时随地地浏览娱乐信息，增添生活的乐趣。

　　从物联网三层结构发展来看，网络层发展路线成熟，其技术随着网络的发展而发展，未来随着 5G 等应用落地,成本将不断降低,通信速度将不断提升;感知层的发展非常迅速,传感器技术、RFID 技术等不断提升,同时人工智能的发展,也必将给感知层带来巨大的机会;应用层的发展相对比较缓慢,但是随着感知层和网络层的不断发展,能够给人们带来越来越便捷有用的信息,应用的场景必将越来越广泛。在下一任务中,我们将继续综合讨论物联网技术的应用。

通过阅读本节,我们了解到物联网是通过各种传感技术(RFID、传感器、GPS、摄像机、激光扫描器……)、各种通信手段(有线、无线、长距、短距……),将任何物体与互联网相连接,采集其声、光、热、电、力学、化学、生物、位置等各种需要的信息,与互联网结合形成的一个巨大网络。其目的是实现物与物、物与人、所有物品与网络的连接,进而实现"管理、控制、营运"一体化。

任务 2 物联网的应用与展望

📖 **本任务知识点:**

- 物联网与其他技术的融合,如物联网与 5G 技术、物联网与人工智能技术的融合等
- 物联网存在的问题
- 典型物联网应用系统的安装与配置
- 物联网应用领域和发展趋势

物联网技术部分技术,如 RFID、二维码、传感等,现在相对成熟并且进入稳定的应用阶段。随着云计算、5G 技术等基础设施全球化提升,物联网行业发展迅猛。与此同时,人们逐渐意识到应用物联网的好处与便捷,对物联网技术更加接受甚至在一些情况下产生了依赖,物联网行业规模一直在不断扩张,在各行各业中都应用广泛。正如任何一个新技术一样,物联网技术有着强大的生命力和广阔的应用前景,同时在发展中也存在着一些问题,需要每一个热爱这个行业和技术的人,都为之奉献力量,不断促进其进步发展。

项目5 物联网与
万物互联8.mp4

项目5 物联网与
万物互联9.mp4

5.2.1 其他应用场景

项目5 物联网与
万物互联10.mp4

2020 年年初,新冠肺炎在湖北武汉突然爆发,武汉市采取了果断措施——封城!所有居民,除了医务人员、志愿者、公共事业单位人员以外,基本上全部居家隔离。在这危机时刻,山东省累计捐赠了接近两千吨蔬菜,解决了武汉封城期间老百姓的"菜篮子"问题,为此后夺取"战疫"胜利奠定了基础。这其中接近一半的蔬菜,是由寿光市捐出。

寿光市位于北纬 37° 附近,时值寒冬,为什么能够生产那么多新鲜蔬菜? 不仅能够满

足山东省甚至北方的蔬菜供应，同时还能支援武汉市。原来寿光市早已建立了一体化蔬菜种植体系，其生产的蔬菜销往全国 30 多个省市自治区的 200 多个大中城市，并远销日本、韩国、俄罗斯、美国、委内瑞拉等国家。寿光市是世界上第一部农学巨著《齐民要术》作者贾思勰的故乡，是全国冬暖式蔬菜大棚发源地，截至 2019 年，寿光市一个在国内面积不算大的县级市，密密麻麻地排列着超过 23 万个大棚。正是这些蔬菜大棚，使寿光市虽然是一个县级市，但是其蔬菜交易市场却是国家级的，也是北方最大的蔬菜交易市场。

"寿光蔬菜"已经成为一个响亮的名片，能够取得今天的成绩，寿光蔬菜种植靠的不是原始的刀耕火种、竭泽而渔式的种植方式，而是不断探索科学的种植方式，采用最新技术。寿光的蔬菜大棚，不少都应用了物联网技术，成为智慧蔬菜大棚。

1. 智能农业

当前物联网技术在农业中应用最为广泛的场景就是大棚。这是因为物联网系统建设需要额外投资，农业本来就是低附加值的产业，额外建设信息化系统会增加农民或者政府的负担。但是大棚投入产出比较高，并且最近随着农村劳动力的减少，对通过信息化手段来减少日常劳动、提高管理能力有迫切的需求。如图 5-20 所示的智能大棚系统，以物联网技术为基础，通过各个类型的传感器可监测土壤水分、土壤温度、空气温度、

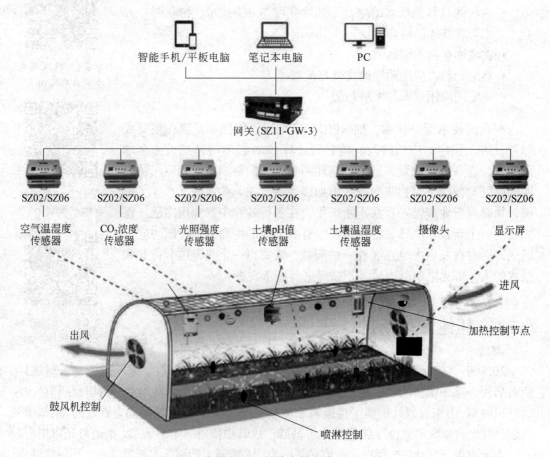

图 5-20　智能大棚系统

空气湿度、光照强度等参数。信息收集之后通过网络层将数据进行汇总，将汇总好的各大棚传感器的信息进行统一管理，并在应用层进行动态显示和分析处理，可以在计算机或者手机上以直观的图表和曲线的方式显示给用户。大棚种植户可以在手机上根据以上各类信息的反馈，对大棚内的种植物进行自动灌溉、自动降温、自动卷模、自动液体肥料施肥、自动喷药等自动控制。通过智能大棚的应用，大幅降低了劳动强度，使一些日常工作实现自动化。

很显然，智能大棚系统可以推广到农业的其他应用场景中，针对当前农业种植过程，如图 5-21 所示，智能系统可以实现的功能如下。

- 实现对农作物生长环境如土壤、气候、温度、湿度等数据的实时采集，便于种植户随时掌握种植信息。
- 根据采集的数据，提供种植操作提醒。
- 对农作物生长过程进行实时的视频信号采集，便于种植户随时掌控生长、有无病虫害等情况，决定是否采摘等。
- 根据采集的数据信息，平台可以根据农作物的生长特性给出培育策略。
- 部分数据可以汇聚到市级数据中心，形成种植大数据，为政府决策提供支持。
- 通过与自动化控制、机器人等技术结合，可以实现自动灌溉、自动施肥、自动通风、自动卷帘甚至自动采摘等一系列自动化操作，减轻劳动负担。
- 通过与销售系统结合，能够实现产品的全自动溯源，或者定制化种植，大幅提高附加值。

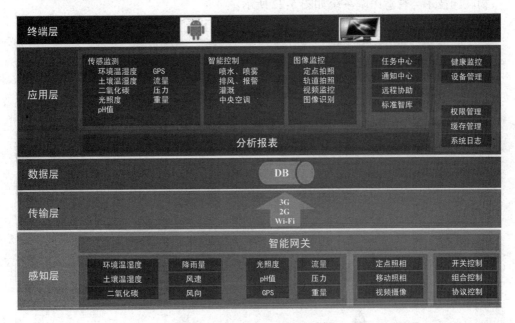

图 5-21　智能农业层次结构

2. 智能医疗

由于我国人口众多，再加上近年来生活水平不断提升，人均寿命由 20 世纪末的

71 岁提升到 2020 年的 77 岁，人口老龄化现象严重。这对我国的医疗卫生事业提出了巨大的挑战，通过物联网技术在医疗卫生系统的应用，能够有效地提高医疗资源的利用效率。智能医疗主要体现在以下几个方面。

1）医院系统

不少医院已经大面积应用物联网技术，以提升医院的工作效率，在病人诊疗信息和行政管理信息的收集、存储、处理、提取及数据交换方面，物联网技术等信息技术在以下几个方面发挥了重大作用。

- 通过 RFID 标签技术，医护人员可以随时掌握医疗器械、药品、输液情况，并且通过和患者的二维码信息核对，避免了用错药等医疗事故的发生，提高了治疗效率。
- 应用二维码、健康码等信息，实现对患者的智慧管理。
- 提高了医生工作站的工作效率，部分数据完成自动采集，协助其他系统完成包括门诊和住院诊疗的接诊、检查、诊断、治疗、处方和医疗医嘱、病程记录、会诊、转科、手术、出院、病案生成等全过程的数据采集。
- 提升应用包括远程图像传输、大量数据计算处理等技术在数字医院建设过程应用，实现医疗服务水平的提升。
- 通过视频系统，可以实现远程探视和远程会诊，避免探访者与患者的直接接触，杜绝疾病蔓延，缩短恢复进程。
- 通过传感器实现对患者的身体健康状态监控，并实现自动报警，对患者的生命体征数据进行监控，降低重症护理成本。

物联网技术与智慧医院系统如图 5-22 所示。

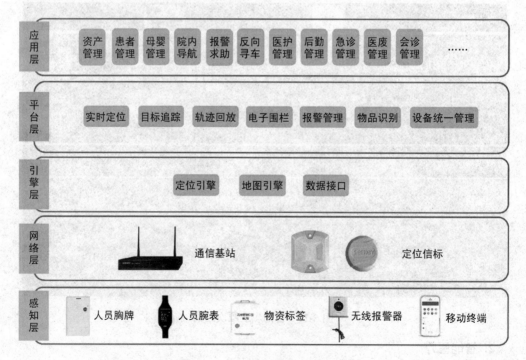

图 5-22　物联网技术与智慧医院系统

2）社区卫生系统

前面提及到我国医疗资源短缺，因此发挥社区卫生医疗系统作用意义重大，但是社区卫生系统毕竟资源、设备、实力有限，而信息技术能够有效地提高社区医疗卫生系统水平。社区卫生系统可以在平时收集社区人员的健康信息，并经常性开展疾病危险度的评价，制订以个人为基础的危险因素干预计划，减少医疗费用支出。比如：提供一般疾病的基本治疗，慢性病的社区护理，大病向上转诊，接收恢复转诊的服务；提供社区常年患者的健康信息监测数据，为紧急情况诊断提供数据支持；加强日常保健宣传，提供疫情防护指南等。

3）家庭健康

要提升全民的健康水平，日常健康护理和监测工作必不可少。一些物联网设备能够有效地帮助人们对身体情况进行监测，并给出专业的建议。在项目1中我们曾经提到智能手环，这也是一个典型的物联网终端设备，能够给出血压、心跳等信息。不少医疗器械厂商推出了更为专业的家庭用物联网医疗设备，以帮助人们自助查体，及时发现问题，保障身体健康。不少公司推出了家用物联网医疗设备套装，包括身体监测仪器、缓解疼痛设备、颈背护理放松仪器等设备，这些都是未来物联网应用的重要领域。

3. 智能交通

越来越多的人进入城市生活，城市交通问题也越来越突出，国内很多城市交通拥堵、停车难已经成为一大问题。智能交通在解决拥堵、停车难方面的作用效果日益凸显，利用先进的车联网、传感、定位等物联网技术，通过便捷的移动网络，将交通数据集成到交通运输管理系统中，使人、车和路能够紧密配合，优化交通资源，提高交通效率，改善交通运输能力。智能交通需要多项物联网技术协作实现。

1）车联网技术

车联网是目前各个国家研究重点之一，利用先进的传感器、RFID以及摄像头等设备，采集车辆周围的环境以及车自身信息，将数据传输至车载系统，实时监控车辆运行状态，包括油耗、车速等。并且通过移动通信网络，将相关信息传输到指挥中心，优化车辆交通路线，提高车辆安全水平。

2）位置感知技术

通过在专门车辆上部署该接收器，并以一定的时间间隔记录车辆三维位置坐标（经度坐标、纬度坐标、高度坐标）和时间信息，辅以电子地图数据，可以计算出道路行驶速度等交通数据。

3）视频监控与采集技术

将视频图像处理技术和模式识别相结合，能够为更好地解决交通问题打下基础。视频检测系统将高清摄像机采集到的连续图像传输到视频服务器，在视频服务器完成存储、分析，从而得到车牌号码、车型、是否交通违规等信息，能够计算出交通流量、车速、车头时距、占有率等交通参数，为交通指挥提供决策。

4）RFID技术

智能公交通过RFID、传感等技术，实时了解公交车的位置，实现弯道及路线提醒等功能。同时能结合公交运行特点，通过智能调度系统，对线路、车辆进行规划调度，实现智能排班。

5）NB-IoT 技术

共享自行车是通过配有 GPS 或 NB-IoT 模块的智能锁，将数据上传到共享服务平台，实现车辆精准定位，实时掌控车辆运行状态等。

6）智能红绿灯

通过安装在路口的一个雷达感应装置，实时监测路口行车数量、车距以及车速，同时监测行人的数量以及外界天气状况，动态地调控交通灯信号，提高路口车辆通行率，减少交通信号灯空放时间，最终提高道路的承载力。

以上给出了三个典型的物联网技术应用场景，在这些场景中我们可以感受到：物联网技术给人们的生活、工作带来了巨大便利，人们也越来越接受物联网技术，并且很多时候对物联网技术产生了依赖。例如：在医疗领域，医生依靠传感来判断患者的情况；在支付领域，手机支付、二维码支付已经成为主流；在安全领域，智能摄像机已经取代了人工……这些都表明，物联网技术已经渗透到我们的生活中，并且正在不断向更多的领域发展（见图 5-23）。

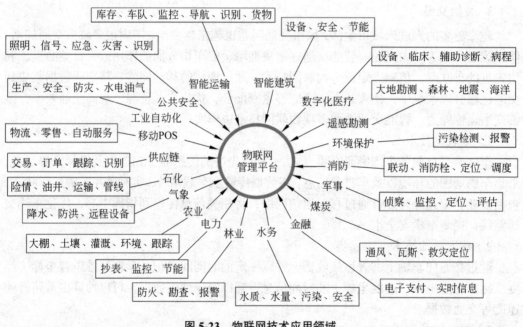

图 5-23　物联网技术应用领域

5.2.2　问题与未来发展趋势

尽管物联网技术对社会有巨大的作用，在不少领域得以成熟应用，但是物联网技术还存在一些问题，如标准问题、安全问题、盈利问题、法律法规问题、商业模式问题等。

下面就最主要的标准问题和安全问题进行讨论，其他问题这里不再赘述。

1. 标准问题

物联网技术包括了多项技术。由于多项技术出现较晚，行业内还缺乏统一标准，目前在物联网领域，大约有超过20项技术标准，如典型的Wi-Fi标准、蓝牙标准、ZigBee标准等。

众所周知，物联网技术有着巨大的应用前景，是继互联网之后的又一次信息化革命浪潮，甚至能够在一定程度上影响国家发展战略。因此，各个国家、大企业都进入了标准制定权争夺的行列，用"标准战争"来形容一点都不为过。这是因为，谁抢占了标准制定权，谁的产品就能够占领市场，从而在物联网技术发展上占得先机。如果每个公司都遵循同样的标准，消费者应该也会更好过些，但现实是标准很难统一。例如，针对手机的充电器的每个标准都有优缺点，而市场也会逐渐选择使用最多、布置最方便、兼容性最强的那一个。

阅读资料：标准战争

在IT领域最重要的就是芯片和操作系统了。在互联网时代，芯片和操作系统分别被英特尔和微软垄断，其他厂商的产品都要兼容这两家的产品，只有产品符合它们的标准，才能有市场。因此在物联网时代，众多的厂商都迫切地想打破这个局面，不少大厂商都在物联网芯片和操作系统领域布局，试图抢占市场先机。

1）芯片

没有芯片，任何物品都无法智能化，更谈不上联网。因此不少公司，都在开发自己的平台和芯片，其中比较知名的有三星的ARTIK平台、英特尔的IoT平台、联发科的LinkIt Smart 7688以及高通的开发者平台。而另外的一些公司则试图把芯片放在产品中，如Marvell、博通、Atmel和GainSpan等。

2）操作系统

主要桌面和移动端操作系统来自微软和Google两大公司，在物联网上则出现了Google的Brillo、华为的鸿蒙和联发科的OpenWrt。还有一些不太知名的公司。比如，MicroEJ为嵌入式系统开发操作系统多年，现在看准了物联网。上述的所有系统都基于现有平台进行了改良，以适用于低功耗硬件；而且都是开源的，想吸引更多人使用。

3）通信技术

除了芯片和操作系统，不少厂商决定从通信技术上着手，如苹果的HomeKit、LG的LINK、华为的HiLink和Google的Weave。通过这些技术框架，物联网设备的手机之间可相互通信。一旦这些技术中的某一个成为主流，那么拥有这项技术的厂商必将会在市场上成为一枝独秀。

设备间的通信还需要蓝牙、Wi-Fi和NFC等通信协议，而且这几个已经基本上都有公认的标准了。但蓝牙和NFC由于传输距离短，很可能不适用于智能家居，Wi-Fi是个不错的选择，但随着设备的增多，信号干扰会是个大问题。因此诸如ZigBee、Z-Wave、EnOcean和DECT等一些新的通信技术不断涌现。这些协议背后都有支持自己的联盟，以及一些公司，而且都认为自己协议是物联网的最好选择。

正是"沉舟侧畔千帆过，病树前头万木春"，从消费者的角度来看，标准之争正是IT 的精髓所在，会促进技术不断进步，并且会给消费者带来越来越多的实惠。

2. 安全问题

物联网的快速发展给人们带来了极大的生活便利，但同时也带来了极为严重的安全问题。物联网在大量的"物"上部署了传感器、芯片等电子设备，并且这些电子设施最终都通过网络层接入互联网中，这就使一些别有用心的人容易找到漏洞，进行攻击。相对互联网而言，物联网是一个新生事物，更容易暴露出一些漏洞，更容易受到攻击。

例如，2010 年 6 月，"蠕虫病毒"在伊朗被首次检测出来，这是一种可以定向针对现实世界中所存在的基础能源设施进行攻击的震网病毒。一个月后，此病毒在中国被检测出，而过了十个月后，此病毒仅在中国就感染了十万台主机。截至 2011 年，病毒在全世界范围内感染的网络数量达到 45000 个。因为该病毒可以对各个国家的国家电网或核电站之类的基础能源设施进行精确攻击，所以其造成了难以估量的损失。在 2016 年，市场上销售的医疗设备，如胰岛素泵以及心脏起搏器等设备被爆出存在安全漏洞，能使患者身体内设备在不知情的情况下被人控制，导致患者被谋杀。2011 年，北京时间 10 月21 日晚，在北美东部地区，出现了一种名为 Mirai 的僵尸病毒，这种病毒可以针对物联网设备进行强力 DDoS 攻击，并导致许多门户网站无法进行正常访问。

物联网终端硬件相对简陋，很多厂商为了追求高效率，仅仅安装了简单的功能模块，对于病毒、木马等一些攻击方式的防护基本为零。在前文已经提及，设备接入网络方式众多，一些接入协议存在漏洞。这些安全隐患，在一定程度上阻碍了物联网技术的应用和发展，下面给出一些常见的物联网安全隐患。

1）病毒、木马

病毒是计算机最常见的安全隐患之一，但是在计算机可以安装杀毒软件，服务器、云计算平台等安全设置更为严格。一旦恶意攻击者通过一定的手段，将病毒软件上传到传感器或者摄像头等智能设备上，轻则造成设备失灵，重则导致信息泄露，造成严重经济损失。例如，在一次车展上，一位安全专家现场演示了通过木马远程控制了一辆智能汽车，可以实现远程启动 / 停止汽车、打开车窗等操作，试想如果在高速行驶过程中，突然出现了这种情况，则很有可能出现交通事故。

2）拒绝服务攻击（DoS）

通过将数据流堵塞到目标，以至于站点或资源变得无法使用，或者使硬件和底层基础架构负担过重。2016 年 10 月 21 日，美国域名服务提供商 Dyn 受到僵尸网络的拒绝服务攻击，导致域名解析服务停止，用户不能通过该域名服务解析出正确的服务器地址，使大部分用户无法正常上网。恶意软件"Mirai"导致了这场网络攻击，不法者使用 Mirai 与物联网相结合，通过网络搜索物联网中的传感器设备，当扫描到物联网设备（包括网络摄像头、智能开关等）后就尝试使用简单的密码进行穷举登录。截至目前，联入互联网的物联网设备数量超过 300 亿个，这已经大大超过了互联网用户数，这些设备中的一部分被黑客控制之后,用来发动服务请求,会导致网络拥塞,正常服务难以实现。

3）窃取身份认证

如同互联网一样,身份认证在物联网系统中也是最重要的部分之一,通过身份认证系统避免用户数据被窃取、身份伪装等安全问题。例如:智能体温监测器在传输数据时,恶意攻击者通过伪装成合法服务器来骗取传感器温度数据,这将会使用户隐私数据被泄露。然而物联网中,由于安装人员和使用人员往往不是同一个人,再加上设备数量巨大,因此管理人员往往会设置统一的、简单的口令或者使用默认口令,更有甚者使用明文口令。这些都会造成在物联网领域,口令、身份认证经常性地丢失,而一旦非法登录成功,攻击者就能获取该设备的控制权,甚至会进入应用系统,取得整个网络、系统的控制权,显而易见这是非常可怕的事情。

当然现在我们的安全意识正在不断地提升中,有矛就有盾,当前物联网安全技术也在不断进步发展中,主要有如下几种:代码签名、物联网安全网关、入侵检测系统、防火墙、区块链技术、加密认证技术、白盒密码等。相信随着人们安全意识的提升、技术的发展,物联网技术会越来越安全、实用。

物联网技术虽然起步较晚,也存在着一些问题,但是具有强大的生命力,并且是未来智慧社会的硬件基础。目前物联网技术已经渗透到了社会的各个方面,在农业、工业、建筑业、服务业等几大产业领域都有应用。但是应该明确看到,这些应用还是比较初步的,还在起步阶段,很多地方还受限于当前的技术,包括芯片运算能力、网络传输能力等。可以期待,未来尤其是芯片技术一旦突破,运算能力将大幅度提升,这必将直接带动物联网产业的整体发展,将会创造更多的应用场景,会在更多方面影响人们的生活。

综合训练电子活页

1. 假如给你一套房子,你如何设计属于自己的智能家居系统。

2. 选购一款网络摄像机,并将其安装在家里,以随时了解家庭成员活动情况,并设置安全规则。

3. 根据项目1中信息安全原则,考虑一下如何加强智能家居系统安全。

项目5　综合训练
电子活页.docx

项目 6　5G 与快速通信

导学资料：速度

对于速度的认识和理解，恐怕没有几个人能够超过爱因斯坦，他对光速的描述如下：一切有静止质量的物体所能达到的速度极限不能超光速；宇宙中信息的传递速度不能超光速，但可以等于光速。

在物理学中，不少学者都在研究当物体运行速度发生了变化之后，相应地会对时间、质量等方面产生一些不确定性的影响。在现实世界中，人们对更快速度的渴望越来越强，从开始的驯服动物到飞机、火箭、动车高铁，人们都在追求更多物质的情况下有更快的运输速度。每一次速度（包括人的移动传输速度和运载的能力）的突破，都会带来巨大的社会变革，甚至会在一定程度上左右社会的发展方向。

例如，我国历史上有名的郑和下西洋，得益于当时造船技术和航海技术，与爪哇、苏门答腊、苏禄、彭亨、真蜡、古里、暹罗、阿丹、天方、左法尔、忽鲁谟斯、木骨都束等三十多个国家或地区建立了贸易关系，或多或少地影响了当地的经济政治发展；其后影响力更大的哥伦布和麦哲伦等航海家，探索了全球航线，开拓了全球贸易模式，促进了欧洲经济兴起，也推动了一些航线沿岸国家的进步；直至蒸汽机发明之后，轮船被制造出来，运输速度和运输能力大幅提升，直接促进了英国的崛起。

从某个角度来看，承载信息的数据可以看作物质的映射，因此，不仅物质的运输能力和运输速度会影响人类社会，信息的传输能力和传输速度也会以不同的方式影响人类社会。信息以文字、语音、图像、视频、文件等形式为载体，根据传输方式分解为不同的信号，信号传播之后进行重组以完成信息的传输。如同追求物质传输的速度一样，人们也在不断地追求信息的传输速度（不同于物质的速度，信号的传输速度基本稳定在光速附近。这里速度主要指的是单位时间内传输数量）。尤其是在无线数据传输方面，在信息时代大背景下，信息的传输速度，不仅是技术上的突破，同时也会引起生活方式变化和社会整体变革。无线通信使人们能够随时随地地进行通信，促进了移动互联网发展，给通信、金融、交通、采矿、物流甚至饮食等行业带来巨大的变革。

相比较于 2G/3G/4G，5G 所引起的变革更为猛烈。5G 通信的特征，从一定程度上消除了前面几代通信的缺点，使无线通信有了更多的场景和更为广阔的应用，带动了更多社会变革，不少行业会因为 5G 的广泛使用，而发生天翻地覆的改变。一个更容易理解且已经实现了物质世界快速输送的比喻就是高铁，5G 技术被比喻为信息世界的高铁。云计算和 5G 是新一代信息技术得以快速实现推广的基础设施，因此推广建设云计算和

5G 被称为新基建战略。在国家发展战略中，5G 等新基建项目已经成为国家经济发展的基础。

小 C 所在的小区被选为国家 5G 智慧社区试点，小区信息化建设如火如荼，且随小 C 同学来看一下，智慧社区与普通社区有哪些不同之处。

任务1　智慧社区

本任务知识点：

- 现代通信技术
- 移动通信技术
- 5G 技术
- 移动通信技术中的传输技术、组网技术等
- 5G 的应用场景、基本特点和关键技术

| 项目6　5G与快速通信.pptx | 项目6　5G与快速通信1.mp4 | 项目6　5G与快速通信2.mp4 | 项目6　5G与快速通信3.mp4 | 项目6　5G与快速通信4.mp4 |

社区作为人民生活的主要单元，也是智慧城市构成的基本单元，通过科学规划、精心布局，最终建设成为智慧先进的物理和文明空间，是让城市发展更现代、政务服务更落地、人民生活更美好的基本承载平台，是全面提升社会基层服务和综合治理能力的一场变革，是深度促进社会文明进步和文化传承发展的一个载体。

智慧社区的建设不是一蹴而就的，而是逐步实现的。表 6-1 给出了智慧社区建设发展的不同阶段，当前不少社区还处于第一、第二阶段，在一些经济发达地区、新建小区中，智慧社区得到大力发展。

表 6-1　智慧社区建设发展的不同阶段

序号	年　代	历　程	主　要　特　征
1	20 世纪 90 年代	可视的楼宇对讲系统	可视对讲应用
2	2000—2010 年	智能化小区	智能家居、监控、门禁等
3	2010—2015 年	数字化小区	计算机管理、通信一体化、消费电子化
4	2015 年之后	智慧社区	集成化、网络化、数字化、无线化、智能化、模块化发展

浙江省政府在 2019 年印发的《浙江省未来社区建设试点工作方案》中提到了"未来社区"建设目标，可以认为是我国对智慧社区的定义："未来社区以满足人民美好生活向往为根本目的的人民社区，是围绕社区全生活链服务需求，以人本化、生态化、数字化为价值导向，以未来邻里、教育、健康、创业、建筑、交通、能源、物业和治理九大场景创新为引领的新型城市功能单元。"图 6-1 所示为智能社区的部分功能。事实上，居民居住生活条件的改善一直是政府工作的重点之一，党的十九大报告中阐述了当前我国社会主要矛盾已经转化为人民日益增长的美好生活需要和不平衡不充分的发展之间的矛盾。逐步改善居住环境，就是化解当前主要矛盾的一个主要方面。随着社区绿化、建筑等硬件环境的完善，智慧社区软件环境建设成为改善环境的主要途径。

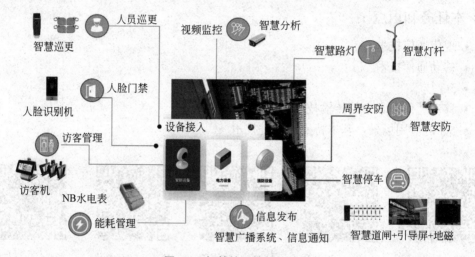

图 6-1　智慧社区的部分功能

6.1.1　5G 手机

作为信息化时代的年轻人，小 C 早就听说过 5G 的概念，当初在选购手机时，挑选手机的一个重要条件就是必须支持 5G。随着社区、城市 5G 基础设施建设如火如荼，小 C 明显感觉到了 5G 带来的便利。和 4G 相比，5G 最大的优势就是两点：一是速度快；二是延迟短。对于一般人来说，最容易体验的就是速度快这个特点，关于延迟短带来的优势，我们在后面再通过具体应用场景来说明。

这里我们先了解几个问题。

- 5G 的概念是什么？
- 手机是怎么获取 / 发送数据的？
- 什么是 5G 手机？
- 为什么要用 5G？　4G 与 5G 的区别是什么？
- 5G 能干什么？

1. 5G 的概念

5G 是第五代移动通信技术（5th generation mobile communication technology）的缩写，在 5G 技术成熟发展之前，移动通信技术经历了四代，并且在一些场合，前几代通信方式仍然存在。2013 年欧盟提出了 5G 发展战略，同年我国成立 5G 推进组，大力推进 5G 的研究和应用；2018 年华为等厂商推出了 5G 产品；2019 年 6 月 6 日，工信部正式向中国电信、中国移动、中国联通、中国广电发放 5G 商用牌照，之后 5G 基站迅速建立；2021 年 4 月，工信部宣布我国建立了当时全球最大的 5G 基础网络，预计到 2023 年，我国 5G 用户将达到 5 亿多户。之所以很多国家都在大力发展 5G，争夺 5G 的标准制定权，是因为 5G 具有以下的优点和优势。

- 移动带宽大，具有超高速的峰值速率，下载速度最高可达到 10~20Gb/s，能够满足高清视频、虚拟现实等大数据量传输。
- 具有超低延迟的空中接口，时延低至 1ms，满足自动驾驶、远程医疗等实时应用。
- 连接数密度较大，具备百万连接/平方千米的设备连接能力，满足同时向多个设备传输数据的要求，能够有效支持物联网芯片通信需求。
- 频谱效率要比 LTE 提升 3 倍以上，数据传输的效率更高。
- 支持高移动性，能够在快速移动时，仍然保持高速数据传输及低延迟性，用户体验速率达到 100Mb/s，支持连接的移动速度最高可达 500km/h。
- 流量密度达到 10Mbps/m^2 以上，更好地支持数据传输。
- 能源效率更高，每消耗单位能量可以传送数据量更多，与前面几代通信技术相比，能源效率更高。虽然看上去 5G 更耗电，但主要原因是 5G 传输数据量大且设备更多，就技术本身而言，它是节能的。

拓展资料：移动通信技术的发展

移动通信技术发展经历了四代，目前已经是第五代（5G），下面对每一代特点进行简单的归纳和总结。

1）第一代

第一代移动通信系统（1G）是在 20 世纪 80 年代初提出的，它完成于 20 世纪 90 年代初，如 NMT 和 AMPS，NMT 于 1981 年投入运营。第一代移动通信系统是基于模拟传输，其特点是业务量小、质量差、安全性差、没有加密和速度低。1G 主要基于蜂窝结构组网，直接使用模拟语音调制技术，传输速率约 2.4kb/s，主要是满足通话功能。

2）第二代

第二代移动通信系统（2G）起源于 20 世纪 90 年代初期，它主要包括 CMAEL（客户化应用移动网络增强逻辑），S0（支持最佳路由）、立即计费、GSM 900/1800 双频段工作等内容，也包含了与全速率完全兼容的增强型话音编解码技术，使语音质量得到了质的改进；半速率编解码器可使 GSM 系统的容量提升近一倍。

在 GSM Phase 2+ 阶段中，采用更密集的频率复用、多复用、多重复用结构技术，引入智能天线技术、双频段等技术，有效地克服了随着业务量剧增所引发 GSM 系统容量不足的缺陷；自适应语音编码（AMR）技术的应用，极大地提高了系统通话质量；GPRs/EDGE 技术的引入，使 GSM 与计算机通信 /Internet 有机结合，数据传送速率可达 115/384kb/s，从而使 GSM 功能得到不断增强，初步具备了支持多媒体业务的能力。

3）第三代

第三代移动通信系统（3G）也称 IMT 2000，其最基本特征是智能信号处理技术，智能信号处理单元将成为基本功能模块，支持话音和多媒体数据通信，它可以提供前两代产品不能提供的各种宽带信息业务，如高速数据、慢速图像与电视图像等。例如，WCDMA 的传输速率在用户静止时最大为 2Mb/s，在用户高速移动时最大支持 144kb/s。

第三代移动通信系统的通信标准共有 WCDMA、CDMA 2000 和 TD-SCDMA 三大分支。第一，这三大分支在相互兼容方面存在一定的问题，3G 不是真正意义上的个人通信和全球通信；第二，3G 频谱利用率还比较低，不能充分地利用宝贵的频谱资源；第三，3G 支持的速率还不够高等。这些不足远远不能适应未来移动通信发展的需要，因此寻求一种既能解决现有问题，又能适应未来移动通信需求的新技术（新一代移动通信，next generation mobile communication）是必要的。

4）第四代

第四代移动通信系统（4G）是集 3G 与 WLAN 于一体，能够传输高质量视频图像，以及图像传输质量与高清晰度电视不相上下的技术产品。4G 系统能够以 100Mb/s 的速度下载，比拨号上网快 2000 倍，上传的速度也能达到 20Mb/s，并能够满足几乎所有用户对于无线服务的要求。而在用户最为关注的价格方面，4G 与固定宽带网络在价格方面不相上下，而且计费方式更加灵活机动，用户完全可以根据自身需求确定所需的服务。此外，4G 可以在 DSL 和有线电视调制解调器没有覆盖的地方部署，然后扩展到整个地区。很明显，4G 有着无可比拟的优越性。

4G 基本上能够满足多媒体应用，如视频通话、网络会议、网络直播等，但是很显然在高清直播、实时操作等方面，4G 网络不能够满足需求，这就对发展更快速、更高级通信网络提出了需求。

2. 移动通信技术

为了更好地帮助读者理解 5G，我们来回顾一下通信网络。1969 年，"阿帕网"（ARPAnet）正式启用；1974 年，TCP/IP 正式得以应用，Internet 初步出现并迅速发展壮大。但是在此之前，用于语音通信的电话早在 1876 年由贝尔发明出来，并且在第一次世界大战和第二次世界大战期间由于指挥通信需要而迅速发展起来，形成了全球电话网络。随着信息技术的发展，手机等移动终端可以兼具通话和数据传输功能，对于普通用户而言，电话网络和 Internet 似乎是融合一体了。在国内，通话和互联网基础设施服务也确实基本上由中国移动、中国联通、中国电信等公司统一承担，这两个网络确实能够做到互联互通：最早的个人用户接入互联网一般是通过电话线拨号上网；等到宽带普及之后，固定电话可以通过网线来连接。

在前面提到，移动通信经过五代的发展，第一代只是满足通话需要，随着基础设施建设和发展，到第五代时通话已经不是移动通信的主要需求了，而更多与生活工作相关的应用都集成到移动网络通信中。移动网络通信的原理和方式与之前四代并没有太大的区别，但是在基础设备上变化较大。

移动通信（mobile communication）是指沟通移动用户与固定点用户之间或移动用户之间的通信方式。

一般来说，移动通信主要由三部分构成：移动通信设备、基站和核心网。移动通信设备包括手机、平板电脑、物联网通信设备等；基站是移动通信设备接入互联网的接口设备，通过光纤接入中国电信、中国联通、中国移动等基础设施服务商的中心机房，完成与Internet、电话网络等网络的连接；核心网部分位于网络子系统内，主要作用是把呼叫请求或数据请求接续到不同的网络上。移动通信网络如图6-2所示。

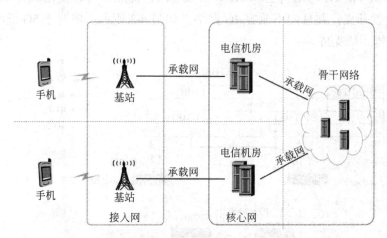

图6-2　移动通信网络

下面以手机为例来说明移动通信。手机之所以能够和基站进行通信，是因为有电磁波。电磁波(electromagnetic wave)是由同相且互相垂直的电场与磁场在空间中衍生发射的振荡粒子波，是以波动形式传播电磁场。电磁波在真空中的传播速度接近于光速，在气体、液体、固体中能够传播，但会发生衰减。电磁波根据波长和频率可以划分为很多种。频率在300MHz以下，波长在1m以上的，通常称为无线电波；300MHz~300GHz一般称为微波，这两部分目前都可以用于通信。在这之上，存在着红外线、可见光、紫外线、X射线等其他高频率电磁波。

当前4G通信已经普遍覆盖了3GHz以下频段，5G全球使用频段在3~300GHz进行数据传输。例如，国内主要5G运营商获取了工信部指定5G通信频段，中国移动为2515~

2675MHz、4800~4900MHz；中国电信为 3400~3500MHz；中国联通为 3500~3600MHz。

3. 5G 手机

在了解了手机通信原理之后，对于 5G 手机概念的理解就简单了：能够通过 5G 国际标准基带芯片使用 5G 网络的手机都是 5G 手机。小 C 在购买 5G 手机时，销售人员介绍有的手机支持单模模式，而有的手机支持双模模式，有什么区别呢？

5G 单模手机是指手机仅支持非自组网（non-stand alone，NSA）模式，而双模是指手机支持自组网（SA）和非自组网（NSA）两种模式。那么 SA 网络和 NSA 网络这两种模式有什么区别呢？

SA 网络是 5G 独立组网，基站和核心网络都是 5G 网络，能够实现 5G 网络所有功能；NSA 网络是非独立组网，这种组网方式是把 5G 基站联回到 4G 核心网络，能够实现 5G 网络和 4G 网络并存，既能用 4G 网也能用 5G 网。相比于 4G 网络，NSA 模式的5G 网络网速要有明显提升，但是跟纯 5G 设备搭建的 SA 的速度还是有一些差距，特别是在超低延迟方面。

NSA 模式下，4G 网络将会和 5G 共用核心网，优点是可以使用现有 4G 基站，在初期节省建设开支，并且向下兼容 4G 网络，如图 6-3 所示。但对于 5G 低时延和大容量等关键技术无法支持。

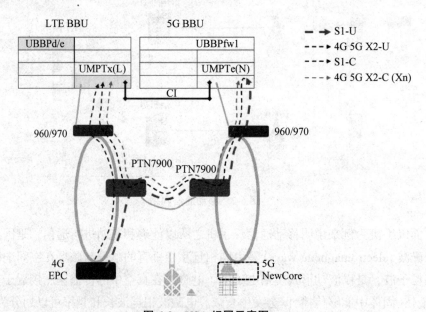

图 6-3　NSA 组网示意图

SA 是 NSA 的进阶技术，是 5G 技术最终发展的方向，技术更先进，可以体现 5G制式的全部技术特点，更是社会的必然选择，如图 6-4 所示。

NSA 和 SA 的组网的通信效果对比如表 6-2 所示。

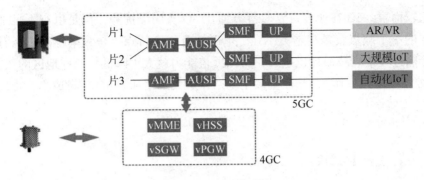

图 6-4 SA 组网示意图

表 6-2 NSA 和 SA 对比

对 比 项	非独立组网（NSA）	独立组网（SA）
组网目标	过渡方案，后续需要演进	5G 目标方案
核心网选择	4G 核心网或 5G 核心网	5G 核心网
对终端影响性	4G/5G 同时工作，功耗高，实现难度大	同一时刻仅工作于一种制式
运营商观点	利用现有 4G 网络部署	简单、高性能的分层网络
时延	受限于 4G 时延	满足 5G 时延要求
速率	上行单发，无 SU-MIMO，同时影响下行赋形增益	上下行均可多流，速率优势明显
建设成本	初期 5G 投入较少，但前期对 4G 改造，最终网络成本比 SA 高	初期建网成本较高，一次到位

4. 5G 和 4G 的比较

通过熟悉了前面几条，就很容易得出 5G 和 4G 的相同以及不同之处了。

（1）本质上相同。二者都是属于无线移动通信，都是经过电磁波传输数据到基站，由基站再与核心网络进行连接，并完成通信。

（2）关键设备不同。5G 和 4G 最大的区别就是基站，5G 基站建设的核心设备和 4G 有着本质的区别；未来 5G 基站建设数量将超过 4G，充分共享已有资源能够实现 5G 低成本、快速布网。

（3）5G 带宽更大。一部 10GB 视频，用 4G 下载需 15min，用 5G 仅需 9s。应用 5G 技术，可以实现高清摄像机数据传输，在无人机航拍直播、AI 图像识别领域应用广泛。

（4）5G 带来万物互联时代。4G 时代，人与人的连接已经差不多完成，5G 将实现人与物、物与物的连接，也就是家庭、办公室、城市里的物体都将实现连接，走向智慧和智能。5G 下物联网每平方千米连接数可超过一百万个，能够支持更多的设备接入互联网，这也就促进了物联网的发展。

（5）5G 时延低。5G 另外一个特点就是低延时，即使在高速移动下（目前是低于 500km/h）也能保持信号连接，且延时不超过 1ms，这使 5G 应用场景大大增加。例如：在任务 2 中我们要讨论无人驾驶刹车智能控制反应距离，在 4G 下是 1m 以上，而在 5G 下则能够控制在 5cm 以内。

153

相比较而言，5G 在速度、延时等方面比 4G 有明显优势，但是也有不足之处，其中最主要的一个缺点就是穿透力不强。电磁波有一个特点，是频率越高，绕射能力就越差，传播过程中衰减损耗也越大，所以覆盖能力就大大降低。同样地区的数据传输，4G 只需要 1 个基站，而 5G 却需要多个基站，这大幅增加了 5G 建设成本，也成为阻碍 5G 发展的障碍之一。

6.1.2　智慧社区 5G 应用

小 C 居住的小区已经建设了 5G 网络，小 C 也有 5G 手机，那么 5G 具体能够给小 C 带来哪些便利呢？

1. 超高清移动直播

小 C 很喜欢一些演唱会和体育类节目，很多时候通过手机或者平板电脑观看，这样可以一边跑步一边做一些家务。在 4G 时期，虽然大部分节目都可以通过手机看直播，但是在清晰度方面，受限于网络传播速度，小 C 观看不了超高清节目，大部分时间只能看一些普通清晰度的节目，但是在小区安装 5G 网络之后，小 C 可以观看超高清直播节目了。

如图 6-5 所示，4K（4K resolution）又称超高清 UHD，指组成图像的像素有 3840×2160 个。另外，像素为 3996×2160、4096×2160 和 4096×1716 等的也称为 4K。

图 6-5　4K 高清画质

相比较于普通的画质，4K 画质更清晰、自然、逼真，甚至可以达到影院级的视听体验，真正做到毫发毕现，当然更清晰的画质、更细腻的画面细节意味着需要更快的数据传输速度。例如，假如某场足球比赛要做 4K 直播，需要每秒 60 帧的视频，大概需要 36Mbps 的带宽。而目前 4G 的网络带宽仅有 10Mbps，这是无法满足 4K 视频网络直播需求的。但是 5G 理论上可以达到 10Gbps 的网络带宽，实现 4K 直播则绰绰有余。

在多媒体方面，有了 5G 的支持，不仅超高清直播想看就看（这里不讨论流量资费问题），同时将来还可以支持使用 VR 看流媒体视频。之前 4G 时代，由于数据传输速度限制，延迟经常超过 20ms，这样 VR 体验用户会出现不适，因此 4G 技术无法为 VR 流媒体提供网络支持。但是 5G 由于低延迟，对于用户来说，甚至感受不到网络的延迟，可以同步视频和音频，给用户提供更好的使用体验。可以预见，将来会有大量的 AR/VR 应用程序不断被开发出来，通过虚拟物品、虚拟人物、增强性情境信息等方式给人们带来连接媒体的全新方式和体验，一些网络游戏将向虚拟现实、增强现实领域转变。如图 6-6 所示，电影《头号玩家》中使用虚拟现实设备进行网络游戏。

图 6-6 电影《头号玩家》场景

2. 安防、监控

基于 5G 的快速通信能力，无论是社区、厂区还是校园，可以重点打造安防和健康监控系统，保障社区等安全，不仅能够防盗、防止入侵，同时还能实现一些健康保护、巡检等工作，大大提高了工作效率。

最近小 C 的父母有事，小 C 的奶奶过来和小 C 住一段时间。由于小 C 平时工作很忙，每天都要去上班，小 C 奶奶一个人在家，小 C 很不放心，总是担心奶奶忘记关水电、煤气等，最重要的是，奶奶毕竟年龄大了，万一摔倒，而身边又没有人及时救助，那麻烦就大了。

依托于社区的 5G 网络，小 C 购买了具有动作分析功能的高清摄像机，分别在客厅、走廊、厨房等几个区域安装好，这样小 C 能够在上班时间随时查看奶奶的情况。并且智能摄像机具备动作捕捉和分析功能，这样小 C 不必总是盯着手机看，当奶奶动作发生异常时，手机会自动提醒小 C 查看。同时煤气表、水表、电表的数据都和小 C 手机相连接，再加上家里的几个烟雾传感器，这样小 C 就可以随时掌握家里水、电、煤气的安全情况，可以放心留奶奶独自在家了。

奶奶过来住了一段时间之后，和小区的一些老人变得熟悉起来，每天大家约好在小区运动，小区内也安装了大量智慧摄像仪，能够随时识别小区居住人员。作为一个智慧社区，通过 5G 网络，整合了大量监控和传感数据，对外来人员、异常动作人员、外来车辆能够随时识别，并且对水质空气监控、污染排放检测、泊车情况、车位管理等数据都进行了整合，并通过大屏幕显示在小区的出入口，方便社区居住人员随时查看。

拓展资料：海康威视

2017 年，海康威视被选为中小板上市公司价值五十强前十强，从一个成立于 2001 年生产摄像仪的小公司，逐步成长为一个"以视频为核心的智能物联网解决方案和大数据服务提供商，业务聚焦于智能物联网、大数据服务和智慧业务，构建开放合作生态，为公共服务领域用户、企事业用户和中小企业用户提供服务，致力于构筑云边融合、物信融合、数智融合的智慧城市和数字化企业。"

海康威视的快速发展，除了依靠自身在工业相机、智慧摄像仪领域的不断研发、进步之外，最大的推动力就是网络速度的提升。5G 的推广为海康威视未来的发展提供了基础设施条件。图 6-7 所示为海康威视以视频为中心的智慧社区解决方案。

图 6-7　海康威视以视频为中心的智慧社区解决方案

（资料来源：https://www.hikvision.com/cn/solutions/Residential-Building/SmartCommunity/）

3. 宽带、Wi-Fi 和 5G

读到这里，部分读者会有这样的疑惑：一些功能（如社区超高清摄像仪）可以通过宽带接入的方式来进行安装，为什么还需要 5G 呢？超高清在 Wi-Fi 环境下也差不多可以实现，为什么要用 5G 呢？当前无论是移动电子设备，还是固定电子设备，常见的接入互联网方式主要有三种：宽带接入（光纤）、Wi-Fi、移动通信（4G/5G，前面已经分析 4G 和 5G 的区别，这里只分析 5G 和另外两种接入方式的区别）。先通过表 6-3 来看一下这三种不同的接入互联网方式的特点。

表 6-3　宽带（光纤）、Wi-Fi、5G 三者特点对比

项　目	宽带（光纤）	Wi-Fi	5G
传输速度	光纤可达 100Gb/s 以上，到用户端可根据需要	最大可达 54Mb/s	可达 10Gb/s 以上
传输距离	无中继情况下可达百千米以上	无增强天线情况下覆盖范围 20~50m	覆盖范围 100~300m
设备接入数	1	理论上 253，但实际上受带宽限制	百万 / 平方千米
主要设备	光纤收发器、配线器、转接口等	AP	以 BBU（base band unit，基带处理单元）和 AAU（active antenna unit，有源天线单元）为主要设备的基站
优点	速度快；速度稳定；能耗低；安全性高	安装方便；价格便宜；使用方便	速度快；连接设备多；信号稳定、延迟低
缺点	施工复杂；受地形条件影响；维护费用高	速度受限；连接设备受限；安全性差；有网络延迟	设备较昂贵；能耗高

1）光纤通信

光纤是光导纤维的简写，是一种由玻璃或塑料制成的纤维，可作为光传导工具。光纤通信是利用光波作载波，以光纤作为传输媒质，将信息从一处传至另一处的通信方式，被称为"有线"光通信。发送端首先要把传送的信息（如话音）变成电信号，然后调制到激光器发出的激光束上，使光的强度随电信号的幅度（频率）变化而变化，并通过光纤发送出去；在接收端，检测器收到光信号后把它变换成电信号，经解调后恢复原信息。光纤以其传输频带宽、抗干扰性强和信号衰减小，而远优于电缆、微波通信的传输，已成为世界通信中主要传输方式。光纤通信有以下优点。

- 通信容量大，一根光纤的潜在带宽可达 20Tbps，目前 400Gbps 系统已经投入商业使用。

- 传输距离远，光纤损耗极低，在光波长为 1.55μm 附近，石英光纤损耗可低于 0.2dB/km，这比任何传输媒质的损耗都低，无中继传输距离可达几十甚至上百千米。

- 由于采用的是封闭环境光信号通信，因此信号不产生电磁效应，干扰小、保密性能好。
- 抗电磁干扰、传输质量佳，电通信不能解决各种电磁干扰问题，唯有光纤通信不受各种电磁干扰。
- 相对于金属电缆而言，光纤尺寸小、重量轻，便于铺设和运输。
- 光纤的主要制造原材料是二氧化硅，也就是沙土，材料来源丰富，环保，有利于节约有色金属铜。
- 无辐射，难于窃听，因为光纤传输的光波不能跑出光纤以外。
- 相比较其他线缆，光缆适应性强，寿命长。

2）5G 基站

5G 基站主设备主要由 BBU 和 AAU 组成，如图 6-8 所示。BBU 的主要作用是负责基带数字信号处理，实现和核心网的连接。AAU 的主要作用是将基带数字信号转换成模拟信号，然后调制成高频射频信号，再通过功放单元放大功率，通过天线发射出去。5G 网络建设主要是基站的建设，基站一般依托现有的高层建筑物建设，关于基站在室外的建设，中国移动、中国联通、中国电信等公司都有单独方案，属于工程施工范畴，这里就不一一赘述，感兴趣的读者可以查阅参考文献。

正面　　　背面

图 6-8　华为 BBU 5900 和 AAU 设备

设备的参数在网上都可以找到，限于篇幅，这里就不再列出。需要指出的是，BBU 并不是 5G 时代专有设备，在 3G 时期的基站就采用了该设备，但是随着 5G 时代的来临，BBU 设备升级改造为支持 5G 协议和标准，用于 5G 通信。

到这里，相信大部分读者对 5G 有了一个详细了解：5G 的基本原理和通信方式与 4G 类似，而且无论是对基站设备还是对终端上网设备，都进行了全面的升级，从而能够支持 Gb/s 级别的数据传输，并且单位数据传输能耗更低，但是由于传输数量大，因此需要更多的能源支持。由于 5G 基站更密集（5G 覆盖范围在 300m 以内，而 4G 则能够达到 1000m），因此需要更多基站。

3）Wi-Fi 与 5G CPE

Wi-Fi 网络简单便利，但是当连接数量多的时候，速度将会明显下降。那有没有一种方式能够让非 5G 设备便利地获取 5G 快速通信呢？当然有，这种设备就是 5G CPE （customer premise equipment，客户前置设备）。它属于一种5G终端设备，能够接收运营商基站发出的5G信号，然后转换成Wi-Fi信号或有线信号，让更多本地非5G移动设备（手机、平板电脑）方便上网，如图6-9所示。例如，原来小C一个人通过Wi-Fi观看超高清节目，Wi-Fi通信勉强可以支持，但是这个时候假如小C的家人也在用Wi-Fi看电视剧、电影，则Wi-Fi就不能够同时支持。而CPE设备，可以满足全家人随时随地看超高清节目的需求。

图 6-9 5G CPE 设备工作原理和华为 CPE

读到这里，相信大家都能够明白在什么情况下选择光纤接入，在什么情况下选择5G了。如果小区5G信号强，光纤入户基本上就没有必要了，这样就能够省去大量布线、维护工作。至于Wi-Fi，则是在宽带接入的基础上，方便家庭或者小型公共场所上网使用，当然在校园、酒店等，也安装了覆盖面更广的Wi-Fi，但是其仍然有覆盖面小、速度低的缺点。在5G信号充足、资费较低情况下，5G将取代Wi-Fi和部分宽带接入。另外，如社区高空坠物检测摄像仪，往往需要安装在楼顶室外，通过无线设备，安装就更加简单便捷了。任务2我们将重点讲述自动巡检机器人等设备，更是体现了5G移动高速通信的优越性。因此，5G通信具有强大生命力。随着5G基础设施建设成熟、相关技术普及，越来越多的应用场景将会被发掘出来。

任务 2 基于 5G 的人工智能

本任务知识点：

- 5G 网络架构和部署特点
- 5G 网络建设流程
- 现代通信技术与其他信息技术的融合发展
- 5G 的发展应用

通过任务1的介绍，5G具有快速的通信能力，并且能够给我们的生活带来巨大便利。实际上5G通信除了快速通信能力之外，还具有低延迟和设备支持数量上的优势。下面我们将通过几个案例，来说明这些优势会给传统产业带来哪些变化。

项目6　5G与快速通信5.mp4　　项目6　5G与快速通信6.mp4　　项目6　5G与快速通信7.mp4　　项目6　5G与快速通信8.mp4　　项目6　5G与快速通信9.mp4

6.2.1　自动巡检机器人

在前面已经提到过，假如小 C 的奶奶过来和小 C 住一段时间，而奶奶又需要到社区里锻炼身体，奶奶和其他的老人在社区内活动期间的安全、照看就需要能够随时监控。另外，社区内安全情况、外来人员、非正常行为人员都需要随时监控，这些工作一般都是由物业工作人员、保卫专门来完成，但是，一来愿意从事这种重复性劳动工作的人越来越少；二来人的精力总是有限的，不可能 24 小时不间断地巡查。除了社区之外，还有不少场合需要专门人员定期巡查，一些场合的人工巡查非常辛苦，还有一些场合非常危险，因此自动巡检机器人就大有可为。

1. 社区安全

社区自动巡逻机器人这几年的发展非常迅速，不少公司都推出了相应产品，主要是通过在机器人本体（关于机器人的概念和技术在项目 7 中详细介绍）上加挂了智能摄像仪、传感器、语音视频交互设备等。有一些厂商还在上面增加了灭火、安防等装置，使得自动巡逻机器人功能越来越强大。图 6-10 展示了一种社区自动巡逻机器人。

图 6-10　社区自动巡逻机器人

（资料来源：http://b2b.21csp.com.cn/product/201809/2023022.html）

在 4G 或者 Wi-Fi 的支持下，机器人可以将一些传感数据、普通清晰度视频及时传递到指挥中心，在一些酒店、园区内，还可以实现自动送货、传递信息等功能。在 5G 环境下，一是可以支持多路高清智慧摄像仪，从而能够更好、更清楚地反馈巡查情况；二是智慧摄像仪可以实现入侵检测、动作分析等，通过和云计算服务中心结合，可以实现危险动作检测、火灾检测、环境信息检测；三是由于 5G 信号延迟低，在社区巡视时，不用担心发生冲撞行人、动物等问题。当前常规的社区巡逻机器人主要有以下功能。

- 根据设定路线开始巡逻，现在 AI 技术尚未发展到能够"自动"巡逻，而是根据预先设定的路线巡逻。
- 能源方面，部分社区机器人加载太阳能充电装置，大部分设置了固定充电设备。
- 可以通过环境传感器模块采集外界环境数据，并通过 5G 通信模块与物业管理系统通信，再将天气预报等信息一起发布到社区显示屏或者广告屏上，提升社区人文关怀氛围。
- 具有人机交互模块，可以根据需要播放一定的信息，具有简单的人机交互功能。
- 根据需要，可以完成固定线路自动送快递、简单物品的功能。
- 实时采集巡逻过程中的图像信息，弥补小区监控死角问题，与小区监控一起采集整个小区的视频信息。
- 当有人经过时，可以自动采集人脸数据，与社区常住居民进行比较，及时发现陌生人，并给物业管理人员发送相应的提示。
- 帮助自动寻人，巡逻机器人可以快速移动，采集周边图像数据，并将图像信息和所需寻找人员图像信息进行快速比较，找到目标人。
- 自动灭火，当发现社区有一些小火苗时，可以通过携带的灭火装置自动灭火。

随着信息技术的发展，社区巡逻机器人可以具备越来越多的功能，将会给人们的生活带来巨大的便利。

2. 变电所、高压电缆自动巡检

当前我们人类社会的生活、工作、生产等方方面面都离不开电力，特高压输电位于国家新基建发展战略的第一位。采用特高压输电，能够减少电力损耗，提高电力输送效率。然而当相应的电力设备建设好之后，还需要人员进行长期的维护，一是检测电缆等设备有无破损，以免发生意外；二是当遭遇暴风、冰雹、冻雨等恶劣天气时，还需要进行及时检测或者除冰等工作，以保障电缆的正常工作。但是特高压线缆、变电所一般都修建在荒无人烟的野外，巡视工作困难，且容易发生危险。

因此，通过无人机或者固定轨道机器人（随着电缆加装轨道，支持轨道机器人），加载智慧摄像机、热成像等设备，可以快速完成线缆检测，部分无人机可加载除冰装置，以实现快速除冰功能。

目前，在 5G 通信支持下，使用无人机对输电线路进行巡检场景主要有以下三个方面。

- 无人机加高清智慧摄像机精确巡检：无人机可以通过搭载高清拍摄设备，按照巡检要求对杆塔各个巡检部位进行拍摄，通过图片分析缺陷和隐患，从而第一时间进行消缺处置。

- 无人机加红外热成像精细化巡检：将红外热成像技术与无人机结合，打破光线和空间的限制，可随时随地捕捉清晰、精准的热图像，找出温度异常部位，迅速锁定出现故障的地方以便及时修复。
- 无人机输电线路通道巡检：输电线路通道环境对高压线路安全性影响重大，无人机通道巡检主要包括林木检测、山火监控、外力破坏检测等，可以准确发现和测量出问题和隐患的位置、高度、距离等信息。

变电所、轨道机器人巡检原理类似社区巡逻机器人，但是所巡检的内容和功能是不一样的：社区主要是完成人员检测、环境检测、安全巡逻等功能；而变电所则是主要完成设备检测、温度监控、烟雾报警、功效功能记录等功能。一些变电所建设在野外，逐步发展为无人值守变电所，这时就需要自动巡检机器人对变电所进行巡查，并及时发现和处理问题，如图 6-11 所示。

图 6-11　线路巡检无人机及变电所自动巡逻机器人

📖 阅读资料：深圳电网 5G 自动巡检、故障恢复系统

目前深圳电网 110kV 及以上输电线路总长已达到 5102km，输电巡视工作量很大，传统人工输电巡视方式下，一个熟练的输电工人通过徒步翻山、徒手爬塔，一天也只能完成 2~3 个基铁塔的巡视工作。

为提升输电巡视效率，深圳供电局联合华为共同研发应用了搭载 Atlas200 芯片的摄像头，其中固化有可前端识别现场异常情况的 12 种自研算法，并实现深圳电网输电线路全覆盖。通过人工智能算法，新一代输电智能巡检系统可自动识别输电线路外力破坏隐患和缺陷，足不出户就能"一日尽览鹏城塔"。原来人工巡视一次 500kV 输电线路需要 2 个人巡视 10 天，现在通过新一代输电智能巡检系统，2h 就可以完成了。

不仅空中的输电线路，地下的高压电缆也实现了巡视工作突破。在深圳南山侨香路，公司应用了全国电力行业内首款 5G 智能摄像头。这是深圳供电局与华为联合打造的智慧监控成果，它以深圳多功能智能杆为载体，融合 5G、AI 人工智能、4K 技术，对高压电缆通道沿线及周边施工情况进行智能监控，犹如"智慧之眼"般实现高压电缆通道 360° 全息感知，全方位保障电缆线路安全运行。

通过自主创新，深圳供电局还完成了全球首个 5G SA 网络配电网差动保护试点验证，

6项技术成果创全球第一。差动保护是继电保护里性能最优越的保护之一,凭借超低延时,5G网络可以代替光纤,精确运用差动保护技术快速隔离故障点,将故障隔离时间从秒级升级到毫秒级,最大限度地保障了用户用电需求。据介绍,深圳供电局实施了配网故障自愈项目,配网故障后,传统模式下需人工前往现场进行排查处置,耗时数小时甚至1天,而自愈功能可在1分钟内完成用户快速复电,用户停电时间大幅降低。

(资料来源:https://baijiahao.baidu.com/s?id=1675534297459926892&wfr=spider&for=pc)

机器人本体、无人机加载不同功能模块的摄像头、传感器、自动控制模块等,在5G网络支持下,拥有广阔的应用前景和用途,除上述社区巡逻、线路巡检以外,还能在以下场合得到广泛应用。

- 森林野生动植物保护,可以采用"固定位置无线摄像仪+5G无人机巡逻"的方式,对野外重点动植物实行全面监控。
- 森林灭火,森林火灾扑灭之后,需要对灰烬和火星进行不断的巡逻以防止复燃,这时无人机能够比人工更快速完成巡视及火苗扑灭工作。
- 在矿井、隧道、溶洞等一些不适合人长期工作、容易发生危险的场合,通过机器人自动巡检,能够减轻人们工作负担,避免出现危险。
- 在火山、峡谷、深海等科考中,能够发挥巨大作用。

6.2.2 自动驾驶

在我们的生活中,衣食住行构成了生活的基本元素,当前出行或者运输基本上离不开车、船、飞机等常见的运输工具。在运输领域,运输能力一方面受限于速度,另一方面也受限于驾驶员的能力和精力。例如,尽管火车和飞机在一定程度上取代了公路货运,但是以载货汽车为主的公路运输是一种机动灵活、简捷方便的运输方式。在短途货物集散运转上,它比铁路、航空运输具有更大的优越性,蔬菜、水果、粮食等一些物资的运输仍然以公路货运为主,然而随着经济的发展,载货汽车的驾驶员却越来越短缺(具体原因这里不讨论),尤其是长途、半长途货运司机的短缺成为制约公路货运的瓶颈,无人驾驶货车成为不少物流公司关注的焦点。

1. 自动驾驶汽车

自动驾驶分为不同的级别,国际上采用了L1~L5,我国采用等级0~5,如表6-4所示。事实上当前普通道路上L5级别的无人驾驶(无论是货车还是其他)还没有实现,但是基本上已经可以在专门道路或者封闭环境内实现自动驾驶、L3级别的无人驾驶。

表6-4 2020年我国出台的《汽车驾驶自动化分级》

自动化等级	名 称	车辆横向和纵向运动控制	目标和事件探测与响应	动态驾驶任务接管	设计运行条件
等级0	应急辅助	驾驶员	驾驶员及系统	驾驶员	有限制
等级1	部分驾驶辅助	驾驶员和系统	驾驶员及系统	驾驶员	有限制

续表

自动化等级	名　称	车辆横向和纵向运动控制	目标和事件探测与响应	动态驾驶任务接管	设计运行条件
等级 2	组合驾驶辅助	系统	驾驶员及系统	驾驶员	有限制
等级 3	有条件自动驾驶	系统	系统	动态驾驶任务接管用户（接管后成为驾驶员）	有限制
等级 4	高度自动驾驶	系统	系统	系统	有限制
等级 5	完全自动驾驶	系统	系统	系统	无限制

注：无限制排除商业和法规因素等限制。

自动驾驶汽车是智能汽车的一种，从一定角度上也可以称为轮式移动机器人。2015 年起，我国开始将自动驾驶技术发展纳入国家顶层规划中，以求抢占汽车产业转型先机，强化国家竞争实力。2015—2020 年，中国无人驾驶汽车相关政策密集出台，关注点从智能网联汽车细化至无人驾驶汽车。2020 年年初，国家相继出台《智能汽车创新发展战略》与《汽车驾驶自动化分级》两项方案，进一步明确自动驾驶战略地位与未来发展方向。毫无疑问，自动驾驶技术市场前景巨大。

自动驾驶主要技术包含两个方面：一方面是单车 AI；另一方面是网络指挥调度，即基于网络的云端 AI。

显然自动驾驶车辆网络系统必须是移动通信网络，早期由于数据传输速度和高延迟（4G 在高于 60km/h 的速度下，刹车反应距离大于 10m）的限制，大部分厂商研究的自动驾驶技术，都是基于单车的自动驾驶，主要依靠传感器、雷达和摄像头等信息输入，通过人工智能技术进行决策，单车在一定程度上可以实现自动驾驶。5G 技术给自动驾驶带来了新契机，即高速数据传输速度，尤其是低延迟（在高于 60km/h 的速度下，刹车反应距离小于 1m），汽车整体反应速度甚至优于 F1 赛车手。因此，现在的自动驾驶技术主要采用了单车 AI+5G 精准定位混合 AI 控制模式，自动驾驶能力显著提升。

📎 阅读资料：轻舟智航

北京轻舟智航科技有限公司尽管是一个 2019 年才刚成立的公司，但其背景深厚，是若干个传统汽车企业联合起来集中研发自动驾驶的公司，因此公司在自动驾驶领域发展迅速。截至 2021 年 3 月，轻舟智航部署的龙舟 ONE 已在多个城市落地，是目前布局城市最多的公开道路无人公交项目。2020 年已在苏州、深圳、武汉等多个城市落地，并在苏州启动全国首个常态化运营的 5G 无人公交项目，在深圳推出全国首张无人公交月卡。今年（2021 年）还将推出全国首个无人驾驶共享网约巴士。

2020 年 12 月 29 日，深圳坪山区推出了全国首张无人公交月卡，持有月卡的市民可乘坐深圳首条微循环无人公交线路进行日常通勤。在深圳坪山站附近有通勤需求的市民均可报名"早鸟计划"，免费申领月卡。该无人公交服务由轻舟智航部署，应用的车型是其推出的龙舟 ONE，也被称为轻舟无人小巴。作为深圳首条微循环无人公交线路，它总长约 5km，沿途设置了 10 个站点，贯穿了深圳坪山站周边居民区、学校、剧院、公园和办公区等核心地点。这条无人公交线路的开通，满足了周边市民的短途出行刚需，解决"最后三公里"出行难题。

（资料来源：https://baike.baidu.com/item/%E8%BD%BB%E8%88%9F%E6%99%BA%E8%88%AA/24619684?fr=aladdin）

2. 智慧矿山

5G+自动驾驶技术在各个国家都广受重视，其不仅会给运输市场带来巨大变化，同时因为5G+自动驾驶技术是一项科技含量高、综合性的项目，很容易带动其他行业发展，如该技术在智慧矿山方面的应用。

众所周知，矿产能够为一个国家或地方提供良好的经济发展支持，但是这种经济利益获取却是建立在矿工的身心痛苦之上。以煤矿为例，即使在经济高度发达的今天，煤仍然是大多数国家的重要能源，而煤矿工作人员，尤其是井下工作人员，工作环境恶劣（大多数煤矿阴暗、潮湿且空气中含有瓦斯等有害气体）、危险系数大、精神压力大，这是煤矿井下工作人员不可避免的。

不考虑爆破，我们可以简单地将矿山企业的生产过程分为两个阶段：采掘和运输。随着机械化发展，采掘一般使用大型掘进机、刮板输送机等；运输在井下通过输送带来完成，露天部分采用输送带，部分采用卡车。目前大部分矿井井下还不具备5G工业物联网，大部分采用4G技术，制约了采掘部分无人化。随着5G和自动驾驶技术发展，在井下、矿场等场所，无人化智慧矿山具有广阔的应用前景。

阅读资料：智慧矿山

洛钼集团三道庄矿区早在2017年就已经在国内率先运用无人采矿设备，但是之前采用的是4G通信网络，延时较长，远程操作画面较实际生产作业滞后较多，不能发挥远程遥控的优势。在江西首批5G基站落户城门山铜矿后，积极开展5G与矿业的融合，不断优化矿用车联网平台的智能驾驶系统，利用5G网络低时延、高速率、高可靠性的特点，积极推进采矿设备智能化基础改造，实现控制精度达到厘米级的无人驾驶矿用卡车。城门山铜矿是我国首家使用无人驾驶矿用车的有色露天矿山。矿车具有无人行驶、智能避障等功能，并实现与全球首台大马力5G远程遥控推土机的联合作业。

2019年11月，河南能源焦煤公司与中国移动签订了5G战略合作协议，这意味着河南省第1个基于5G+的无人矿山项目正式落户。该项目计划使用10台钻机、13台挖掘机和60台矿用卡车实现远程控制或者无人驾驶，将使露天矿区铲、装、运工序全部无人化，极大地提高生产效率和安全性，达到智慧矿山的要求。但是目前在井下能够使用的5G设备还比较缺乏，应用场景也比较少。

5G技术发展带来高速、低延迟、批量接入的移动网络变换，不仅是技术改变，更给人们的生活带来了不少变化。5G广泛开通和使用，正如高速公路、高铁等基础设施变化一样，日益改变着人们的生活，除了上述详细阐述的应用案例之外，5G至少还在以下方面得以广泛应用。

- 虚拟现实（VR）与增强现实（AR）这种能够彻底颠覆传统人机交互的变革性技术。

- 超高清视频和低延迟给予远程无线医疗更好的支持，即使在野外，也能够迅速救助指导，开展远程手术等。
- 车联网，不仅用于自动驾驶，也用于汽车多媒体。
- 在智能制造领域，更好地支持工业机器人完成协同制造，更精准地控制系统。同时由于5G支持更多传感器同时接入，使得工业物联网技术得以快速发展，越来越多设备能够同时接入网络。
- 在智慧能源领域，从能源原材料获取到电力输送、巡检。
- 无线家庭娱乐，能够满足人们对美好生活的向往，也能够推动智能家居的发展，并且更安全、更便捷。
- 5G+无人机，解决了无人机视频数据传输和操作的问题，前景广阔。
- 5G+社交网络突破了传统社交模式，开启以虚拟现实和增强现实为基础的社交模式。
- 5G+AI将产生巨大的飞跃，促使AI技术在生活中得到广泛应用。
- 在城市管理方面，基于完备5G网络能够建设良好的指挥系统、应急系统、安全系统等智慧城市管理系统，能够全面提升城市居民的生活水平。
- 将促进可穿戴设备——超高清穿戴摄像机、AR设备等的发展。

综合训练电子活页

1. 结合项目6的内容，举例说明学过的无线通信方式有哪些。如果有可能，请说明优缺点及各自的应用场景。

2. 如果条件允许，体验一下5G高清直播、高速视频下载。

项目6 综合训练
电子活页.docx

项目 7　流程自动化与智能工厂

📖 **导学资料：劳动分工、流水线作业和劳动工具**

1. 别针和劳动分工

关于别针的制作，亚当·斯密在《国富论》中举过一个例子：首先，我们假设别针的生产过程完全由一个劳动者完成，如果这个人没有受过专业训练，又只使用一些简单的机械，那么纵使竭尽全力，也许一天也做不出一枚别针，充其量能做 20 枚。即使经过一段时间的熟悉，一个人一天也做不出 200 枚。

但是，假如一个人抽铁线，一个人拉直，一个人切截，一个人削尖线的一端，一个人磨另一端，以便装上圆头，同时把圆头的制作也分解成不同的步骤，这样把别针的制造分为 18 个操作步骤。有些人设立了这样的工厂，这 18 种操作，分由 18 个专门工人担任，有时也一个人兼任二三个操作，不一定正好 18 个人。这样一个小工厂的工人，他们如果勤勉努力，一日也能成针 12 磅（约为 5.44 千克）。按照每磅中等别针有四千枚计，这样十几个工人一天可以制造 4.8 万枚中等别针，也就是一人一天可以制作别针 4800 枚。

斯密通过这个简单的案例，充分说明了劳动分工的重要性：都是简单的工具，相同熟练度的工人，通过劳动分工，可以十倍甚至百倍地提升工作效率，制造出更多的产品。

2. 福特和流水线作业

汽车的零部件都是由不同的企业生产的，而汽车企业负责把这些零部件装配到一起。在流水线作业被应用之前，汽车工业完全是手工作坊，在 20 世纪初期每装配一辆汽车需要 728 个人工小时，当时一个汽车企业的年产量大约为 12 辆，很显然汽车的劳动生产率非常低下，这造成了汽车的价值超高。与此同时，这一速度远不能满足巨大的消费市场的需求，造成了汽车奇货可居，所以使汽车成为富人的象征。

1913 年，福特应用创新理念和反向思维的逻辑，创造性地在汽车组装中应用流水线作业的方式：汽车底盘在传送带上以一定速度从一端向另一端前行，在前行的过程中逐步装上发动机、操控系统、车厢、方向盘、仪表、车灯、车窗玻璃、车轮，从而完成一辆完整的汽车组装，第一条流水线使每辆汽车的生产效率提高了 8 倍。

福特的流水线作业具有划时代的意义，大大提高了现代制造业的效率，被迅速推广应用到其他产业、行业中。

3. 劳动工具

现在，别针的生产已经成为一个简单的机械化制造过程，人们已经设计了相应的机械设备来代替原来的工序。在原材料充足的情况下，采用现代化的设备和工具，一个人一天可以制造生产数以万计的别针，劳动效率近乎无限放大。

而汽车生产线也成为新一代信息技术和智能制造结合的典范：截至 2018 年，一个典型的现代化汽车生产企业的装配车间可以实现"5 个 100% 自动化"，即冲压车间采用全自动模块冲压生产线，金属板件生产自动化率达到 100%；车身车间全部采用智能焊接，全部采用焊接机器人，实现 100% 焊接自动化率；涂装车间应用环保工艺及自动喷涂设备，喷涂自动化率高达 100%；总装车间采用混线生产体系，实现 100% 车型互换的交叉生产，重量超过三千克的部品，全部由机器人辅助安装；发动机车间采用多机型的混线生产体系，机械加工自动化率达到 100%。随着装配车间的自动化程度不断提升，汽车生产装配效率越来越高，汽车的价格也越来越便宜，汽车成为千家万户的日用品。

"产品"价值是由生产该产品的单位时间决定的，单位时间内生产越多的产品，意味着成本越低，利润越高。企业对利润的追求，迫使企业不断应用最新的工具和方法进行加工、生产、制造。新一代信息技术是智能制造的技术支撑，而智能制造则是新一代信息技术充分应用的最佳场景。在智慧工厂，新一代信息技术和智能制造技术不断融合、交替发展。现代产品生产过程中，不仅大量采用机器人、自动化设备，同时也增加了大量设备诊断、产品质量监控芯片和软件，使生产过程越来越智能化，产品质量不断得到提升。

为了更好地了解智能制造技术和理念，我们需要设计一个案例来进行展示。显然，对于现代化制造技术和设备而言，别针的制造太过于简单了，一台自动化设备可以实现全部工序，在原材料充足的情况下，完全抵得上亚当·斯密时代一个小工厂。而汽车装配线则过于复杂和专业，在有限的篇幅中难以表述清楚。

任务 1 设计一条自动生产线

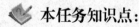 **本任务知识点：**

- 工业设计的基本概念和作用
- 机械自动化和智能制造
- 流水线、全自动生产线
- 机器人和工业机器人

项目7 流程自动 项目7 流程自动化
化与智能工厂.pptx 与智能工厂1.mp4

假设小 C 同学毕业后，来到了阿尔法公司，阿尔法公司主要是开发、生产、销售一种矿泉水，我们的小 C 同学需要具备哪些知识，要怎么做？首先让我们了解一下矿泉水的生产过程，看一下小 C 同学能够承担哪些工作，并如何融入公司中。

7.1.1　工业设计

假如我们要喝一杯水，那么只需要拿着杯子到水龙头下接到自己想要的、合适的水即可。但是如果要生产出一瓶矿泉水用于市场销售，其过程就不是随便拿一个瓶子到自来水龙头下接满那么简单，我们需要对原材料、生产过程、包装和企业形象进行整体设计，这个设计过程就称为工业设计过程。好在对于矿泉水生产而言，原料相对简单，我们只需要瓶子（含瓶盖、标签）和水即可。矿泉水生产，是用瓶子灌水、贴标签、包装过程。下面我们重点讨论一下阿尔法公司工业设计与生产线设计。

1. 工业设计的起源和理解

1919 年，美国一名叫西奈尔的设计师开设了一间自己的事务所，并在事务所的信封上印上了"工业设计"的字样，"工业设计"一词开始出现并使用。

1957 年，为了提升工业设计的品质，国际工业设计协会（International Council of Societies of Industrial Design，ICSID）正式成立。

1980 年，国际工业设计协会巴黎年会将工业设计的定义修正为："就批量生产的工业产品而言，凭借训练、技术知识、经验及视觉感受而赋予材料、结构、形态、色彩、表面加工及装饰以新的品质和资格，叫作工业设计。"

2015 年，在第 29 届国际工业设计协会年度代表大会上，沿用近 60 年的"国际工业设计协会"正式改名为"世界设计组织"。会上世界设计组织发布了工业设计的最新定义："工业设计旨在引导创新、促发商业成功及提供更好质量的生活，是一种将策略性解决问题的过程应用于产品、系统、服务及体验的设计活动。它是一种跨学科的专业，将创新、技术、商业、研究及消费者紧密联系在一起，共同进行创造性活动，并将需解决的问题、提出的解决方案进行可视化，重新解构问题，并将其作为建立更好的产品、系统、服务、体验或商业网络的机会，提供新的价值以及竞争优势。工业设计是通过其输出物对社会、经济、环境及伦理方面问题的回应，旨在创造一个更好的世界。"

按照工业设计的概念，阿尔法公司将矿泉水的工业设计分为企业形象（企业战略）设计、产品设计、生产制造设计三个部分。

1）企业形象设计

企业形象设计是区别不同企业的基础，是一个企业能不能长期生存、发展、壮大的关键，一些大型企业发展到一定阶段，都非常注重企业形象的打造与维护。企业形象与企业生产经营过程中所有相关因素有关（如企业文化、企业管理方法、企业性质、用户定位等），企业形象需要进行专门的分析与设计，并通过统一的视觉元素（如颜色、形状等）来逐步形成在消费者或者行业中独一无二的形象，并通过企业形象来谋求获得有相同喜好的消费者的青睐和认同。现在随着市场竞争的激化，许多企业在设立之初就着力于打造自身的形象，并作为进入市场、获取竞争优势的重要手段，企业形象的好坏关系着企业长久的经济效益。

关于企业形象设计，需要专门的知识理论体系，与本门课程试图讲述的知识关系不大，因此这里直接假设阿尔法公司已经请专业公司做好了形象设计：矿泉水市场竞争很激烈，也不存在技术门槛，因此为了满足市场营利需要，产品的市场定位不同于普通矿泉水，强调水源地和营养均衡，主要通过提高效率，降低生产成本。着力打造干净、高效、实用的企业形象。

2）产品设计

企业通过形象设计，完成战略决策，确定了产品定位、市场定位，即进入了产品设计阶段。产品设计是一门专门的学科，包括外观设计、包装设计、材质设计等内容，是艺术与科技的平衡，同时更是商业、用户和技术的平衡。创新在产品设计中贯穿始终，除了一些标准件之外，每个企业都尽力争取自己的产品在宣传上与众不同。通过产品设计，将市场定位、用户、应用环境、原材料、外观、色彩、肌理、生产成本、技术等因素进行综合，通过创新或者二次创新，整合形成符合自己习惯的产品，最终形成一个平衡诸多因素的立体产物。良好的产品设计是成功的基础，也是推动产品销售发展重要因素之一。历史不乏大量有趣的案例。

阅读资料：可口可乐弧形瓶

外观设计中的一个经典案例即可口可乐弧形瓶的设计，据说设计者罗特在一个偶然集会中，从女朋友的裙子获取灵感，然后设计出更容易、更方便持有的弧形瓶，并且注册了外观专利，如图7-1所示。且不论这个故事的真假，1923年，可口可乐公司的确是以550万美元的价格收购了罗特的这一专利。国内也有很多通过包装设计改变销量的故事，尤其国内对产品的包装比较重视，小罐茶就是一个典型的成功案例（这里不再赘述小罐茶的商业成功事迹，感兴趣的读者可以到网上搜寻相关资料）。

如何利用信息技术，结合专业实现外观设计和包装设计，这里我们也不做详细介绍。这里我们假定阿尔法公司已经完成了产品设计：采用普通的、通用的、塑料材质的瓶子作为外包，同时已经完成了标签的设计和印刷，产品规格为标准的500mL。之所以都采用市场上常见的、通用的塑料作为原材料，如图7-2所示，是因为在一个企业的初始阶段，这样才能最大化降低成本，只有达到了可口可乐、农夫山泉、娃哈哈等这样的规模，才能实现向专门的供货商来定制特色原材料。

图7-1　经典可口可乐瓶

图7-2　通用的矿泉水瓶

3）生产制造设计

完成了企业战略设计、产品设计，接下来要把产品生产、制造出来。在这个阶段，我们对要生产什么样的产品、用什么生产已经比较清楚，主要是解决如何生产的问题。这一阶段也是工业设计最困难、最具有挑战性的阶段，牵涉的知识面比较广泛，并且一旦设计完成、按照设计实施之后，就产生了巨大的投资，再没有后悔的机会。大部分生产制造企业，一旦一条生产线投产之后，如果发现生产线有问题，基本上就成为企业的硬伤。企业生产线的设计牵涉机械、自动化控制、信息技术等多个方面。

自动化灌装生产线发展至今已经比较成熟：在 2015 年，中粮集团建设的可口可乐全自动高速灌装生产线每分钟可灌装 1000 瓶左右的碳酸饮料或 800 瓶矿泉水，一些公司最新的矿泉水灌装生产线每分钟已经可灌装超过 1000 瓶。接下来我们通过认识全自动化灌装生产线，了解新一代信息技术如何和智能制造技术结合，从而提高效率，提升企业竞争力。通过参考可口可乐、恒大山泉、农夫山泉等相关行业龙头企业的生产过程，我们可以把塑料瓶矿泉水全自动生产线分为表 7-1 列出的生产过程。

表 7-1　全自动灌装生产线

工艺流程	实现的主要功能	主要设备
制瓶	根据产品需求，制作符合客户、市场需求的不同规格、不同形状的塑料瓶	吹瓶机
灌装	将经过净化、过滤之后符合饮用标准的水，灌装到空瓶中。灌装结束之后，自动完成封盖工序	灌装机
贴标	给合格的矿泉水贴上标签，一瓶合格的矿泉水就产生了	贴标机
包装	对生产好的矿泉水进行打包，并送入托盘，以便于运输	打包机

当然，制瓶这一步也可直接采用成品空瓶，由送瓶机械送入灌装机，但这样会产生额外的运输、装卸、协同生产成本，因此追求极致利润的厂商一般都会从更原始的瓶坯开始，根据生产要求自己完成吹瓶，以节省运输成本。

图 7-3～图 7-6 展示了相关设备。

图 7-3　吹瓶机

图 7-4　灌装机

图 7-5　贴标机

图 7-6　打包机

至此，我们对矿泉水自动灌装生产线的主要设备进行了初步认识，既然是生产线，还需要一个重要的设备，即传输带（或者叫输送带、传送带）。一般来说，传送带需要根据生产现场进行单独设计制作，传送带通过控制电机转速，可以实现快慢控制，从而对整个生产线的生产速度进行自动调整。例如，在前面提到的塑料瓶饮料生产线上，在将塑料瓶送至灌装机阶段，由于速度比较快，且塑料瓶的重量又比较轻，一些企业采用了空气动力高速传输的方式。而当灌装完成之后，则采用机械传输方式，并且采用多条分支并行的方式降低速度（即一台灌装机对接多个贴标机和打包机，因为灌装机可以实现多瓶同时灌装）。

2. 机械自动化

无论是一个别针的生产，还是复杂的矿泉水自动灌装生产线，人们都在不断地使用自动化生产设备来取代枯燥的劳动生产过程。史载建兴九年至十二年（231—234 年），诸葛亮在北伐时曾经设计了"木牛流马"，以便于适应山地运输粮草，其载重量为"一岁粮"，大约 400 斤，这是当时一种比较先进的木制"机械设备"。而在瓦特发明蒸汽机之后，人类对于机械自动化的研究进入了一个繁盛时期，在进入电力时代以后，更有大量自动化机械被发明创造出来，标准化、流程化的工艺都由机器取代，人类进入机械化时代。

尽管全自动灌装生产线的四个主要自动化机械设备（吹瓶机、灌装机、贴标机、打包机）在外形、功能、重量、作用上有很大不同，但是它们也有相同之处：从逻辑结构上说，可以分为三大部分：机械部分（包括功能实现装置和驱动装置）、控制部分和人机交互部分。同样，大部分现代化工厂的自动化机械也包括这三部分，一些特殊的自动化机械根据需求可能会额外增加一些零部件和功能。

1）机械部分

机械部分主要是根据功能不同，来设计不同机械装置以达到相应的目的。例如，吹瓶机需要对瓶坯加热到一定温度之后，放置到模具中，吹入空气以得到想要的形状。加热装置、模具、吹气装置、内部传输装置等，都是机械装设计发明的内容；同样，灌装设备尽管与吹瓶机不同，但是也需要设计灌装喷头等装置，尤其是为了提升灌装效率，现在灌装喷头一般都是高压喷头，这样能够快速高效完成灌装工序。

2）控制部分

无论是吹气装置还是喷灌装置，都需要控制吹气或者出水的时间和数量，包括驱动设备需要和机械设备同步配合，来完成整个工作过程。在现代化机械设备中，一般都采用可编程逻辑控制器（programmable logic controller，PLC）作为控制部分，如图 7-7 所示，来实现对机械部件进行控制，从而使多个独立机械零部件协作，完成一道复杂工序。

图 7-7　某品牌的国产 PLC

可编程逻辑控制器从逻辑结构上来说，其实是一台计算机。具有微处理器（CPU）且用于自动化控制的数字运算控制器，可以将控制指令随时载入内存进行储存与执行。PLC 主要由 CPU、指令及数据内存、输入/输出接口、电源、数字模拟转换等功能单元组成。

相对于普通计算机而言，PLC 更具有稳定性，适应机械设备 24 小时不停机的工作方式，并且在扩展性和可靠性方面具有独特优势，从而能够应用于各类工业控制领域。PLC 主要提供了丰富的通信接口，能够将模拟信号转变为光电信号，从而通过数据改变实现对机械装置的控制。这样就能够将机械工作过程转变为程序设计过程，在机械装置设计完成的基础上，人们只需要对 PLC 进行编程，就可以对机械装置进行调试，这大大减少了生产线的安装、调试、调整工作。图 7-8 给出了 PLC 的基本结构。

例如，在矿泉水灌装生产线中，如果要调整灌装的速度，或者要改变每次灌装的量（比如从 500mL 改为市场上流行的 330mL），不需要对机械设备进行调整，只需要改变 PLC 的参数，对其内部程序产生影响即可。PLC 技术的应用，使信息技术、自动化控制、机械设计加工不断融合，从而共同形成了现代机械自动化技术。

3）人机交互部分

显而易见，对 PLC 进行编程以达到控制机械装置的目的，这种操作对于普通的工厂维护人员而言过于专业了。因此，还需要能够有一种简单的方式，让普通维护人员也能

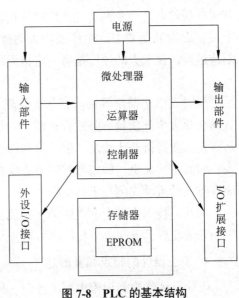

图 7-8　PLC 的基本结构

173

够直接进行一些简单设置，以便于生产线进行不同规格产品生产。通常情况下，自动化设备厂商会安装一台计算机，并设计好人机交互界面，这样只需要操作计算机，即可完成对生产线中设备的一些微调。一般来说，我们把完成这个功能的计算机叫作"工控机"，主机和界面如图 7-9 和图 7-10 所示。

图 7-9　国内某品牌工控机

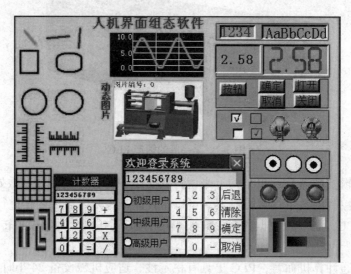

图 7-10　某工控机操作界面

3. 全自动生产线小结

要实现如此快的生产速度，一是通过流水线作业来提升效率，在前文导读资料中我们已经提到，可以通过将一个产品的生产过程分解为若干个流程，采用流水线作业的方式提高效率。当今制造企业广泛采用的生产线，就是流水线作业的一种实现。另外一个关键因素就是要去除生产线中人为操作流程，采用自动化机器设备来完成整个生产制造过程，显然人的速度是有一定极限的，而通过全部机械化的生产线，则能大幅提升效率。

同时人由于情绪等原因，如果长期从事一项流水线工作，可能很快会产生厌倦感，从而会导致生产质量下降或者离职。例如，最为典型的像一些大型电子代工厂，尽管流水线上从业者待遇比较高，但是这些岗位人员流动性很大，并且大部分人不愿意为多收入一些而主动加班。即使像呼叫中心这样工作环境很好的岗位，也因为内容太过于单调，而导致人员流动比例高于其他行业。

因此，技术人员会一直致力于用机器来取代人，这也就导致了工业机器人产业的诞生和繁荣发展，下一小节我们将着重介绍这部分相关内容。

4. 工业设计的特点和发展趋势

工业设计作为知识密集型服务业、科技型服务业、生产性服务业中的一个分类，集聚了三类服务业的特征。

（1）高中间性。作为生产性服务业——社会专业化分工下的产物，是被制造业用于生产产品时以中间投入形式来消费的，其消费主体是制造业而非普通居民，不是最终消费，因此它是具有高中间性的。

（2）高知识性。作为知识性密集产业，其主要的生产要素为人。工业设计的性质就是将不同学科知识进行集聚，从而通过不同知识之间的碰撞，激发出新火花，从而形成新产品。

（3）高创新性。科技投入、知识集聚带来的一定是各个层面的"新"，突破现有技术、突破产品固有思维、突破传统营销方式，工业设计通过集聚新技术、新材料、新理念，将创新灌注于产品从无到有的各个阶段，生产出让消费者耳目一新的产品，因此它是具有高创新性的。

（4）高文化性。产品竞争最终是文化竞争。文化如何在产品上得以体现？工业设计就是产品与文化之间的重要桥梁，它将文化赋予产品，让产品散发独特的个性。

（5）高附加值。工业设计所能创造的并不仅是产品外观，它更能通过革新产品在消费者脑中根深蒂固的想法，来挖掘消费者需求，引领消费方向，从而在市场占有主导地位。通过微小的变化，为企业赢得丰硕的收益，因此工业设计的价值无法用设计服务收入衡量，其价值主要载体是产品。

工业设计涉及领域较多，并且需要有丰富的行业产业经验，在一开始并不受到重视。现在已经发展成一门涉及多领域、交叉融合的学科，随着新一代信息技术的发展，人们越来越意识到工业设计的重要性。同时随着社会信息化程度的加深和新一代信息技术的充分应用，工业设计的准确性越来越重要，工业设计必将大放光彩。

7.1.2　工业机器人用于生产线改造升级

在 7.1.1 小节中熟悉了阿尔法公司矿泉水全自动化灌装生产线的设计，能够实现快速的矿泉水灌装，现在让我们来检查一下这条生产线是否存在问题，并且如何解决这些问题。

第一，当吹瓶机完成吹瓶工作之后，在进行灌装之前，所吹制的瓶子是否存在瑕疵？吹瓶机所用的原材料是瓶坯，瓶坯在运输、使用的过程中会不会产生灰尘、碎屑？

第二，从理论上来说，灌装机的原料是矿泉水，通过过滤、消毒等步骤，不会存在有杂质或者沉淀物等现象，但是一旦灌装机使用年限过长，或者某步操作不当，导致产生杂质，这些含有杂质的成品，一旦流入市场，即使数量很少也会对企业形象造成巨大影响，甚至会导致企业倒闭。另外，灌装数量会不会不均匀，如何避免这些情况？

第三，贴标机会不会将标签贴歪？如何确保这些机器一起长久、准确地工作？

事实上，这些问题一直存在，可口可乐等企业在早些年间基本上都是采用抽样检测的方式，由专门的质量检测人员对不同批次的产品进行抽检。部分药品、食品加工企业，不得不安排专门的人在生产线上进行检验，但是这样不可避免带来相应的问题：一是检测不全面，会导致部分不合格产品流入市场；二是检测人员进入生产车间，人的毛发、皮屑等物体使车间卫生更难以把控；三是检测工作单一，而且一些光源对人眼会造成伤害，造成大量劳动力浪费。产品质量控制和检测一直是企业头疼的问题，如何及时地发现问题并加以改正，是所有生产者都面临的问题。通过不断研究和新一代信息技术的发展，越来越多的生产线采用工业机器人来进行产品检测。

1. 工业机器人简介

对于工业机器人的定义，不同国家和组织有所不同，常见的定义有以下几种。

美国工业机器人协会（RIA）：机器人是设计用来搬运物料、部件、工具或专门装置的可重复编程的多功能操作器，并可通过改变程序的方法来完成各种不同任务。

日本工业机器人协会（JIRA）：一种装备有记忆装置和末端执行器的，能够完成各种移动来代替人类劳动的通用机器。

德国标准（VDI）：具有多自由度的、能进行各种动作的自动机器，它的动作是可以顺序控制的、轴的关节角度或轨迹可以不靠机械调节，而由程序或传感器加以控制。工业机器人具有执行器、工具及制造用的辅助工具，可以完成材料搬运和制造等操作。

国际标准化组织（ISO）：一种能自动控制，可重复编程，多功能、多自由度的操作机，能搬运材料、工件或操持工具，完成各种作业。

目前，国际上对 ISO 所下的工业机器人的定义比较认可，大家可以对各种定义进行比较，以加深对工业机器人的理解。

通俗来说，我们可以认为工业机器人的目的是模拟人在生产制造中的行为，从而取代人来完成生产线上的工作，提高生产效率。在实际生产加工制造过程中，人通过眼睛观察来掌握信息，然后大脑根据信息做出判断，并控制手来完成相应的工作。在前面介绍的自动化机械中，把一些用人手来完成的工作，改由专门设计的机械装置来完成，并且有一定的控制系统进行控制。比如，灌装机通过喷头向空瓶灌注，需要知道瓶子所在的位置和灌注液体的数量，这些可以通过自动控制方式来实现，也可以通过传感器、工业相机等元器件来监测和改进。传感器、工业相机相当于人的眼睛、皮肤等信息获取系统，通过增加智能传感元器件，增加相应模块，一些自动化机械设备逐步发展演化成为工业机器人。

需要特别指出的是：工业机器人为了适合工业（或者是农业）生产，其外形设计大部分不是人形，而是如图 7-11 所示的机械臂，这是企业生产线最常见的工业机器人。而如图 7-12 所示的自动分拣机器人，为了便于运输，设计成带托盘的椭圆形。只有一些用于教育、娱乐、餐饮等行业的机器人，才设计成人形，如图 7-13 所示。

除了个别特殊场景以外，工业机器人也包括硬件部分和软件部分，硬件部分组成主要包括本体，即机械部分和传感、控制部分。工业机器人是一个复杂的集成系统，涉及多个学科门类，一般来说，可以从机械结构系统、驱动系统、感知系统、控制系统和交互系统等方面来了解具体构成。

图 7-11　机械臂

图 7-12　自动分拣机器人

图 7-13　娱乐、动漫、科普、教育等行业常见的人形机器人

1）机械结构系统

为了完成不同工序上的不同任务，工业机器人需要不同的机械装置，如图 7-14 所示，根据实现的功能不同，码垛机器人和焊接机器人的机械设计差异很大。在工业机器人中，根据生产线特征，以机械臂＋机械手形式的工业机器人数量最多，但是也有很多特殊外形的工业机器人。例如，图 7-12 所示的自动分拣机器人是为了更方便分拣、分类、输送不同的快递，设计成圆盘形；家用扫地机器人也设计成圆盘形以便于适应不同地形。

图 7-14　码垛机器人和焊接机器人

根据自身是否可移动，机器人分为固定式和自行走机器人，工业机器人一般都是固定在生产线上，因此工业机器人一般不考虑自行走问题。自行走机器人一般用于餐饮服务、科学探险、安全巡查、家庭娱乐等，自行走机器人的机械设计过程，还需要考虑动力装置。

由此可见，无论是工业机器人还是其他用途的机器人，机械部分设计和实现是机器人完成各项工作的基础。机械部分设计也是当前研究的一个重点领域，是一个专门的学科，包括了几何学、自动化控制、机械加工、材料学、机械动力学等方面内容。通过图 7-14 我们也可以看出，尽管码垛机器人和焊接机器人在机械手部分差距很大，但是在机械臂部分有相似之处，机械臂是工业机器人中最常见的形式，通常采用一个机械臂配置多个特殊形态的机械手的方式，来适应生产线上不同工艺需求。另外，在一条生产线上会有多个机器人共同协作完成一件产品的生产，在机械手设计过程中，也需要考虑机器人协同工作的问题。

2）驱动系统

无论是自行走机器人还是机械臂，都需要设计一个驱动系统提供动力，驱使机械装置完成相应的工作，由于大部分机器人都是多个部位可动，因此需要多个动力装置共同构成一个动力系统，以实现机器人灵活运动的目的。由于机器人的动力比较复杂，逐步发展成了机器人动力学这样一个单独的学科。根据动力源不同，驱动系统的传动方式分为液压驱动、气压驱动、电气驱动和机械驱动四种，机械驱动比较传统且基本上不用，这里重点介绍液压驱动、气压驱动和电气驱动三种驱动模式。

液压驱动是出现比较早的一种驱动方式，不仅在工业机器人领域使用，同时也在很多大型机械上广泛应用。液压系统相对比较成熟，并且能够产生比较大的功率，因此在一些大型重载机器人、并联加工机器人和一些特殊应用场合，当前仍然大规模地采用液压机器人。但是由于液压系统构成的特殊性，存在容易泄露、有噪声和低速不稳定等问题，这些也制约了液压驱动工业机器人的进一步发展。与电气驱动、气压驱动相比较，液压驱动具备灵敏度高、精度高等特点，仍然具备广泛的应用前景。图 7-15 展示了相关设备。

图 7-15　液压泵、气动手指和电机

气压驱动是以空气压缩机为动力源，以压缩空气为工作介质，进行能量传递和信息传递。气压驱动具有高速高效、清洁安全、低成本、易维护、维修方便、价格低等优点，被广泛应用于轻工业生产线中，尤其是在食品生产、加工、包装过程中，发挥越来越重要的作用。但是气压装置的工作压强低，不易精确定位，一般仅用于工业机器人末端执行器的驱动。气动手指、旋转气缸和气动吸盘作为末端执行器，可用于中、小负荷的工件抓取和装配。

目前工业机器人使用最多的驱动方式就是电气驱动，与其他驱动方式相比较，其特点是使用方便、响应快、驱动力较大。并且电机的控制比较容易，在信号检测、传递、处理上比液压驱动、气压驱动都方便，电气驱动的电机一般采用步进电机或伺服电机。一部分工业机器人也采用直驱电机，直驱电机具有造价高、控制复杂的特点，需要采用谐波减速器、摆线针轮减速器或者行星齿轮减速器等，增加了机器人的成本，只在并联机器人等一些场合应用。

3）感知系统

感知系统是把工业机器人与自动化设备区别开的关键。

人类的感知系统大致上可以分为视觉、听觉、味觉、触觉、嗅觉五个方面，机器人感知系统利用物联网传感芯片、光电系统、力反馈系统等来模拟人类感知系统。与人类感知系统不同的是，机器人感知系统根据场景需要，可以分为视觉感知、听觉感知、触觉感知、距离感知、位置感知、环境感知等。下面我们结合矿泉水生产线，重点介绍一下视觉感知。

在矿泉水生产线上，为了确保矿泉水最终质量合格，不仅要保证水质，还需要保证在灌装过程中无杂质、容量外观合格，这就要求在吹瓶、灌装、贴标结束后进行质量检验。通过采用工业机器人进行检验，能够实现整个灌装车间无人化，不仅能够大大加速生产，同时也能够降低生产成本，确保车间干净卫生。对于一些有特殊要求的医药行业，整个生产车间要求无菌化，通过工业机器人，大大减少了生产过程中人为因素。

为了能够识别瓶装矿泉水中是否含有杂质、包装是否合格，一般在生产线上增加灯检环节，传统生产线由人工进行灯检。通过加装带有机器视觉识别的机械手，可以代替人工灯检。其中，机器视觉识别相当于人工视觉识别系统，通过如图7-16所示的工业相机或者是工业摄像仪来实现。工业相机通过对需检测的矿泉水进行连续拍照，得到一系列图像，再运用图形图像识别和比对技术，即可检测出是否含有杂质、包装是否合格，如果有不合格产品，通过机械手臂进行进一步处理。这样由工业相机、机械手共同构成了一个检测工业机器人，完成产品检测功能。

图 7-16　工业相机龙头企业海康威视生产的智能工业相机

与普通相机相比较，智能工业相机内置了 CMOS 芯片，芯片中集成了智能图像识别、比对等程序，通过二次开发，能够有效识别产品是否合格。视觉识别技术目前在智能制造和生产中得到了广泛应用，在产品检测、分拣、印刷检验等领域应用较多，是人工智能技术的典型应用。

通过机器人感知系统，使工业机器人自身或者机器人之间能够理解和应用数据和信息，并转化为知识，提高了机器人的机动性、适应性和智能化水平。随着物联网、人工智能等相关技术不断发展，机器人的感知系统越来越丰富，准确度也越来越高，从而促使机器人相关技术发展越来越快。

4）控制系统

一个人完成一项工作，不仅需要手和眼的配合，同时也需要大脑和神经系统来进行支配和输送指令，进而使之成为一个完整的系统。机器人也一样，不仅需要感知系统来获取完成工作所需要的信息，机械系统、驱动系统来完成工作，同时还需要一个控制系统，使感知系统和机械系统协同工作，使机器人成为一个整体，如图 7-17 所示。

图 7-17 控制系统

（资料来源：https://zhuanlan.zhihu.com/p/28052497）

因此，工业机器人的控制系统会根据机器人感知系统获取信息、输入信息、预设参数，形成作业指令，支配动力系统和机械系统协作，完成规定的运动和功能。控制系统由硬件系统和软件系统组成，整个控制系统的硬件包括控制器、PLC 等，硬件的体系架构与微型计算机的体系架构类似，大部分符合冯·诺依曼体系架构（关于冯·诺依曼体系架构可参考计算机基础等相关资料），包括输入、计算、输出几个部分。核心控制芯片目前大部分采用 ARM 系列、DSP 系列、PowerPC 系列、Intel 系列等芯片。软件方面，一般大型工业机器人公司都有自己独立的开发环境和机器人编程语言，工业机器人公司完成基本控制指令的开发，终端用户在此基础上，可根据自身需求进行二次开发。

 阅读资料：控制系统所用的操作系统及常见的控制效果

如同一台计算机一样，随着工业机器人的发展，大部分工业机器人中增加了操作系统，以便于实现更多功能，近年来工业机器人常见的操作系统有以下几种。

- VxWorks：VxWorks 操作系统是美国 Wind River 公司于 1983 年设计开发的一种嵌入式实时操作系统（RTOS），是 Tornado 嵌入式开发环境的关键组成部分。

VxWorks 的特点是：高效的任务管理、灵活的任务间通信、微秒级的中断处理以及具有可裁剪微内核结构，支持 Posix1003.1b 实时扩展标准，支持多种物理介质及标准、完整的 TCP/IP 网络协议等。

- Windows CE：Windows CE 与 Windows 系列有较好的兼容性，无疑是 Windows CE 推广的一大优势。Windows CE 为建立针对掌上设备、无线设备的动态应用程序和服务提供了一种功能丰富的操作系统平台，它能在多种处理器体系结构上运行，并且通常适用于那些对内存占用空间具有一定限制的设备。

- 嵌入式 Linux：由于其源代码公开，人们可以任意修改，以满足自己的应用。其中大部分都遵从 GPL，是开放源代码和免费的。可以稍加修改后应用于用户自己的系统中。有庞大的开发人员群体，无须专门的人才，只要懂 UNIX/Linux 和 C 语言即可。支持的硬件数量庞大。嵌入式 Linux 和普通 Linux 并无本质区别，PC 上用到的硬件嵌入式 Linux 几乎都支持。而且各种硬件的驱动程序源代码都可以得到，为用户编写自己专有硬件的驱动程序带来很大方便。

- μC/OS-Ⅱ：μC/OS-Ⅱ是源代码公开的实时内核，专为嵌入式应用设计，可用于 8 位、16 位和 32 位单片机或数字信号处理器（DSP）。主要特点是开源、可移植性好、可固化、占先式内核以及具有可裁剪性、可确定性等。

- DSP/BIOS：DSP/BIOS 是 TI 公司特别为其 TMS320C6000TM、TMS320C5000TM 和 TMS320C28xTM 系列 DSP 平台所设计开发的一个尺寸可裁剪的实时多任务操作系统内核，是 TI 公司 Code Composer Studio 开发工具的组成部分之一。DSP/BIOS 主要由三部分组成，即多线程实时内核、实时分析工具、芯片支持库。利用实时操作系统开发程序，可以方便快速开发复杂的 DSP 程序。

控制系统常见的功能执行效果有以下几种。

- 控制机械臂末端执行器的运动位置（即控制末端执行器经过的点和移动路径）。
- 控制机械臂的运动姿态（即控制相邻两个活动构件的相对位置）。
- 控制运动速度（即控制末端执行器运动位置随时间变化的规律）。
- 控制运动加速度（即控制末端执行器在运动过程中的速度变化）。
- 控制机械臂中各动力关节的输出转矩（即控制对操作对象施加的作用力）。
- 具备操作方便的人机交互功能，机器人通过记忆和再现来完成规定的任务。
- 使机器人对外部环境有检测和感觉功能。工业机器人配备视觉、力觉、触觉等传感器，进行测量、识别，判断作业条件的变化。

5）交互系统

和自动化设备一样，工业机器人需要一个交互系统，与自动化机械设备相比，工业机器人的交互系统更复杂，不仅包括人机交互系统，而且还包括环境感知交互系统、协同工作系统。人机交互系统即非技术人员操控工业机器人系统，以及专业技术人员对工业机器人功能进行开发、设定、调试的相关接口；环境感知交互系统是指控制系统和感知系统的互动，是机器人自主根据感知系统来调整、变换功能；而协同工作系统是指多个机器人配合完成同一个工作时，互相之间进行信息交换与数据共享。

随着人工智能等相关技术的发展，人机交互系统越来越丰富、便捷。例如，从最普通常见的鼠标、键盘、显示器等人机交互设备，逐步增加了平板、语音控制、手势控制等形式多样、便捷的人机交互设备。人机交互越来越方便，微软小冰、小米小艾、百度小度等等，都能够进行一些简单的人机交互。

工业机器人的人机交互系统与普通的人机交互系统相似，是人与工业机器人进行信息交换的接口。例如，工控机的输入/输出设备、平板或手持设备、信号报警器、状态显示装置、紧急控制装置等，如图7-18所示。但是工业机器人的交互系统又有其独特特点，相对于普通机器人来说，一般工业机器人经过设置之后，指令系统很少变动，需要保持较高的精度，对稳定性的要求也比较高。

图 7-18　工业中人机交互常用设备

无论是工业机器人还是普通机器人，都需要对环境变换进行感知，并自主做出判断，自主完成工作。交互系统即通过感知系统与外部环境相互联系和协调的系统。工业机器人机械装置构成一个个功能单元，如加工制造单元、焊接单元、装配单元等。根据不同环境场合、功能变换需求，部分工业机器人可以自主选择合适的功能，来完成具体工作。

随着新一代信息技术的发展，一些工作需要多个工业机器人协同完成。例如，汽车装配线需要多个工业机器人共同组建一条生产线，这些机器人并不是单独的个体，它们之间需要进行数据和信息的共享，以协同工作，完成汽车装配这项复杂工作。多个机器人共同协作，也被称为群体人工智能，相对于单独的个体人工智能而言，数据量和计算量更大，算法更复杂，这也是当前人工智能研究领域的一个重点方向。

2. 生产线上的工业机器人

 阅读资料：工业机器人现状和发展趋势

我国作为一个制造业大国，对人力资源的需求量一直很大，随着国家新旧动能转换、智能制造等战略推行，工业机器人在国内企业中应用越来越广泛。从2013到2019年，中国的工业机器人年销售量从37000台增加到167000台，增长率为28.55%。

与此同时，到2018年前后，全球1/3的工业机器人在中国境内销售，数量超过了美国和欧洲销量的总和。

国家一直非常重视工业机器人行业应用和相关产业的发展，为了推动工业机器人产业发展，国家出台《机器人产业发展规划（2016—2020年）》等文件，重点推进工业机器人向中高端迈进，面向《中国制造2025》十大重点领域及其他国民经济重点行业的需求，聚焦智能生产、智能物流，攻克工业机器人关键技术，提升可操作性和可维护性，重点发展弧焊机器人、真空（洁净）机器人、全自主编程智能工业机器人、人机协作机器人、双臂机器人、重载AGV六种标志性工业机器人产品，引导我国工业机器人向中高端发展。

工业机器人造价相对昂贵、技术含量高，因此工业机器人一般应用在产品附加值较高或数量较多、工艺固定的场合。下面从适用场景和优缺点两个角度，介绍一下工业机器人在企业和智能制造等领域的应用。

1）适用场景

（1）汽车行业企业。在导学资料中提到，汽车产业的劳动生产率是制约行业发展的关键，生产线的方法和理论在汽车产业中得到不断应用、探索、研究、发展。为了推动汽车产业的发展，采用工业机器人来取代人工，完成生产线上的工作，一直是汽车生产、装配企业努力的方向之一。一台汽车的装配过程大致可以分为外壳零部件冲压、焊接、打磨、组装，通过相关机器人能够取代人工来完成相应工作。汽车行业企业常见的工业机器人包括焊接机器人、喷涂机器人、搬运机器人等，如图7-19~图7-22所示。

焊接机器人由机器人本体和焊接装备组成，机器人本体在前面已经介绍过，常见的焊接装备包括焊接电源、送丝机、焊枪（钳）等部分，随着新一代信息技术的发展，智能焊接机器人增加了传感系统，如激光或工业相机及相关的控制装置等。焊接机器人出现较早，在20世纪下半叶已经被广泛使用，现在相应的软硬件发展比较成熟。与人工相比，焊接机器人稳定，提高了焊接质量；24小时作业，提高生产效率；改善人工焊接劳动强度，同时对环境要求低，可在有害环境下工作；随着编程技术和电子技术的提升，焊接场景和焊接效果越来越好，减少了对普通焊接工人的需求；对于产品的变化，只需要进行二次编程，加快产品转型升级。

图7-19 汽车装配线上的工业机器人　　　图7-20 生产线上的焊接机器人

类似焊接机器人，喷涂机器人是在机器人本体的基础上增加了采用柔性手腕的喷涂装置，使其能够既可向各个方向弯曲，又可转动。柔性手腕设计使喷涂机器人的动作更加灵活多变，以满足方便地通过较小的孔伸入工件内部，从而对工件内表面进行喷涂。

喷涂机器人的喷涂装置一般采用液压驱动方式，从而使整个喷涂机器人动作速度快。相比较于人工喷涂，喷涂机器人优势明显：采用柔性手腕设计，大大增加了工作范围，人工不便于喷涂的一些工件内部，都可以进行喷涂；不受人工因素干扰，喷涂均匀，喷涂质量和材料使用率高；喷涂机器人使用率高，并且相对易于操作和维护；不受场所和材料限制，大部分喷涂材料都对人体有害，长时间进行喷涂工作，容易造成职业病，而喷涂机器人则不受材料限制。

按照是否能够自主行走，搬运机器人可以分为两种，一种是固定路线自行走搬运机器人；另一种是固定底座，自动抓取、安放、装配的搬运机器人。汽车行业企业大部分采用的是固定底座的搬运机器人，并且在生产线上应用较早。搬运机器人可安装不同的搬运机械装置，从而满足不同生产线的工件搬运，大大提高生产效率，减轻人类体力劳动。目前搬运机器人已经被广泛应用于大型机械自动化生产线、普通机床上下料、自动装配流水线、码垛搬运、集装箱等。与人工相比，搬运机器人的优点也很突出：一些大型零部件，如图 7-21、图 7-22 所示汽车生产线大型配件，人工无法搬运，或者不能长时间搬运，只能交由搬运机器人来进行搬运；可以 24 小时进行搬运，而不会疲劳；可以与其他机器人构成全自动生产线，大大提高劳动效率；可以稳定地进行装配，避免人工产生误差，提高产品质量。

图 7-21　生产线上的喷涂机器人

图 7-22　生产线上的搬运机器人

（2）生产加工企业。在矿泉水灌装生产线上，我们提到了可以采用智能检测机器人来进行产品检测，从而使整个生产线成为一条全自动生产线，完全不需要人工干预。在灌装完成之后，我们可以进一步通过打包、码垛机器人，来完成产品包装，提高生产效率。随着全球各地智能制造的推进、机器人产业和技术的不断推陈出新，工业机器人应用领域越来越广泛，由汽车等大型机械加工制造逐步推广到一些普通轻工业产品的生产线，如矿泉水、饮料、医疗大输液、口服液、酒等液体灌装包装生产线，部分海产品、农产品加工分拣生产线等。不同于较早出现的焊接、喷涂、搬运等机器人，目前智能检测、智能分拣等机器人技术还不成熟，但其应用前景非常广阔。

智能检测机器人和分拣机器人通过将视觉识别技术和机器人相关技术结合，在工业尤其是轻工业领域，得到了迅速的发展。在前面已经简单介绍过，通过感知系统（如工业相机、传感器、声音采集设备等），将视频（通常会被分割成图片以便于处理）、烟雾光暗、声音采集到工控机中进行处理，并根据处理结果，对机械臂下达指令，可以将次品剔除或者按照设定进行分拣。

需要特别指出的是，效果良好的检测、分拣机器人并不是一个单机系统，而是一个与当前大数据技术、人工智能技术深度融合的整体系统。这是因为在检测过程中，异常库中一般很难囊括所有的异常，这就需要通过动态更新，来检测一些不常见的异常信息。例如：在矿泉水全自动灌装生产线中，如果某瓶矿泉水中出现了一种从未见过的杂质，检测设备需要人工来标定其为不合格，这样对于再次出现的杂质，能够进行自动识别。一些更复杂的情况下，可以通过深度学习等人工智能算法，来实现自动归类、检测。因此，相对于传统的焊接、喷涂、搬运机器人，检测、分拣机器人通过网络连接到企业的服务器或私有云上，将感知数据传回到服务器上，一方面便于企业管理者随时查看生产过程；另一方面可以将这些数据进行训练，建立起异常库，提高效率，如图7-23所示。

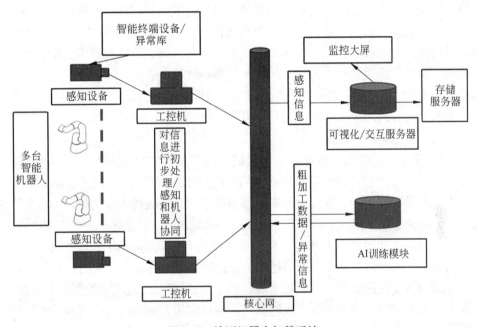

图7-23 检测机器人智慧系统

基于企业管理人员对生产过程掌控的需要，检测机器人的应用越来越广泛，尤其在一些危险生产领域，如化工产品生产、矿山开采等行业领域，检测机器人能够帮助管理人员随时掌控一线生产情况，通过增加一些设备诊断传感器，配合工业相机、声音采集设备，可以实时掌握危化品生产、矿山开采等不便于检查的一线情况，确保安全生产。

（3）电子行业企业。近年来，电子制造业竞争日趋激烈，电子产品更新换代很快，市场需求量大。以手机为例，整个产业形成了一个庞大的产业，很多零部件企业、代工企业需要的工人数量众多，并且大部分是重复性工作。同时由于产品更新换代很快，生产线上的技术也需要不断更新。随着人工劳动成本越来越高，很多代工厂招工越来越困难,一些如玻璃面板、手机壳、PCB 等功能性元件的制造、装配、检测以及部件贴标、整机贴标等方面的工作,并不需要太多的技术,工人短缺和对劳动效率的追求,迫使很多代工厂越来越多应用工业机器人来完成相应的工作。

目前电子行业工业机器人的需求仅次于汽车行业企业,约占全球工业机器人销量中的三分之一,成为工业机器人第二大应用行业。在电子器件生产装配线上,一些如上下料、器件插接、打磨、切割、按键装配、屏幕压接、锡焊、涂胶等都可以由机器人来完成;同时随着智能检测技术的发展,电路板检测、外观检测等都可由检测机器人来实现。与汽车行业机器人相比,电子行业机器人原理构成基本相同,但是外观相对比较小,对精密性要求比较高,以符合电子行业生产线应用特点。

2)优缺点

工业机器人目前在汽车、电子制造、大型企业生产线上得到广泛应用,替代了一些固定的人工流程。但是工业机器人目前研发费用较高,相对成本较高;并且调试安装完毕之后,一旦生产线有变动,还需要专业的人员进行维护和调试。因此,只有产品价值较高,或者数量较大的生产线,才能够承担起使用工业机器人的费用。例如:前面提及的灌装生产线,一旦投产以后,产量非常巨大,采用码垛、质检机器人,相对于人工来说,能够大幅度提高生效率,降低成本;而一些小批量、个性化的产品,还需要人工生产线来完成生产。比如:一些农产品的加工,其附加值较低而且产量不是很高,就很难采用机器人来代替人工。工业机器人具有以下优缺点。

(1)优点。包括以下方面。

① 节省成本。随着整个世界经济的发展,很多发展中国家人力成本不断上涨,推动了各个行业都在进行"机器换人",一些流水线式的工作场景,越来越难以招聘到合适的人,甚至像呼叫中心、售后服务中心等也都采用大量机器人来代替人工服务。在流水线上,工业机器人代替人工,尽管一次性投入大于人工,但是对于一些大型企业来说,通过工业机器人很快就能收回成本。同时由于机器人可以 24 小时不间断地工作,一个人可以同时看管多台机器,一旦产品达到一定数量,能够有效节约人力资源成本。

② 提高效率。在前面列举的矿泉水灌装例子中,很显然通过视觉检测机器人的应用,大大提高了灌装效率,减少了生产线的数量。通过应用工业机器人,实现了工厂的自动化和智能化,智能化的工厂比人工占据更少的空间,提高了土地资源的使用效率。工业机器人的应用不仅提高了生产效率,同时也具备社会效益。

③ 方便监管。一些劳动密集型企业,虽然制定了大量人性化管理制度,但是仍然会产生各种各样的不良影响。例如,一些大型电子代工厂经常曝出员工受伤甚至自杀等负面新闻。员工管理始终是一个难以克服的难题,员工在执行制度过程中总有不彻底的情况。大部分企业都为调动生产线员工的积极性伤透脑筋。早在 20 世纪初期,霍桑实验表明,当物质激励达到一定程度之后,再度增加物质激励已经不能调动工人的积极性了,通过机器人的应用,能够较好解决这方面的问题。

④ 安全性高。一方面,在工业上,大量工作岗位存在一定的风险,采用智能工业机器人代替人工,人工远程操作智能机器人,能够有效避免安全事故;另一方面,一些

工作岗位环境恶劣，如电焊、汽车喷涂等，长期工作会对身体造成损伤，通过机器人完成相应工作，避免了职业病对人体造成损伤。

除此之外，工业机器人在稳定产品质量、提升企业形象、快速转变生产线产品等方面，与传统制造方式相比，都有较大优点，各国都把工业机器人的研究应用作为一项重要战略。

（2）缺点。包括以下方面。

① 造价高昂。工业机器人是一个复杂系统，需要多个学科联合，需要电子信息技术、自动化控制技术、机电一体化技术、新材料技术等协同发展。智能工业机器人需要具有记忆能力、语言理解能力、图像识别能力、推理判断能力等人工智能，其设计、制造、应用复杂，完全满足生产应用的工业机器人研发困难，研发费用、设计制作费用相对较高。尤其是一些工业企业，一次性需要大量工业机器人，前期投入较大。

② 维护保养复杂。工业机器人属于精密仪器设备，需要相对比较专业的人员进行操作，一旦生产过程发生更改，需要专业人员进行重新调试。现在一般工业机器人在生产线上面对不同工序具有较好的通用性，但是也需要大量专用的工业机器人。机器人编程牵涉的知识复杂、学科众多，这些都导致了工业机器人的应用受限。

3）机器人在其他领域的应用

阅读资料：以色列成功研发水果采摘无人机

2020 年新冠肺炎疫情肆虐全球，致使不少农场因缺乏人手而关闭，大量水果未能得到及时采摘而腐烂，带来极大损失。据 DroneDJ 报道，以色列 Tevel 公司为此开发了一款如图 7-24 所示人工智能驱动的无人机，用来采摘水果，并成功获得久保田（Kubota）领投的 2000 万美元 B 轮融资。

图 7-24　水果采摘无人机和控制系统

这种水果采摘无人机配备了一个抓手、一组前置摄像头及水果保护框。相机组通过算法可识别出成熟的水果，由无人机进行采摘，放置到水果箱中，直至装满为止。

采摘工作对人类而言非常缓慢和乏味，从事普通农业劳动的人越来越少，但交由无人机完成则简单而快速。无人机采摘能够实现分批次全自动采摘，把人类从枯燥的劳动中解放出来。

这种无人机是全自动工作，并系留在一个基站上。不需要人员监工，只需提前通过云界面控制，调制好需要摘的水果后就可以开始工作，然后在一天工作结束时将其打包带走就可以了。基站上可以设置自动充电桩，当无人机电力较低时，自动返回充电桩进行充电，这样可以保证无人机长时间工作。

无人机中加载了传感芯片，可以统计已经采摘了多少英亩、采摘总重量、采摘所有水果所用天数，传递到后台控制程序中，后台控制程序甚至可以和商务系统结合，计算出收获中可获得的利润。

由于采摘无人机比采摘工更快、更便宜、更准确，一些农场逐步投入无人机，以节省劳动力，而原有从事农产品简单劳动的人力资源，将逐步转型为技术人员。同时，无人机目前还不能百分之百取代人工，人工巡视和无人机结合，能够更好、更快地提高采摘效率。

（资料来源：https://www.sohu.com/a/452717430_291959）

在工业领域之外，机器人也在社会各行各业得到了广泛的应用。在科研领域，一些危险的实验，对一些未知领域的探索，都由机器人来完成。最为著名的火星探测车，包括传感、计算机、自行走、人机交互等，从某种角度上说，也可以看作一种自行走机器人。在智慧农业领域，包括分拣、包装、采摘在内的工作，都可以逐步由机器人来完成。得益于工业机器人的发展，农业机器人技术发展也很快，但是农产品附加值相对较低，并且应用场景复杂，一般需要固定轨道机器人或者是自行走机器人，而不是固定机器人，这就导致目前农业机器人应用不是非常广泛。

机器人另外一个比较重要应用领域就是娱乐、餐饮酒店等行业，这些机器人尽管大部分是自行走人形机器人，但是物理功能相对简单，其机械部分、控制部分和传感部分不如工业机器人复杂，主要是注重软件功能的实现，部分机器人可以实现模拟人机对话。通过语音识别、模式识别等，完成一定的固定指令行为和动作。

总之，无论是工业机器人，还是其他机器人，都是新一代信息技术与自动控制、机电一体化、新材料等多学科协同发展、综合应用的结果。随着社会的不断发展，一些枯燥、固定、机械化、流程化、危险性较高的工作越来越多被机器人取代，人们倾向于从事创造性、有趣的工作。

任务 2　MES 与机器人流程自动化

 本任务知识点：

- MES
- 机器人流程自动化基本概念
- 机器人流程自动化在 MES 的应用
- 机器人流程自动化的技术框架、功能及部署模式等

项目7　流程自动化　　项目7　流程自动化
与智能工厂2.mp4　　与智能工厂3.mp4

- 机器人流程自动化工具使用过程
- 在机器人流程自动化工具中的录制和播放、流程控制、数据操作、控件操控、部署和维护等操作
- 简单软件机器人的创建，实施自动化任务

在任务1中，我们对阿尔法公司的矿泉水生产线进行了设计，并且根据产品质量和流水线全自动化需要，分析了如何加入自动检测机器人、打包码垛机器人，从而实现了矿泉水灌装的高效率、高品质。然而对于阿尔法公司来说，还有以下问题没有解决。

- 灌装车间需要的原材料是瓶坯、瓶盖、水和标签，这些原材料每次进货数量是多少？水和瓶坯需要占据较大的空间，如果储存太多，必然会提高仓储成本；如果储存较少，或者某种原材料储存较少，则一旦产品需求较多，必然会影响生产。仓储如何管理，如何与生产系统协同工作？
- 生产线上被自动检测机器人剔除的不合格产品有多少？造成这些产品不合格的原因是什么？
- 流入市场的矿泉水有没有用户投诉？如果有，能否根据矿泉水文字号码追溯这批产品的所有生产过程信息？能否立即查明它的原材料批次、设备状态、相关人员、经过的工序、生产时间日期和关键的工艺参数？
- 该自动化灌装生产线投入很大，而矿泉水有不同型号规格，是不是希望生该产线能够满足混合多种容量、不同瓶型矿泉水的生产，能否对选配零件进行自动校验和操作提示，以防止设备部件装配错误、产品生产流程错误、产品混装和货品交接错误？
- 全自动灌装生产线上的灌装设备运行状态如何，每台设备是否全部有效使用？是不是存在某台设备利用率不高？设备有没有需要定时更换的易损件或者消耗件，能不能根据生产情况进行主动提醒？
- 最终生产产品的数量、质量通过什么方式报给销售、企业管理系统，是否还需要人工报表，企业经营者能否随时掌握车间生产情况？

为了解决上述问题，我们将能够产出矿泉水等实物的企业，称为产品制造企业。对于一个产品制造企业而言，通过将材料投入生产加工中，然后经过整合技术、人力、机械、工具等生产资源，加工生产出一种或多种有形产品，并将这些产品进行销售。在这个过程中既有劳动资料——原材料的耗费，又有劳动的耗费。为了便于后面的表述，我们把产品制造企业生产加工过程分为三个阶段，阶段一为原材料供应过程，阶段二为产品制造过程，阶段三为产品销售过程，如图7-25所示。

在导读资料中已经分析过，对于大部分企业来说，生产效率是企业存活的关键因素之一。信息技术和自动化生产线的结合，能够大幅度提高生产效率。但是在整个企业生产管理层面，还有大量问题亟须解决。一旦企业达到一定规模，这种覆盖产品制造企业整个流程的管理，仅仅依靠某个人经验管理、手工管理无法完成，必须通过信息技术来对

整个企业的生产、加工、销售过程进行管理。也就是我们通常所说的，信息技术本身并不能产生产品，但是通过信息技术提高了管理、科研、生产效率，促使企业获取了竞争优势。

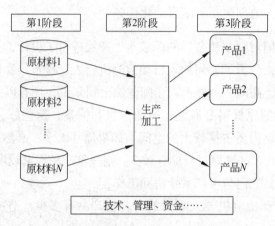

图 7-25　产品制造企业生产加工过程

为了解决上述问题，使仓储最优化以降低成本，对生产全过程质量可控，及时掌握销售情况，阿尔法公司决定引进制造执行系统（manufacturing execution system，MES），实现覆盖整个企业生产层面的信息化。

1. MES 定义

同其他信息系统一样，不同组织对 MES 定义不同，美国先进制造研究机构（advanced manufacturing research，AMR）给出的定义为："位于上层计划管理系统与底层的工业控制之间的面向车间层的管理信息系统。"即通过 MES 为操作人员 / 管理人员提供计划的执行、跟踪，便于管理人员随时随地掌握生产资源 (人、设备、物料、客户需求等) 的当前状态。

制造执行系统协会 (manufacturing execution system association，MESA) 给出了更为详细的定义："MES 能通过信息传递对从订单下达到产品完成的整个生产过程进行优化管理。当工厂发生实时事件时，MES 能对此及时做出反应、报告，并用当前的准确数据对它们进行指导和处理。这种对状态变化的迅速响应使 MES 能够减少企业内部没有附加值的活动，有效地指导工厂的生产运作过程，从而使其既能提高工厂及时交货能力，改善物料的流通性能，又能提高生产回报率。MES 还通过双向的直接通信在企业内部和整个产品供应链中提供有关产品行为的关键任务信息。"

2. MES 与流程自动化

机器人流程自动化（robotic process automation，RPA）是以软件机器人及人工智能（AI）为基础的业务过程自动化科技。就是在生产过程中以软件机器人来实现自动化业务，代替人力完成高重复、标准化、规则明确、大批量的手工操作。可以从以下三个方面来理解机器人流程自动化。

1）数据输入

- 可获取各种电子数据渠道的信息，包括 ERP、电子文档、聊天工具等。
- 可识别二维码、条码等信息，并进行相应转换。
- 能够集成主流 OCR 技术，实现纸质内容的采集。

2）数据处理

- 可实现数据转移、格式转换、系统功能调用等多种功能。
- 可调用已有的 Excel 宏工具、第三方应用程序及其他数据处理功能，搭建现有功能间的桥梁。
- 可单独开发基于通用平台的数据处理逻辑。

3）数据输出

- 支持多种数据报告格式，并且可以将数据应用于后续处理。
- 支持多种通信工具数据，如 Outlook、微信、QQ 等。
- 支持访问 ERP、MES 等系统报表数据自动上传。

从一定程度上来说，网络游戏副产业——"外挂"，促进了机器人流程自动化的产生与发展。玩过网络游戏的人都知道，游戏中一些角色练级可以用外挂机器人来代替。不少网络游戏都在不断与外挂做斗争，这变相促进了外挂技术的发展。而外挂机器人非常符合流程自动化的定义：代替玩家完成重复性、标准化、规则明确的"打怪"工作，并且外挂机器人实际上就是一个软件。在工业领域，机器人流程自动化当前阶段主要应用在 ERP 系统、财务管理方面，甚至成为当前财会专业学生必修的一个科目。显而易见，在 MES 建设过程中，机器人流程自动化的设计与应用能够大显身手，很多需要人工录入的信息，通过自动化软件，完成了快速、准确输入，从而使 MES 更便捷、实用。基于机器人流程自动化有如此大的优点，因此阿尔法公司在定制 MES 时，要求大部分数据、报表可以自动获取，以提高生产管理效率。

3. MES 基本功能

通过 MES 的实施，借助新一代信息技术，实现由人工管理向信息智能化管理转化。在后面我们将逐步介绍通过数据自动采集来实现智能仓储，利用二维码等技术实现了生产过程可视化生产、生产质量自动化追溯。无论是生产加工型企业还是装配制造型企业，都包括大量不同类型，原材料、工序、加工生产（装配制造）过程、产品都千差万别，这也造成了 MES 不可能形成完全统一的功能。例如，智慧矿山系统、智慧农业系统、智慧装配系统等从某一角度来说也符合 MES。图 7-26 给出了比较通用的 MES 功能，不同于办公自动化系统或者 ERP 系统，MES 大部分需要定制开发。下面我们列举智慧仓储、生产质量管理控制和售后与物流监控三个方面功能的例子，看看 MES 和流程自动化技术是如何应用的。

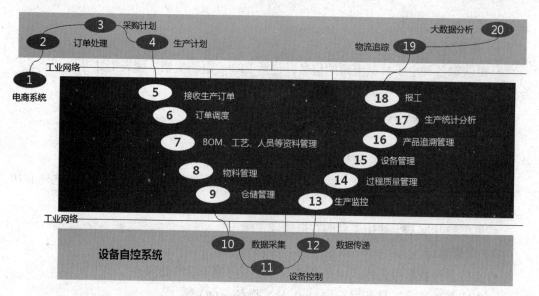

图 7-26　MES 所具备的功能

7.2.1　智慧仓储

阿尔法公司首先打造建设了一个现代化仓储系统，将原来的仓库改造为智慧仓库。这个改造过程包括软硬件系统。该仓库主要包括三个方面的功能：一是接收原材料，包括瓶坯、瓶盖、水和标签，并且与 ERP 系统对接；二是根据订单确定原材料数量，并根据生产派单将原材料取出并送至指定位置；三是将灌装好的矿泉水送至指定位置（库位或者货车），并根据需求进行出货。

一般的智慧仓储系统通过构建以物联网技术为基础的仓储物流作业环境，对仓库中已定义的纸箱、托盘、库位、叉车、自动拣选小车、周转箱等流转容器进行管理，每个容器都有唯一的 ID，通过物联网技术定位和追溯。所有自动化设备都接入 MES（智慧仓储管理部分）中，与 ERP 系统、生产调度管理系统互联互通，实现仓储管理自动化，如图 7-27 所示。

下面以公司某次进货为例来介绍自动仓储系统：当原材料供应企业接到阿尔法公司的订货单时，产生一个送货单，并由货车司机进行派送；到达阿尔法公司的卸货位置之后，货车司机扫描送货单上的二维码，阿尔法公司即接收到货物到达信息；MES 将到货信息发送给仓储调度中心，仓储调度中心即安排自动叉车进行卸货，配合输送机器人和智慧货架，设备如图 7-28 所示，将原材料卸到指定货架上，卸完之后系统自动提示：完成卸货，并与进货单核对无误之后，该项业务流程结束。

应注意，在这个过程中，实际上工业机器人和软件机器人在协同工作。工业机器人实现自动搬运过程，而软件机器人实现了自动填表、货物清单检查等流程自动化。最终软硬件系统协作，共同构成了智慧仓储管理系统，如图 7-29 所示。

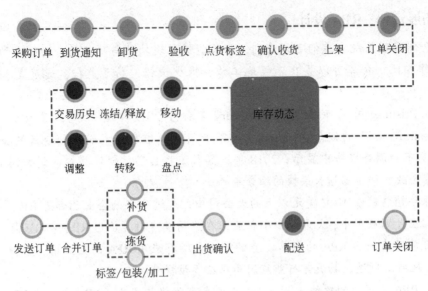

图 7-27 智慧仓储管理中采购入库和出库逻辑图

图 7-28 国产智慧叉车和自动搬运机器人本体

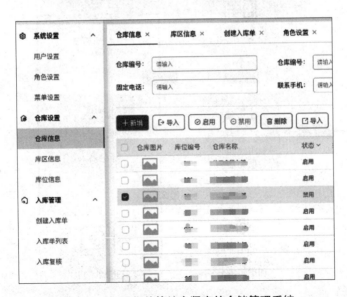

图 7-29 与派货单等结合紧密的仓储管理系统

拓展资料：RPA 设计

从仓储管理系统中我们可以看到，如果能够实现软件与硬件的自动配合协作，与人工操作相比，仓库可以昼夜不停地工作、很少出错、易于监控，速度是人类的十多倍。

Blue Prism 公司的市场总监 Pat Geary 声称于 2012 年首次提出了 RPA（robotic process automation）的概念。Gartner（一家专门从事信息技术研究和分析的公司）在 2018 年发布的调查报告中显示，2018 年机器人流程自动化软件收入达到 8.46 亿美元，成为全球企业软件市场增长最快的细分市场。

全球年销售额在 10 亿美元以上的大公司中，超过一半的企业已部署 RPA，另外一半基本都在计划应用中；大部分中小企业正在应用或者打算应用 RPA，只有大约 1/3 中小企业目前没有应用 RPA 的打算。金融行业在所有应用 RPA 的企业中，占有率最高，而零售、医疗、制造、物流等行业应用率正在逐步提升。

现有 RPA 市场上的软件产品众多，也都各有优势与不足。2018 年全球 RPA 市场份额前五位分别是 UiPath、Automation Anywhere、Blue Prism、NICE、Pegasystems。下面我们着重介绍一下 UiPath 公司，以及公司机器人流程自动化体系架构。

UiPath 是 2015 年在美国注册成立的一家机器人流程自动化软件开发商，专注于利用人工智能或机器人来处理重复性行政工作，并实现自动化。2021 年 4 月 IPO 成功并登录纽约证券交易所，市值超过 250 亿美元，腾讯公司在 2020 年该公司 E 轮融资时投入了 2.25 亿美元。

UiPath 软件由机器人、Studio 开发平台和 Orchestrator 服务器三部分组成，如图 7-30

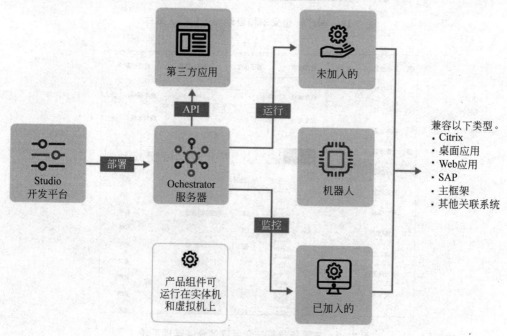

图 7-30　UiPath 软件技术架构

所示。开发平台主要负责程序设计；机器人部分主要负责许可证代理、日志收集及程序执行等工作；服务器端主要负责资产的管理分配、用户授权管理、工作流的授权管理等工作。前二者都与服务器有数据交互。

在刚开始的时候，开发人员需要直接分析客户需求，直接面对需求进行开发。随着经验的积累，慢慢形成了流程自动化框架，基于框架的开发就变得简单便捷了。自动化框架提高了开发人员的开发效率，将开发人员从传统的开发模式中解脱出来，不再花费大量时间去编写模板框架的代码，从而将更多的精力投身到其他工作中。框架主要包括初始化模块、数据获取模块、数据分析模块、监视模块、执行模式判定模块、预留接口模块等，这些功能模块在 UiPath 软件中事先开发完成，用户只需要调用就可以快速便捷地实现系统部署。

7.2.2 生产质量管理控制

针对产品质量和设备运行状态的问题，阿尔法公司建立的初步质量监控系统主要采集三组数据：一是视觉检测机器人的数据；二是每瓶矿泉水印刷了二维码，记录了产品的批号和生产线；三是主要设备上加装了设备诊断芯片，引入了设备诊断系统。无论是视觉检测系统、二维码数据，还是设备诊断芯片，都能够自动实现数据采集，没有增加生产线的人工环节，仍然可以保证生产线的自动化。图 7-31 展示了常见自动数据采集设备。

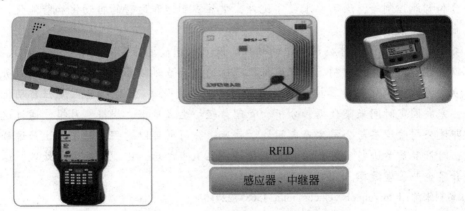

图 7-31 自动数据采集设备

通过 RPA 软件开发的质量管理系统与其他 MES 模块随时进行数据交互，根据生产计划提供车间的日生产计划，随时将生产情况呈现给管理人员。RPA 数据采集功能可以自动采集数据，同时数据分析、监视模块提供自动报警等功能，实现全自动化管理。图 7-32 所示为某车间产品质量监控系统看板。

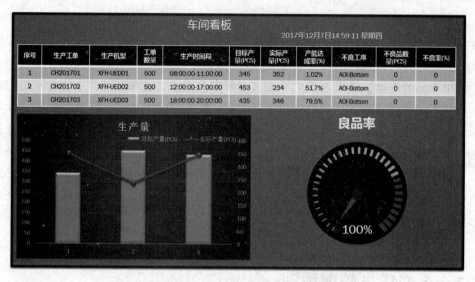

图 7-32　某车间产品质量监控系统看板

拓展资料：业务流程、设备上云

"工业 4.0" 是以智能制造为主导的第四次工业革命，通过充分利用信息通信技术和网络空间虚拟系统——信息物理系统相结合的手段，将制造业向智能化转型。随着机器人流程自动化技术的应用，流程设备上云成为基础条件，以智能制造为目标，达到生产的个性化和定制化。工业设备上云不仅包括传统的软件要素，还包括硬件传感器、云服务平台和智能控制等，除了要求数字化外，更注重制造和运营的自动化和智能化，尤其是工业大数据采集和处理。

类似于 UiPath 等软件公司提供的软件，既可以通过远程 VMware 虚拟机方式操控，也可以通过本地计算机控制。远程虚拟机可以通过云基础服务商在云端提供的服务（在项目 9 中将详细阐述云计算技术给企业管理带来的变化），实现机器人流程自动化应用部署，完成固定时间采集数据、分析、管理，轻松生成日报、周报、月报。通过这种模式，即使公司管理层与公司生产车间处于异地，公司也可以远程实时了解生产过程中的问题，对产品质量进行实时监控，而不是等产品上市之后，出现问题再去处理，这样大大提升了企业管理效率。

（资料来源：http://mp.ofweek.com/iot/a345683722016）

7.2.3　售后与物流监控

通过安装位置记录仪、数据传输等设备，可以实现对所有运输车辆行驶位置的实时跟踪，并实时记录车辆的行车路线。根据记录点绘制车辆行车轨迹图，一次性监控多台车辆的运行情况，对行驶中的车辆采用实时定位，并对现有运输订单进行有效关联，准确显示车辆的行驶状态，实时了解物流货物运输状态，如图 7-33 所示。

图 7-33　MES 中物流信息管理平台

通过产品运输过程的数据自动获取，实现产品物流信息全过程管理。当产品运达企业用户时，订单系统自动返回并结束，从而实现了信息数据化流转、生产质量可追溯。MES 将生产过程中人员、设备、场地、物料、每个工艺标准和每一道工序都生成数据，并以数据形式在整个生产过程中进行信息流转和记录，帮助管理者进行生产管理。

任务 3　智能制造现状与发展趋势

本任务知识点：

- 智能制造的意义和相关文件
- 智能制造未来发展趋势

长期以来，制造业一直是我国第一大产业，也是我国经济发展的支柱，近年来一直占 GDP 的 40% 左右。随着新一代信息技术的普及与推广，制造业与新一代信息技术融合，实现现代制造的转型升级已不可避免。2015 年 3 月，工业和信息化部印发了《2015 年智能制造试点示范专项行动实施方案》，启动了智能制造试点示范专项行动。明确要坚持"立足国情、统筹规划、分类施策、分步实施"的方针，以企业为主体、市场为导向、应用为切入点，分类开展并持续推进流程制造、离散制造、智能装备和产品、智能制造新业态新模式、智能化管理、智能服务等 64 方面试点示范，全面提升产品质量和精细度，实现我国由制造业大国向制造业强国转变。

在任务 1 中我们熟悉了工业机器人，任务 2 主要介绍了软件机器人，二者结合起来，通力合作，相当于一个制造企业，既有了生产者，又有了管理者，真正实现智能制造。

智能制造包含智能制造技术和智能制造系统，智能制造系统不仅能够在实践中不断地充实知识库，而且具有自学习功能，搜集与理解环境和自身的信息，并能进行分析判断和规划自身行为。通过智能制造，把机械自动化的概念更新升级，扩展到柔性化、智能化和高度集成化。使企业生产更加智能，为无人工厂奠定基础，如图 7-34 所示。

人工智能是实现智能制造的关键技术，可以看出在制造过程的各个环节几乎都需要人工智能技术的支持，专家系统技术可以用于工程设计、工艺过程设计、生产调度、故障诊断等。神经网络、模糊控制技术等人工智能方法应用于质量检测、产品研发、生产调度等，实现生产过程智能化。人工智能技术适合于解决特别复杂和不确定的问题，在项目 11 中，我们将着重讨论人工智能技术，并给出一些案例来说明在生产中如何应用人工智能技术。一个普通产品的生产加工过程包括原材料供给、生产设备、生产过程、销售等，要实现智能制造，就要实现全过程智能化，也就是让人工智能技术与全部软硬件设备、系统融合。可以分为以下几个层次。

图 7-34　智能制造与机器人

- 设备层：包括传感器、仪器仪表、条码、射频识别、数控机床、机器人等感知和执行单元。
- 控制层：包括可编程逻辑控制器（PLC）、数据采集与监视控制（SCADA）系统、分布式控制系统（DCS）、现场总线控制系统（FCS）、工业无线网络（WIA）等。
- 管理层由控制车间 / 工厂进行生产的系统所构成，主要包括制造执行系统（MES）、产品生命周期管理（PLM）软件等。
- 企业层由企业的生产计划、采购管理、销售管理、人员管理、财务管理等信息化系统所构成，实现企业生产的整体管控，主要包括企业资源计划（ERP）系统、供应链管理（SCM）系统和客户关系管理（CRM）系统等。
- 网络层由产业链上不同企业通过互联网共享信息实现协同研发、配套生产、物流配送、制造服务等。

随着新一代信息技术的发展，工业 4.0 稳步推进，流程自动化系统与工业机器人结合越来越紧密，工厂将越来越智能，图 7-35 展示了智能制造在全球将成为一个不可取代的发展趋势。云计算、大数据、5G 通信、人工智能等技术应用的普及，都将推动智能制造的快速发展。

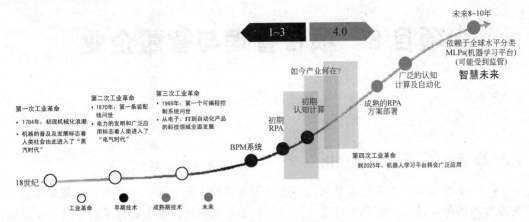

图 7-35　智能制造行业发展趋势

综合训练电子活页

1. 整理并理解本章相关概念。
2. 注册免费的在线 MES，体验智慧仓储、机器人流程自动化等功能。

项目7　综合训练
电子活页.docx

项目 8　项目管理与智慧企业

导学资料：管理与信息化

一个十字路口，如果某段时间内只有一辆车通行，则直接通过就行；如果有来自不同方向的两辆车通过，则需要设置红绿灯；如果有几十辆甚至上百辆不同方向的车辆通过，可能就会需要交通警察来维持秩序。红绿灯的设置、交通警察的聘用、车辆在路口的暂停，就某一辆车的行使来说，降低了效率，出现了损耗，但是对于交通运输整体而言，效率大大提升。在道路运输行业，车辆和司机是生产工具和生产者，红绿灯、交通警察分别是管理工具和管理者，当生产工具和生产者达到一定数量，管理工具和管理者正如红绿灯和交通警察一样必不可少。管理的发展大概可以划分为三个阶段。

1. 传统管理

自人类社会团体出现之后，管理也随之出现，从原始社会的议事制度，到现代社会的管理组织，管理一直存在。但是一般认为，19世纪以前，管理普遍上依靠管理者的经验和手段、方法，管理工具也相对原始。

2. 科学管理

到了19世纪，以泰勒（被称为科学管理之父）等人为代表的科学管理理论开始发展起来，并在工业中得到了充分应用。通过一段时间的研究和探索，逐步形成了一套比较成熟的科学管理理论：通过对劳动工具的改进、对员工的培训、对成本的核算、充分运用考核奖励绩效引导等一系列方式，提高企业的生产效率。泰勒及其后来一些学者对科学管理不断地完善，逐步形成了一门覆盖整个企业原料采购、加工生产、销售全过程的科学管理体制，从19世纪到20世纪早期，大大地提高了劳动效率，为现代管理理论的发展奠定了基础。

3. 现代管理

进入20世纪下半叶之后，管理变得更为复杂起来，科学管理学者们在管理理论发展过程中，忽略了"人"的因素，把人设为简单的"经济人"。但是在生产过程中，人对劳动强度、重复工作、工作环境等都有一定的要求。并且伴随着信息技术的兴起，越来越多的企业提供的产品是无形的，如计算机软件、网络服务等，这些产品更看重的是员工的积极性和创造性，这使单纯的科学管理在某些行业企业失去了效果。根据不同的组织特点和社会背景，发展出一些诸如战略管理、系统管理、决策管理、学习型组织等一系列的管理方式。

在管理发展的过程中，管理工具也在不断地发展：原始人的结绳记事、中国到现在还在沿用的算盘、古今中外都在使用的账本等，都是传统管理的工具。信息技术的出现和发展，与管理技术和管理决策科学性密不可分：IBM 公司成立与成长就是通过计算机技术来解决企业中的记账、算账、计算等问题。当今社会，无论是企业管理，还是社会机构管理，都已经离不开信息技术的支持，无论公司采用的是何种管理方式或体制，基本上都是建立在企业信息化的基础上。同样以十字路口为例：如果信息技术发展到所有通过的车辆都由某信息系统统一控制，在系统的统一优化调度下，红绿灯和交通警察实际上是没有必要的。正如电子记账系统代替原始的账本一样，通过信息技术手段的应用，一些传统的管理工具和手段逐渐变化和消亡了。

由此可见，信息技术并不直接产生生产力，而是通过不断提高其他技术的效率来提升生产力，是社会物质文化生产发展到一定阶段的必然产物。

在项目 6 中，我们讨论了信息技术在生产加工过程中所起的作用，借助于矿泉水全自动生产线的设计与实现，了解如何通过工业机器人和过程信息化来提升生产加工效率。但是在矿泉水灌装生产出来之后，企业还需要进行销售。另外，社会上还存在着大量的企业，不生产具体的产品，而是从事某项服务。无论是生产加工类企业，还是销售、服务类企业，都需要对企业的财务、人事、客户、产品信息等资源进行管理，在当代社会，毫无疑问这种管理必须通过信息技术手段来实现。

任务 1　企业信息化

本任务知识点：

- 办公自动化定义、基本功能、作用
- 企业信息化定义和构成模块
- 新一代信息技术与企业信息化
- 企业信息化与企业管理
- 智慧企业

项目8　项目管理　　项目8　项目管理
与智慧企业.pptx　　与智慧企业1.mp4

同样是为了便于理解和演示，假设一名刚毕业的大学生——我们的小 C 同学，应聘到了贝塔公司。贝塔公司专门从事矿泉水等饮料的销售工作，是一个规模不大的中小型企业，有几十个员工，业务范围相对比较单一。公司有一个大股东，还有几个合伙人，管理上还存在一些需要改进的地方。

8.1.1　应用办公自动化软件

作为一个职场小白，小 C 首先要做的是快速熟悉自己的工作岗位，融入公司的工作环境和业务中。但是公司并没有完善的新员工培训体系，也没有太多的时间给小 C 实习锻炼，公司总经理希望小 C 能够快速成长起来，担任具体的工作。好在公司有一套内部办公自动化系统，小 C 开始认真研究公司的办公自动化系统，通过办公自动化系统，尽快地熟悉公司，以帮助自己开展具体的工作。

办公自动化（office automation，OA）没有统一的定义，通过将新技术、新机器、新设备应用到传统的办公室，从而提高办公效率，都可以称为办公自动化。不仅是信息技术，一些自动化、机械技术在办公上的应用，也属于办公自动化的领域。信息技术的出现，非常契合办公室的各项工作流程，能够有效提高办公效率，因此现在我们所谈到的办公自动化，往往指的是信息技术在办公业务上的应用。

办公室的工作，大部分是数据、信息、知识的生产、加工、流转，所以信息技术与办公室工作结合，具有先天优势。很多信息技术就是为了解决烦琐的日常办公、提高办公效率而被发明出来的。

1. 办公自动化的发展

一般来说，我们可以把办公自动化的发展划分为三个阶段。

1）第一阶段：个体工作自动化阶段

这一阶段主要发生在 20 世纪末期，计算机尤其是个人计算机的出现，使在 20 世纪 60 年代，人类社会出现了一次新的技术革命——"信息革命"。信息技术的发展繁荣使得人类社会快速进入"信息化社会"：整个社会的信息量迅猛增加。这也导致了办公人员和办公费用大量增加，而由于个人处理信息的能力是有限的，信息量的增加也使人们办公效率下降。这就亟须加强个人对信息的处理能力，个人计算机的出现代替了原来办公用的纸和笔，人们开始用文件系统和数据库来储存信息。

在这一阶段，人们根据需要设计了大量适合个人应用的办公自动化软件，不少 IT 行业的企业通过销售相关软硬件产品而大获成功。例如，美籍华人王安博士开创了王安公司，在取得一系列成功之后，1972 年王安公司推出了文字处理系统（word processing system），成为当时美国办公室必备的办公设备，也将公司推向了事业的顶峰，推动办公自动化迅速发展到一个崭新的阶段，同时使"办公自动化"逐步发展成为一门综合技术学科。

这一阶段办公自动化的特点是：电子信息技术逐步取代传统的办公方式，个人计算机和办公自动化软件得到了迅速的壮大和发展，个人的办公效率得到了大幅度的提升。这个时期出现的软件大部分是基于文件系统和关系型数据库系统，以结构化数据为存储和处理对象，强调对数据的计算和统计能力，实现了数据统计和文档写作电子化，完成了办公信息载体从原始纸介质向电子介质的飞跃。国内在一些政府机构、银行、国企首先采用了比较先进的信息化办公，并且进行了大量的自主研发。到 20 世纪末期，办公自动化在全社会大量地普及和推广，办公效率和办公质量不断提高。

2）第二阶段：网络办公阶段

到 20 世纪末期，随着网络技术的发展和网络硬件的逐步完备，逐步形成了以网络为中心，结构化、半结构化、非结构化数据混合处理的办公自动化系统，并且在各行各业充分应用；最近几年，随着移动互联网技术的发展，移动终端设备和网络设备结合，基于网络的办公自动化已成为政府、企事业单位基本的办公方式。

在第二代办公自动化的发展成长过程中，全球电子政务的推广和应用有效地促进了办公自动化的发展。以国内为例：从1993年开始，国家提出了"十二金"信息化重大工程，通过建设"金桥""金卡""金税""金关"等重大信息化工程，集中力量发展一些关键领域的信息化工程。1999年提出了"政府上网工程"。2002年是我国电子政务大发展的一年，中央政府以及各地方政府都陆续成立了专门的信息化领导小组，各省市一级的政府部门网站相继建成，部门网站建设逐步推进。同年，我国出台了《国家信息化领导小组关于我国电子政务建设指导意见》，电子政务进入了一个快速发展时期。2004年之后，中央政府和一些地方政府把政府网站建设情况列为下属行政区域或部门的考核项目之一，以政府门户网站为统一资源平台的政务公开、资源共享系统逐步成型。此后，国内的政务办公信息化、自动化日益增强，目前已经形成了比较完备的网络办公、移动办公系统和体系，这部分内容我们将在下一章详细阐述。

一方面，随着政府内部信息化、信息公开、在线审批、电子政务等系统的建设完善，大大推动了企业信息化与其对接；另一方面，在企业网络办公自动化的推广和应用方面，政府也不遗余力地为企业提供服务。例如，为中大型企业提供信息化专项奖励资金，为中小型企业提供专门的免费企业上网、企业上云、设备上云等服务，这些措施有力地推动了企业办公自动化的发展。

这一阶段的办公自动化，依托网络技术迅速发展，尤其是云计算技术的发展，大大降低了企业实现信息化的费用，提高了办公效率，增强了系统的安全性。解决了第一代办公自动化中的一些问题：数据的存储、业务的处理可以通过云服务来实现，避免了购买服务器的沉重负担，存储能力和运输能力大大提升；企业内网、公网无缝衔接，借助公共的基础通信平台运行业务，方便随时随地进行办公，实现了企业多地通信、协同工作，帮助企业成为一个整体；软件系统升级改造方便，软件厂商比较成熟，模块化、定制化普遍，信息化的应用，不仅为企业规范了流程，同时也带来了更先进、更恰当的管理经验；更便于和机关、业务企事业协同办公，办公效率大大提升。

3）第三阶段：实现以管理为核心

最近几年来，社会环境发生了较大的变化。一方面，移动网络得以普遍应用；另一方面，组织呈现集团化，办公自动化系统需要能够适应分散式的移动办公，组织倾向于通过办公系统将位于世界各地的员工管理起来，并且能够随时随地协同工作。"办公自动化"的内容也逐步发展完善，从一开始简单的文件、行政、事务处理，逐步演变成一个能够处理复杂流程的管理系统。

总的来说，当前的办公自动化系统呈现出以下特点。

（1）办公业务逐步统一。越来越多的人习惯于通过信息技术来完成工作，一些信息化程度较高的公司，将办公自动化系统和业务进行了整合，基本上所有的工作都是基于信息技术来完成的。信息技术的发展，要求消除信息孤岛，企业信息化发展的趋势也要求对多个系统进行整合，形成一站式工作平台。电子政务办公平台中的"一网通""一手通"等，也都是将多个系统、多个功能整合到一个网站/软件/应用中。

（2）多种信息技术综合应用。一些办公系统能够支持手机自动打开签到、自动门禁、扫码点货等功能，这些功能通过物联网、新一代网络来实现；同时为了处理日益增多的数据，并且为了能够更好地支持异地同时办公，大部分系统建设在"云服务器"上，云计算技术为办公系统提供了硬件基础；为了实现更强大的决策等功能，人工智能、大数据的技术和算法也会不断地应用到系统上。总而言之，办公自动化系统的发展会随着新一代信息技术的发展而不断发展完善。

（3）由数据管理逐步转向知识管理。迄今为止，大部分办公自动化系统设计是以数据流为基础，通过对数据的存储、整理、重组、展现，实现人们对信息的流转需要。1996 年，经济合作与发展组织（organization for economic cooperation and development，OECD）在《1996 年科学技术和产业展望》报告中首次提出了"知识经济"（knowledge economic）的新概念，知识经济的建立和发展主要指发展科学技术、教育以及创新（innovation）应变能力（responsiveness）生产率（productivity）和技能素质（competency）为主要内涵的知识管理（knowledge management）。未来办公自动化系统将实现从数据、信息管理向知识管理的转变，直接根据组织的知识管理需要，来拉取、加工数据，将数据以知识的方式呈现，满足人们实现知识管理的需求。

2. 办公自动化与云计算

小 C 来到公司之后，负责人将其领到了一个工位，并给他安排了一台工作用的计算机。小 C 作为一个职场新人的日子就开始了。接着小 C 从办公室的同事那里领取了一些其他办公用品。小 C 作为一个新人，从销售助理岗位干起，负责配合销售经理老王完成具体的工作。得益于上学期间学习的信息技术基础，以及使用校园信息管理系统的经验，小 C 很快熟悉了公司的办公自动化系统，并迅速开展工作。

负责人事的同事给小 C 分配了一个工号，小 C 通过这个工号能够进入公司的办公系统中，并能提交工作日志和使用其他一些功能。根据小 C 的观察，负责人事的同事、公司老总、老王分别有不同的账号，并且有不同的等级。为了便于进行简单的业务统计和公务办理，公司请人开发了微信小程序，与公司的办公系统部分功能进行了对接，这样便于公司员工随时随地进行办公。对于小 C 而言，有一台计算机、一部手机、一个账号，就能够开始工作了。

和其他的计算机系统一样，办公系统也是由硬件系统和软件系统构成，传统的硬件系统的组成相对比较简单，主要是由服务器（包括运行 OA 系统的服务器和存储数据的服务器，既可以是同一台计算机，也可以是多台）、网络和办公计算机组成，企业出于成本和保密等方面的考虑，网络一般设计为企业内网，办公系统仅在内网上运行，如图 8-1 所示。

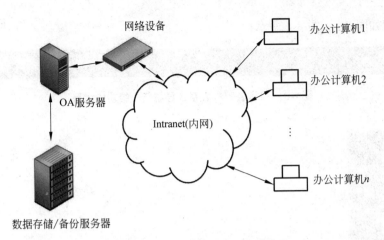

图 8-1　传统办公系统硬件结构拓扑图

随着现代企业分散办公、离散化管理、移动办公的需要，在国家企业上云政策的扶持和鼓励下，很多中小企业都将办公系统移植到云平台上，这样一方面减少了购买服务器、建设中心机房的费用，并且企业也不需要专门的信息化人员来维护软硬件系统，由提供云服务企业统一维护即可，节省了大量的建设维护成本；另一方面也增加了办公系统的功能，便于更快速地部署和应用办公系统，且方便和其他系统整合，提高企业的办公效率，如图 8-2 所示。

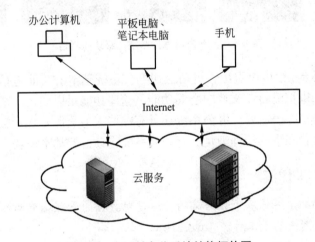

图 8-2　上云后办公系统结构拓扑图

3. 办公自动化功能

小 C 打开计算机，按照老王的指导，打开 OA 办公系统，登录之后，查看自己的工作任务，按照工作任务开始工作。根据项目 2 中对软件系统的分类，小 C 所使用的是 B/S 的 OA 办公系统，并且和微信小程序进行了数据整合，能够通过微信小程序查看一些简单的功能，如消息提醒、审批流程等，便于贝塔公司的员工随时随地协同办公。借助办公自动化系统，小 C 很快熟悉了公司的业务，融入公司中。贝塔公司的办公系统主要功能如图 8-3、图 8-4 所示。

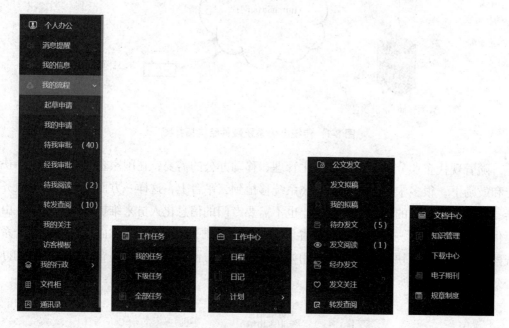

图 8-3　贝塔公司办公系统导航条一级功能栏目

图 8-4　贝塔公司办公系统二级功能栏目

从图 8-3 和图 8-4 中可以看出，贝塔公司办公系统基本的功能包括个人办公、工作中心、信息发布、审批流转、文档中心等功能，这些功能足以满足一般公司日常办公的需要。另外根据公司办公需要，办公系统还具有一些人力资源管理、会议管理、资产管理等功能。个人设置和系统管理则是所有办公系统应具备的基本模块。

拓展资料：工作流

一些简单的 OA 系统是基于数据流的，通过对数据的管理辅助对组织的管理。而一些复杂的 OA 系统则是基于工作流（workflow）的。

工作流一般是指"将业务过程的部分或整体在计算机应用环境下自动化"，是实现工作流程（管理流程）及其各（管理人员）操作步骤之间业务规则的抽象、概括描述。

1993 年国际工作流管理联盟（workflow management coalition，WfMC）正式成立，这一组织的成立标志着工作流技术逐步走向标准化并推动了相关技术的成熟。WfMC 统一给出了工作流的定义：工作流是指一类能够完全自动执行的经营过程，根据一系列过程规则，将文档、信息或任务在不同的执行者之间进行传递与执行。

通过制定、分解工作流来解决生产管理中的问题，围绕某个具体业务目标，对具体参与者进行任务分配，并通过按照某种预定规则自动传递的文档、信息、任务来调度完成该项任务，从而实现生产和业务的管理。

例如，在一些公司中采用原始的纸张表单，一旦某项业务需要逐级审批签字，纸质表单只能通过手工的方式传递，一旦组织比较松散，就会导致效率低下，同时统计报表功能不能够自动实现。通过采用办公自动化系统工作流的方式，相关业务人员通过办公自动化系统填写有关表单，尤其是随着移动设备的发展，可以随时随地地填写或者审批，表单就能够按照定义好的工作流进行流转，更高一级的审批人员将会收到相关表单、信息、任务，这样就能够有效加速管理过程，尤其方便异地办公、移动办公。同时大部分办公自动化系统现在已经实现了工作流修改、跟踪、管理、查询、统计、打印等功能，通过这种方式，能够极大地提高办公效率，实现知识管理，提升公司的核心竞争力。

8.1.2 管理信息系统（MIS）

得益于我国经济平稳发展，贝塔公司运行稳定、效益良好，经过多年的累积，公司有了一定的资本。作为一个销售贸易类型公司，总经理深知管理效率就是公司的核心竞争力，因此在公司的信息化上不断投入。小 C 入职不久，就发现公司信息化程度较高，对信息技术的应用比较广泛。为了更好地在公司发展，小 C 重新学习了解了一下关于企业管理信息系统的相关知识。

管理信息系统（management information system，MIS）是一门涉及计算机科学、管理学、运筹学等领域的交叉性学科。1985 年，管理信息系统的创始人——明尼苏达大学的管理学教授 Gordon B.Davis 给管理信息系统下了一个较完整的定义：管理信息系统是一个利用计算机软硬件资源，手工作业，分析、计划、控制和决策模型以及数据库的人—机系统。它能提供信息支持企业或组织的运行管理和决策功能。

对这一定义，可以理解为企业或组织通过计算机及其相关技术，对企业或组织的信息（数据）采集、传递、存储、加工、维护和使用的过程。如图 8-5 所示，企业信息管理系统包括供货商、库存、生产、加工、销售、客户、人力资源、办公、财务等多个领域管理的信息化，是采用信息技术对整个企业进行管理的过程。无论是阿尔法公司的MES，还是贝塔公司的 ERP 系统，都是 MIS 的重要组成部分。

通过管理信息系统，企业能够实现以下功能。

1. 整合企业信息资源

在项目 4 中提到，信息与物质、能量一样，是构成世界的基础资源。对于企业而言，信息与资金、人力资源、存货等一样，是企业的重要资产，特别是在当今信息化时代，信息在企业中占据非常重要的地位。通过管理信息系统，可以整合企业当前的各种数据信息，从而形成一套科学的、完整的信息管理体系，实现企业的整体管理。

2. 提供管理的依据

管理是一门艺术，同时更是一门科学。当企业发展到一定规模时，单纯靠经验、个人激情等去管理是行不通的。必须通过管理信息系统，将企业经营活动中的相关基础数

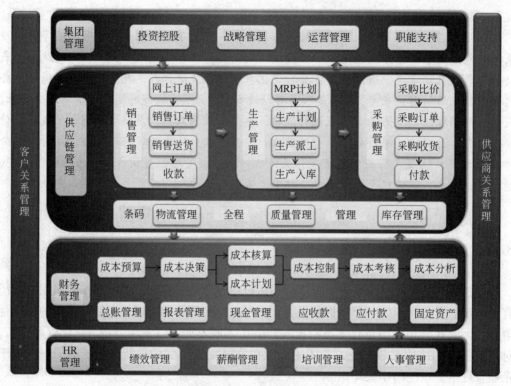

图 8-5　完备的企业信息化管理系统

据整合成综合信息，企业管理者通过这些数据信息对企业进行管理、决策，最终使企业管理更加科学、规范、有效。

3. 优化企业管理流程

众所周知，效率是企业生存的根本因素之一。管理的目的之一就是提高效率，通过管理信息系统，可以让企业的管理流程标准化、规范化、自动化，从而全方面地提高企业的效率。例如，JIT（just in time）系统能够有效地降低库存；六西格玛管理方式能够有效地提高产品的质量；SAP 管理系统则是全球有名的企业管理系统，能够为多个行业提供一系列的管理解决方案，包括众多的世界 500 强企业，不少都是依靠高效、科学的信息化管理系统，从中小企业成长为世界级大企业。

4. 控制生产经营

当生产达到一定规模，尤其是当前全球化供应链和供货的时代，单纯靠人力无法协调、调动、整合相关的资源，必须通过信息化系统整合企业的生产、销售环节，制订科学的生产计划，从而能够控制企业的成本，提高企业的经营效益。

企业在不断地发展壮大，管理的方式、手段也在不断地进步，"传统"的信息技术也逐步被以人工智能、大数据、区块链、云计算等为代表的新一代信息技术所取代。信息化企业正在逐步向"智慧企业"转变。关于智慧企业的定义现在还没有完全成型，普遍认为是管理、工业技术与新一代信息技术充分融合，使企业在某一定程度上成为一个自动预判、自主决策、自我演进的组织。智慧企业不再满足于企业信息化阶段的数据采集、加工、存储、传输与处理，而是实现企业全要素的数字化感知、网络化传输、大数据处理和智能化应用，强化物联网建设，深化大数据挖掘，推进管理变革创新，将先进的信息技术、工业技术和管理技术深度融合，如图 8-6 所示。

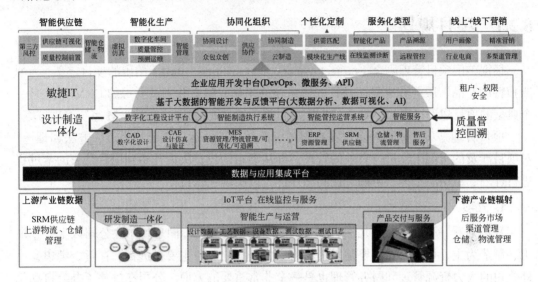

图 8-6　智慧企业

任务 2　搭建 CRM 系统

本任务知识点：

- 项目管理的基本概念和作用
- 项目范围管理
- 项目管理的四个阶段和五个过程
- 使用信息技术进行项目管理
- 项目管理相关工具的功能及使用
- 项目工作分解结构的编制方法和实践应用
- 资源平衡、进度计划优化
- 项目质量监控
- 项目风险控制

项目8　项目管理
与智慧企业2.mp4

　　不知不觉中，小 C 在贝塔公司工作已经一年，小 C 勤勤恳恳的工作表现赢得了公司认可，公司经理决定给小 C 一个更重要的工作：负责建立并测试公司 CRM 系统。贝塔公司是以销售为主的公司，客户信息非常重要，但是销售存在一定的流动性。比如：

小 C 的师傅老王前不久就跳槽到另外一个企业。由于小 C 做了几年的销售助理，熟悉客户资料整理工作，因此公司经理希望小 C 能够搭建一个信息化的客户管理系统，对客户信息进行科学管理，把销售辞职对公司的影响降到最低。

8.2.1　项目规划

根据美国项目管理协会（project management institute，PMI）给出的项目定义：为创造独特的产品、服务或成果而进行的体系化的工作，建立并测试公司的 CRM 系统是一个典型的项目建设过程，小 C 决定按照项目管理的方式来制定公司 CRM 系统管理方案。

项目管理是项目的管理者，在有限的资源约束下，运用系统的观点、方法和理论，对项目涉及的全部工作进行有效的管理。即从项目的投资决策开始到项目结束的全过程进行计划、组织、指挥、协调、控制和评价，以实现项目目标。

1. 立项

我们来看一下为什么贝塔公司需要建设 CRM 系统。不同于阿尔法公司以生产、加工、制造为主，贝塔公司主要是以销售为主，公司的业务主要是进货、存货、销售，另外公司的人力资源管理和财务管理也是一个非常重要的方面。公司在搭建了办公自动化和 ERP 系统的基础上，需要 CRM 系统来完善企业的经营管理。CRM 系统不仅是一个管理系统，更是一种管理机制和管理理念，是对销售、市场、客户，还有技术服务等进行集成管理。贝塔公司建设 CRM 系统的总体目标如下。

- 系统要具有创新性和前瞻性，以提高 CRM 系统的稳定性、可扩展性和延伸性，系统能够更好地满足服务老客户、拓展新客户的需要。
- 聚焦产品销售，对内部分散的流程重构；增强与客户交流和沟通，完善销售产品信息完整性；实现销售品统一配置，打通售后服务数据信息。
- 通过 CRM 系统建设，打通与其他信息系统壁垒，实现整体业务流程自动化，缩短营销和客户服务周期，提高工作效率，降低运营成本。
- 销售人员通过该功能记录客户跟进记录，为以后客户销售推荐提供帮助，同时管理人员也可以根据该功能来监督销售人员的跟进结果，考察销售人员的销售情况。提高销售人员服务能力和软件系统支持能力，及时了解和处理客户的要求和投诉，提高客户满意度和忠诚度。
- 通过客户关系管理和渠道建设，向客户提供个性化服务，实现系统对不同对象、不同业务需求的满足。对企业的营销活动和渠道进行量化评估和全面支持，提高企业经营管理能力。通过数据管理，实现对企业决策的支持。

"客户是上帝"，一个有效的客户关系管理系统能够有利于企业的长远发展，帮助企业拓展客户资源，提高客户信任度，提高客户资源利用率，进而提升企业的整体营收效益。同时在建设 CRM 系统时，注意解决信息数据混乱、数据保管不当造成客户信息丢失或泄露等问题，提高企业信息管理效率，规范企业客户信息管理业务流程。建立好客户数据库，是为下一步进行数据深度分析与挖掘提供基础。

2. 项目管理四个阶段和五个过程

当确定了项目要实施时，根据项目管理的要求，将项目过程分为四个阶段：分别是识别需求阶段、提出解决方案阶段、执行项目阶段、结束项目阶段。四个阶段也叫作规划阶段、计划阶段、实施与控制阶段和完工与交付阶段。如图 8-7 所示，项目管理四个阶段中分别要完成不同的任务，当然根据具体情况，这些任务不一定全部都有，也有可能根据实际情况在每个阶段增加不同的项目管理任务。

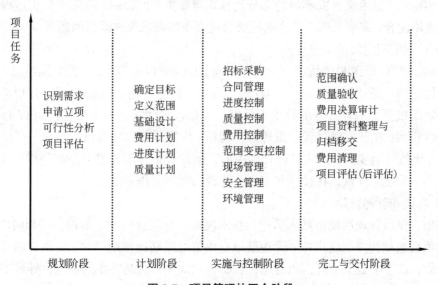

图 8-7　项目管理的四个阶段

与项目管理四个阶段对应的是项目管理的五个过程，即启动、规划、执行、监控、收尾。项目管理的五个过程是项目管理的工具和方法，每个项目阶段都可以有这五个项目过程，也可以仅选取某一个过程或某几个过程。比如，识别需求阶段有识别需求的启动、识别需求的规划、识别需求的执行、识别需求的监控和识别需求的收尾。又如，提出解决方案阶段可以只有提出方案阶段的规划和提出方案阶段的执行。

如果把项目管理比作战争，那么项目管理的四个阶段就是战略，而五个过程就是战术。那么战略就是战前物资储备、战争动员、投入战斗、战后协定，而战术就是列出计划、准备战斗、投入冲锋、结束战斗、打扫战场等，这个战术可以应用到战略的各个层面，包括战前物资储备等。

3. 项目管理风险评估

尽管 CRM 项目是比较成熟的项目，在不少公司都已经成功实施。但是无论是对于贝塔公司还是对于小 C，都是第一次实施 CRM 项目，并且在这个过程中，还有一些创新性的想法和应用，因此在项目中处处存在风险。

风险管理是用于降低风险的决策过程，通过风险识别、风险估测、风险评价等过程，并在此基础上选择、优化与组合各种风险管理技术，对风险实施有效控制和妥善处理风险所致后果，从而以最小的成本收获最大的安全保障。

例如，在 CRM 项目实施过程中，小 C 经过认真分析，列出了存在的风险。

1) 需求分析风险

系统采用定制化模块加二次开发模式，需要通过招标来找到乙方进行开发。乙方将根据贝塔公司的实际情况编写需求分析文档，作为项目基准。但可能会遇到公司的需求在开发过程中发生变化；需求分析欠科学合理，扩展了项目范畴；通过需求分析发现了额外的需求；产品定义含糊不清的部分比预期需要更多的时间；在需求分析过程中公司其他员工不配合；需求分析不能准确反映公司真正的需求等一系列问题。

2) 计划编制风险

例如，计划、资源和产品定义全凭客户或上层领导口头指令，并且可能不完全一致；计划是优化的，是"最佳状态"，但计划不现实，只能算是"期望状态"；计划基于使用乙方特定的成员，一旦乙方的技术人员发生变化，则计划会发生变化，而 IT 行业的人员流动性很大；在开发的过程中发现系统规模(代码行数、功能点、与前一产品规模的百分比)比估计的要大；完成目标日期提前，但没有相应地调整产品范围或可用资源；涉足不熟悉的技术领域，在设计和实现上花费的时间比预期要多。

3) 组织和管理风险

例如，仅由管理层或市场人员进行技术决策，导致计划进度缓慢，计划时间延长；低效的项目组结构降低生产率；管理层审查决策的周期比预期时间长；预算削减，打乱项目计划；管理层做出了打击项目组织积极性的决定；缺乏必要的规范，导致工作失误与重复工作；非技术的第三方工作(预算批准、设备采购批准、法律方面的审查、安全保证等)时间比预期长。

4) 人员管理风险

例如，作为先决条件的任务(如培训及其他项目)不能按时完成；开发人员和公司人员关系不佳，导致决策缓慢，影响全局；缺乏激励措施，士气低下，降低了生产能力；某些人员需要更多的时间适应还不熟悉的软件工具和环境；项目后期加入新的开发人员，需进行培训并逐渐与现有成员沟通，从而使现有成员的工作效率降低；由于项目组成员之间发生冲突，导致沟通不畅、设计欠佳、接口出现错误和额外的重复工作；不适应工作的成员没有调离项目组，影响了项目组其他成员的积极性；没有找到项目急需的具有特定技能的人。

5) 开发环境风险

例如，公司配套设施未及时到位；设施虽到位，但不配套，如没有电话、网线、办公用品等；设施拥挤、杂乱或者破损；开发工具未及时到位；开发工具不如期望的那样有效，开发人员需要时间创建工作环境或者切换新工具；新开发工具的学习期比预期更长，内容更多。

6）产品风险

例如，系统如果出现漏洞，生产出质量低下的、不可接受的产品，需要进行比预期更多的测试、设计和实现工作；开发额外不需要的功能，延长了计划进度；严格要求与现有系统兼容，需要进行比预期更多的测试、设计和实现工作；要求与其他系统或不受本项目组控制的系统相连，导致无法预料的设计、实现和测试工作；在不熟悉或未经检验的软件和硬件环境中运行所产生的未预料到的问题；开发一种全新模块将比预期花费更长时间；依赖正在开发中的技术将延长计划进度。

7）设计和实现风险

例如，设计质量低下，导致重复设计；一些必要功能无法使用现有代码和库实现，开发人员必须使用新库或者自行开发新功能；代码和库质量低下，导致需要进行额外的测试，修正错误，或重新制作；过高估计了增强型工具对计划进度的节省量；分别开发的模块无法有效集成，需要重新设计或制作。

8）过程风险

例如，大量纸面工作导致进程比预期慢；前期质量保证行为不真实，导致后期重复工作；太不正规（缺乏对软件开发策略和标准的遵循），导致沟通不足，质量欠佳，甚至需重新开发；过于正规（教条地坚持软件开发策略和标准），导致过多耗时于无用的工作；向管理层撰写进程报告占用开发人员的时间比预期多；风险管理粗心，导致未能发现重大的项目风险。

通过对风险的识别，在制订计划、过程管理、质量控制等项目管理过程中，小C加入风险控制和权变因素，充分考虑各个环节的问题，这样有利于科学有效地制订项目管理方案，也有利于项目管理的顺利实施。

4. 项目管理与软件工程

软件工程是研究和应用如何以系统性的、规范化的、可定量的过程化方法去开发和维护软件，以及如何把经过时间考验而证明正确的管理技术和当前能够得到最好的技术方法结合起来。在项目管理和软件工程中，很多管理内容是重合的。例如，两者都需要对系统进行可行性分析、需求分析、测试等，那么怎么区分项目管理和软件工程呢？

我们还是以贝塔公司为例来说明，公司要求小C负责CRM系统建设的项目，但是并不是由小C组建一个团队来完成CRM系统设计与开发，而是由小C（当然也可能由一个团队）负责考察、了解软件企业，选择（招标）一个适合公司的系统，协调中标的软件公司（我们不妨称为伽马公司）来完成CRM系统建设。在这个过程中，小C运用项目管理的方式来实现贝塔公司CRM系统建设。

对于伽马公司而言，中标为贝塔公司开发CRM系统的任务以后，会形成一个项目，但是这个项目对于项目开发团队而言，是一个开发软件系统的工程项目，可以按照软件工程的方法来完成。当然，项目管理可以用于不同类型的工程建设。项目管理不仅可以用于信息化项目，在建筑、新产品开发等领域都可以应用项目管理的方法。

举个具体的例子来说明。这次项目管理中的需求分析并不是由小 C 完成的，而是伽马公司完成的。但是小 C 在项目管理中，必须要明确需求分析方案的确定时间、确定流程和确定方法。

如果小 C 自己组建团队从头到尾开发，那么他在开发系统的过程中，也需要应用软件工程的方法来实现开发。关于软件开发的方法论有很多，但是大多数是从"瀑布模型"演化而来的。1970 年温斯顿·罗伊斯（Winston Royce）提出了著名的"瀑布模型"，参见图 8-8，即把软件开发过程分为制订计划、需求分析、软件设计、程序编写、软件测试和运行维护 6 个基本活动过程，并且规定了它们自上而下、相互衔接的固定次序，如同瀑布流水，逐级下落。在软件开发过程中遵循如图 8-9 所示的规范，形成相应的文档。

图 8-8　软件开发"瀑布模型"

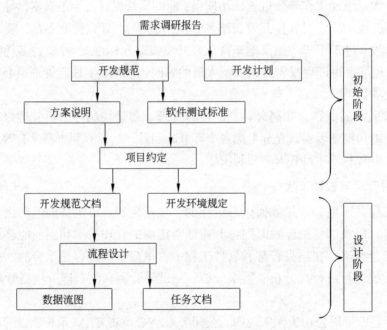

图 8-9　软件设计过程中的部分文档及规范文件

拓展资料：软件生命周期与软件开发方法

软件生命周期（software life cycle, SLC）是软件从产生直到报废或停止使用的生命周期。软件生命周期内有问题定义、可行性分析、总体描述、系统设计、编码、调试和测试、验收与运行、维护升级、废弃等阶段，也有将以上阶段的活动组合在内的迭代阶段，即迭代作为生命周期的阶段。除了瀑布模型外，最近几年来又发展出以下几种常见软件开发方法。

原型法（prototyping）是20世纪80年代随着计算机软件技术的发展，特别是在关系数据库系统（relational data base system，RDBS）、第四代语言（4th generation language，4GL）和各种系统开发环境基础上，提出的一种设计思想、工具、手段都全新的系统开发方法。它摒弃了那种首先一步步、周密细致地调查分析，然后逐步整理出文字档案，最后才能让用户看到结果的烦琐做法。

螺旋模型（spiral model）是巴利·玻姆（Barry Boehm）于1988年提出的，采用一种周期性的方法来进行系统开发，这种开发方法容易导致开发出众多的中间版本。通过运用螺旋模型，项目在早期就能够为客户实证某些概念。该模型是快速原型法，以进化的开发方式为中心，在每个项目阶段使用瀑布模型法。这种模型的每一个周期都包括需求定义、风险分析、工程实现和评审4个阶段，由这4个阶段进行迭代。软件开发过程每迭代一次，就前进一个层次。

快速应用开发（rapid application development，RAD）是一种涉及类似迭代式开发与软件原型（software prototyping）技术的程序设计方法学。它不仅是一种需求抽取方法，还是一种软件开发的方法。快速应用开发目的是快速发布系统方案，而技术上的优美相对发布的速度来说是次要的。在快速应用开发中，结构化与原型制作的技术被用来定义使用者的需求并设计开发出最终执行的系统。开发的过程会以结构化技术开发初步的资料模型及企业流程模型（business process model）作为起步，下一个阶段会通过制作原型来验证需求并改善资料及流程模型。迭代式地重复这些阶段，直到获得一个新的满足客户需求的系统为止。

敏捷开发（agile development）是一种以人为核心、迭代、循序渐进的开发方法，从1990年以后开始逐渐引起广泛关注的一种新型软件开发方法，一种应对快速变化的需求的软件开发能力。它们的具体名称、理念、过程、术语都不尽相同，相对于"非敏捷"，更强调程序员团队与业务专家之间的紧密协作、面对面的沟通（认为比书面的文档更有效）、频繁交付新的软件版本、紧凑而自我组织型的团队、能够很好地适应需求变化的代码编写和团队组织方法，也更注重软件开发中人的作用。敏捷开发中，软件项目的构建被切分成多个子项目，各个子项目的成果都经过测试，具备集成和可运行的特征。简而言之，就是把一个大项目分为多个相互联系，但也可独立运行的小项目，并分别完成，在此过程中软件一直处于可使用状态。

按照国际项目管理协会（International Project Management Association，IPMA）的定义，项目管理主要涉及9个领域：范围、时间、费用（成本）、质量、人力资源、风险、沟通、采购、整体。根据贝塔公司CRM系统的特点，小C列出了整个项目管理过程和具体管理内容，如图8-10所示。

8.2.2　项目计划

在完成项目规划阶段的管理之后，小C开始着手设计项目计划阶段的项目管理方案。这一阶段的项目管理内容很多，根据前期规划，小C重点从项目范围、项目干系人、

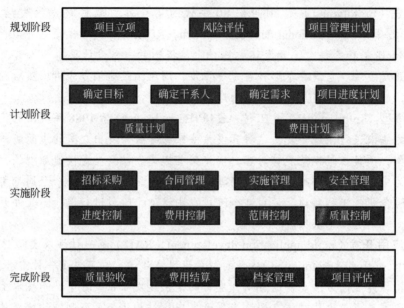

| 规划阶段 | 项目立项 | 风险评估 | 项目管理计划 |

| 计划阶段 | 确定目标 | 确定干系人 | 确定需求 | 项目进度计划 |
| | 质量计划 | | 费用计划 | |

| 实施阶段 | 招标采购 | 合同管理 | 实施管理 | 安全管理 |
| | 进度控制 | 费用控制 | 范围控制 | 质量控制 |

| 完成阶段 | 质量验收 | 费用结算 | 档案管理 | 项目评估 |

图 8-10　贝塔公司 CRM 项目管理方案

进度计划、成本计划、质量计划几个方面对项目进行管理。

1. 项目范围管理

在前面我们介绍过项目的总体目标，为了达成这个目标，我们需要确保项目始终处于可以控制的范围内。既能够实现既定目标，又没有浪费资源去实现一些不必要的功能，这就需要项目范围管理。

项目范围管理确保项目做且只做成功完成项目所需的全部工作的各过程。确定和控制项目所包含和不包含的范围。在这个过程中，要求项目管理者（项目经理，也就是案例中的小 C）所确定的项目范围是充分的；同时还要确定范围中不包括那些不必要的工作，剔除掉干扰的因素；规定要做的工作能实现预期商业目标；同时以科学的技术和方法对项目进行范围制定，并进一步进行控制。

- 收集需求（规划过程组）。
- 定义范围（规划过程组）。
- 创建工作分解结构（规划过程组）。
- 核实范围（监控过程组）。
- 控制范围（监控过程组）。

举个简单一点的例子：某天晚上你要请朋友到家里吃饭，这时候你需要先确定来吃饭的人，包括性别、喜好、忌讳等信息（收集需求）；根据收集的信息，你开始确定要做几个菜、主食吃什么、饮料有哪些（定义范围）；确定好之后，开始和家人分头买菜、准备餐具、购买饮料等（创建工作分解结构）；等到下午五点时，再次打电话沟通确认一下，有没有临时不来，或者有朋友又带了个朋友（核实范围）；等朋友来了之后，随时根据聚餐情况添加酒水食物，确保就餐一切顺利（控制范围）。

对于小 C 而言，这段时间需要完成的主要工作之一就是需求分析（关于需求分析的形成方法，属于软件工程领域，这里不再额外讲述，有需要的读者请查阅软件工程参考资料）的确认。督促伽马公司根据贝塔公司的目标和系统干系人的需求，提供一份完整的系统建设需求分析方案，并由双方领导签字确定，以保证项目范围明确。在完成需求分析确定之后，小 C 需要完成一个比较重要的工作，就是创建工作分解结构。

工作分解结构（work breakdown structure) 是一个由以项目产品或服务为中心的子项目组成的项目"家族树"，它规定了项目的全部范围。工作分解结构是为方便管理和控制而将项目按等级分解成易于识别和管理的子项目，再将子项目分解成更小的工作单元，直至最后分解成具体的工作（或工作包）的系统方法，是项目范围规划的重要工具和技术之一。

工作分解结构具体的表示方法很多，最为常见的是层次结构图和锯齿列表的表示方式。图 8-11 给出小 C 根据贝塔公司 CRM 系统开发的实际情况，设计的 WBS 层次结构图和锯齿列表。

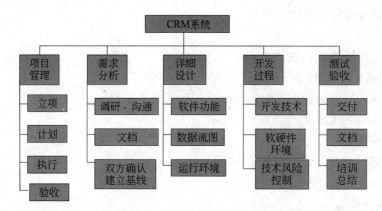

图 8-11　贝塔公司 CRM 系统 WBS 层次图

项目锯齿列表如下。

1　规划阶段

1.1　立项阶段

1.1.1　完成"项目可行性研究报告"

1.1.2　制作"项目管理计划"

1.1.3　制作"项目风险管理计划"

1.1.4　通过公司的立项评审

1.1.5　完成项目评估

1.2　准备招标和合同

1.2.1　根据项目目标，制作招标书

1.2.2　准备招标

1.2.3　准备合同

2　计划阶段

2.1　项目计划

2.1.1 确定项目范围，提交"需求分析"

2.1.2 完成"工作任务分解（WBS）"

2.1.3 确定项目组成员、确定项目干系人

2.1.4 提交"项目进度计划"

2.1.5 提交"项目成本预算"

2.1.6 提交"项目质量计划"

2.2 其他事项

2.2.1 根据情况确定其他计划，如验收计划、培训技术、安全管理计划等，形成"验收测试计划"

2.2.2 将以上项目计划提交给公司评审

3 实施阶段

3.1 招标和签订合同

3.1.1 联合招标公司进行招标

3.1.2 汇报招标结果、公示

3.1.3 根据公司流程签订合同

3.2 系统开发设计

3.2.1 确认"详细设计""接口设计""数据流图"等

3.2.2 监控开发进度

3.2.3 沟通管理

3.2.4 范围控制、需求变更管理

3.2.5 风险处理过程

4 完成阶段

4.1 测试

4.1.1 提交"系统测试"文档

4.1.2 现场测试

4.1.3 提交验收测试报告

4.2 运行验收

4.2.1 系统试运行

4.2.2 试运行期间管理与系统修改、沟通管理

4.2.3 项目文档管理

4.2.4 组织验收、费用清理

4.3 项目总结

4.3.1 提交"项目总结报告"

4.3.2 召开项目验收总结会

2. 项目干系人

每个项目会涉及许多组织、群体或个人的利益，它们构成了项目的相关利益主体，这些统称为项目干系人。一个项目的主要项目干系人包括客户、用户、项目投资人、项

目经理、项目组成员、高层管理人员、反对项目的人、施加影响者。项目管理工作组必须识别哪些个体和组织是项目干系人，确定其需求和期望，然后设法满足和影响这些需求，以确保项目成功。通常情况下，我们会采用项目干系人责任分配表，列出项目中重要事项与项目干系人之间的关系，从而做好项目管理。表 8-1 是小 C 列出的贝塔公司 CRM 项目的项目干系人责任分配表。

表 8-1　贝塔公司 CRM 项目的项目干系人责任分配表

重 要 事 项	小 C	销售经理	销售代表	财务	采购＆资产管理	信息部	伽马公司项目负责人	公司负责人
立项审批	▲	□	□	□	□	□		○
招标		●		●	▲	●	□	
需求确认	▲	●				●	●	
签订合同	□			○	▲		□	
系统开发	●	●	●			□	▲	
系统测试与试运行	●		▲			●	□	
验收、尾款	●	○	●		▲	●	□	
项目总结	▲	●				□	●	□

注：▲ 代表负责；○代表审批；●代表参加；□ 代表通知。

3. 进度计划

每一个老板都希望所有的工作能够按时完成，信息化项目经常会因为种种原因导致无法按时完成。为了确保项目能够按时交付，每一个项目都会制订时间进度计划，通常情况下时间管理进度计划常用的方法包括以下几种。

里程碑（重大事件）：找出项目过程中包括的重大事项，然后设定重大事项完成时间，从而监督整个项目的完成。

甘特图（Gantt chart）：一种直观、易懂、容易实现的进度计划表示方式，又称横道图或者条状图（bar chart），被大量的项目广泛使用。通过条状图显示项目、进度或其他事项进展的内在关系，以及随时间进展情况。"甘特图"显示了活动开始和结束日期，也显示了期望活动时间，但图中显示不出不同事项的相关性。

项目网络图：一种能够显示出项目间前后次序和逻辑关系的图表示方式，同时也显示了项目关键路径与相应的活动。项目网络图是一种抽象的数学图表示方式，编制方法包括前导图法、箭线图法、条件图法等。在网络图基础上，还发展出一种有时间尺度的项目网络图。这种图功能更为强大，能够有效显示项目的前后逻辑关系、活动所需时间和进度方面信息。项目网络图最大的优势是，能够将关键项目输入计算机进行处理，从而找出其关键路径，帮助控制项目进度或者压缩项目时间，项目网络图一般用于较复杂的大型项目规划。

贝塔公司负责人要求 CRM 项目要在一年之内完成，小 C 分别用里程碑、甘特图和项目网络图制订进度计划，如表 8-2、表 8-3 和图 8-12 所示。

表 8-2 里程碑

里程碑	进度时间（月份）											
	1	2	3	4	5	6	7	8	9	10	11	12
立项	▲											
招标	▲											
确认需求		▲										
签订合同		▲										
详细设计			▲									
开发							▲					
测试											▲	
试运行											▲	
验收												▲
总结												▲

注：▲代表完成时间。

表 8-3 贝塔公司 CRM 系统甘特图

步 骤	进度时间（月份）											
	1	2	3	4	5	6	7	8	9	10	11	12
立项	→											
招标		→										
确认需求		━→										
签订合同			→									
详细设计			━→									
开发				━━━━━→								
测试								━━━━━→				
试运行								━━━━→				
验收											→	
总结												→

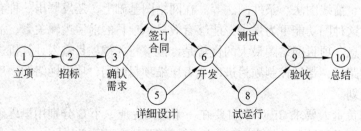

图 8-12 贝塔公司 CRM 项目网络图

4. 成本计划

对于贝塔公司和小 C 而言，成本计划相对比较简单，根据项目预算完成招标之后，按招标合同执行。小 C 只需注意测试和沟通费用即可。但是对于系统设计实现的伽马公司而言，项目成本计划管理是非常重要的。项目成本管理（project cost management）一般是指项目实际开发单位为使项目成本控制在计划目标之内所做的预测、计划、控制、调整、核算、分析和考核等管理工作。图 8-13 给出了某项目季度成本计划表，以供参考。

项目成本季度计划表

项目名称：					□工程成本					□非工程成本	
成本科目	成本细项	成本标准	累计调整数	调整后目标成本	其中			计划发生额			
					截至上年末已发生数	未发生数	一季度(1—3月)			合计	工程形象进度或工作事项进度说明
							1月	2月	3月		
管理公司总经理：					所在公司总经理			日期：	年 月 日		
经营管理部经理：					成本控制部经理						

图 8-13 项目成本季度计划表

5. 质量计划

GB/T 19000—2008 中对"质量计划"的定义是："对特定的项目、产品或合同，规定由谁及何时应使用哪些程序和相关资源的文件。"质量属性包括正确、可用等功能性属性，也包括性能、安全、易用、可维护等非功能性属性。各质量属性间本身也存在正负相互作用力，提高某个质量属性会导致其他质量属性受影响，也会使项目进度成本等其他要素受到影响。本次项目小 C 主要是软件系统设计实现，因此，了解软件质量是制订本次项目质量计划的关键因素。

软件质量是软件与明确地叙述的功能和性能需求、文档中明确描述的开发标准以及任何专业开发的软件产品都应该具有的隐含特征相一致的程度。从管理角度对软件质量进行度量，可将影响软件质量的主要因素划分为 6 个特性（根据 GB/T 16260.1），即功能性、可靠性、易用性、效率、维护性与可移植性。其中功能性包括适合性、准确性、互用性、依从性、安全性；可靠性包括容错性、易恢复性、成熟性；易用性包括易学性、易理解性、易操作性；效率包括资源特性和时间特性；维护性包括可测试性、可修改性、稳定性和易分析性；可移植性包括适应性、易安装性、一致性和可替换性。熟悉了软件质量指标体系，就可以制订项目质量计划。

8.2.3 项目执行

经过立项和精心的计划，项目终于开始执行了，这也是整个项目管理中最为重要的环节。在这个过程中，小 C 要确保项目计划的顺利进行，要协调和管理项目中存在的各种技术和组织等方面的问题，要不断地沟通和管理，处理各种问题。项目会议是这个阶段常用的管理和沟通方式，项目经理要学会开好各种会议，协调各方人员，达成既定目标。比如，项目立项需要召开立项论证会；招标采购需要召开评审会；确定需求分析需要召开方案研讨会等。对于贝塔公司而言，项目招标意味着项目正式开始，而对于伽马公司而言，中标意味项目正式开始，因此，不少项目都是从招投标正式开始启动，但是项目管理在项目启动之前就已经开始了。

1. 招投标管理

招投标是在市场经济条件下进行工程建设、货物买卖、财产出租、中介服务等经济活动的一种竞争形式和交易方式，是引入竞争机制订立合同（契约）的一种法律形式。招投标管理是招标人对工程建设、货物买卖、劳务承担等交易业务，事先公布选择采购的条件和要求，招引他人承接，若干或众多投标人作出愿意参加业务承接竞争的意思表示，招标人按照规定的程序和办法择优选定中标人的活动。

为了防止腐败和暗箱交易，绝大部分政府和事业单位的规模以上采购都采用招标采购的方式。国有企业、大型企业也仿照政府采购，对大型系统的建设采用招标方式来完成。一般来说，政府、事业单位、央企、国有企业的采购都委托第三方招投标公司来完成招投标工作，而企业为了节省成本，会采用自身组建评审小组的形式，来完成招标。当然大型企业会组建自己的招标采购部门。在本项目中，贝塔公司组建了由销售经理（代表使用方）、财务、资产管理等部门组成的评审小组，进行评标。具体的招标方式有以下三种。

1）公开招标

公开招标又称无限竞争招标，是由招标单位通过报刊、广播、电视等方式发布招标广告，有投标意向的承包商均可参加投标资格审查，审查合格的承包商可购买或领取招标文件，参加投标。

2）邀请招标

邀请招标又称有限竞争性招标。这种方式不发布广告，业主根据自己的经验和所掌握的各种信息资料，向有承担该项工程施工能力的三个以上（含三个）承包商发出投标邀请书，收到邀请书的单位有权利选择是否参加投标。邀请招标与公开招标一样都必须按规定的招标程序进行，要制定统一的招标文件，投标人都必须按招标文件的规定进行投标。

3）议标

议标（又称协议招标、协商议标）是一种以议标文件或拟议的合同草案为基础的，直接通过谈判方式，分别与若干家承包商进行协商，选择自己满意的一家，签订承包合同的招标方式。议标通常使用于涉及国家安全的工程、军事保密的工程，或紧急抢险救灾工程及小型工程。

由于是信息化系统建设项目，需要前期调研考察，先了解供货商的产品是否与本公司的需求吻合，贝塔公司采取的是第二种方式，也就是邀请招标的方式。在前期考察的基础上，遴选了伽马公司等一些供货商，最后经过综合评审，伽马公司中标。需要特别指出的是：尽管小 C 前期负责考察，接触供货商，但是小 C 并不参加评审，这就是为了避免评标的不公平。

2. 质量监控

招完标，经过和伽马公司沟通，确定好需求，签订好合同后，伽马公司就正式进入开发阶段。这段时间小 C 会比较清闲一些，而伽马公司则进入项目冲刺阶段。这个时候，无论是小 C，还是伽马公司，都需要做好项目质量控制。

项目质量控制（project quality control）是指对于项目质量实施情况的监督和管理。这项工作的主要内容包括：项目质量实际情况的度量，项目质量实际与项目质量标准的比较，项目质量误差与问题的确认，项目质量问题的原因分析和采取纠偏措施以消除项目质量差距与问题等一系列活动。这类项目质量管理活动是一项贯穿项目全过程的项目质量管理工作。

小 C 可以采用跟踪的方式，随时了解开发进度，避免最后因缺乏有效沟通，导致项目进度落后，或者质量监控不到位。常见的跟踪方式有三种：周跟踪、里程碑跟踪、不定期跟踪。将跟踪过程发现的问题填写在表 8-4 中，根据跟踪的情况进行沟通协调，或者召开碰头会解决问题。

表 8-4　项目跟踪表

跟踪方式	角　色	活　　　动	输　　出	汇　报　对　象
周跟踪	项目成员	编写个人周报	个人周报	项目经理
		参加项目例会		
	项目经理	编写个人周报	个人周报	所属部门经理
		进行周跟踪（工作量、进度、风险、资源、承诺、问题）	项目计划、问题跟踪表、风险管理报告	部门经理
		编写项目周报	项目周报	部门经理
		召开项目例会	会议纪要	会议成员及涉及的相关人员
里程碑跟踪	项目经理		项目里程碑报告	部门经理
不定期跟踪	项目经理	不定期进行跟踪（工作量、进度、风险、资源、承诺、问题）	问题跟踪表	部门经理

3. 风险控制

风险监控就是在风险事件发生时实施风险管理计划中预定的应对措施。另外，当项目的情况发生变化时，要重新进行风险分析，并制定新的应对措施。在项目执行过程中，风险监控应是一个实时的、连续的过程。它应该针对发现的问题，及时采取措施。例如：2020 年年初新冠肺炎疫情突然暴发，很多公司员工受到了严重的影响，有可能会严重影响项目进度。遇到这种突发事件时，项目经理需要积极联系协调，对项目进度计划进行重新评估；并采取线上会议等方式，积极沟通协调，以保证项目的顺利完成。

项目风险会贯穿整个项目执行过程中，随着项目的进行，风险点会逐渐减少。有经验的项目经理能够早早识别项目风险，为公司挽回损失，因为风险作为一个事件，在一定程度上是可以预测、避免的，并且是可跟踪、可管理的。项目经理往往会采用风险监控标准，采用系统管理方法来规避风险。通过风险评估、风险审计、技术指标分析、储备金分析、变差和状态分析等方法，来识别风险，进而控制、规避风险。

8.2.4　项目完成

系统开发完成之后，进入测试验收阶段。

1. 项目验收

软件测试是软件生命周期中的一个重要环节，也是软件工程中的一个重要内容。在交付给客户之前，软件开发企业——也就是本案例中的伽马公司，会对 CRM 系统做各种各样的测试，主要包括运用白盒测试与黑盒测试的方法，对单元、功能、模块及系统整体做测试。在测试无误之后，贝塔公司进行现场测试与试运行。对于小 C 来说，主要是组织对系统进行实地验收的测试，更多的是功能测试，属于黑盒测试方式。小 C 设计的测试方案如下。

测试目的：测试 CRM 系统的功能性、界面性、容错特性、数据、流程等方面，以及是否与需求分析方案一致；是否符合系统设计总体目标要求；是否符合软件质量标准。

测试环境：贝塔公司实际环境。

具体测试工作分工如表 8-5 所示。

表 8-5　测试工作分工

角　色	职　责	技　能
项目经理	沟通、协调，解决问题； 软件质量管理与控制	熟悉项目管理知识或有项目管理经验，能进行有效沟通； 具备一定的信息技术基础知识
销售经理	确认功能与需求分析一致； 协调部门人员参与测试； 报告系统建设为公司带来的效益与变化； 设计测试用例	具有协调管理能力

角 色	职 责	技 能
销售人员	执行测试活动； 对流程、功能提出改进建议	具有信息化技术应用能力； 服从指挥； 具有协调能力
信息部	提供资源保障； 建立并维护测试环境	与伽马公司技术人员对接，能够维护系统，并与其他系统协调运行
办公室等其他部门	配合测试工作； 如有需要，完成数据联动测试； 监督、指导测试的执行过程	熟悉软件质量保证和软件过程改进理念，了解被测软件的特性及应用场景

在制订完测试方案之后，接着制订了测试进度计划，根据实际业务需求，设计了测试用例。在做好准备之后，与销售部门、公司其他员工一起执行测试、生成原始记录，并且做好记录，及时反馈给伽马公司，对 bug 进行修改。最终形成整套的测试文档，用于存档。测试完成之后，进入试运行阶段，用真实的数据和市场环境对系统进行检验，试运行无问题之后，可以组织人员进行验收。

2. 文档管理

对于信息化项目而言，文档管理是其中一个非常重要的管理方面，在验收阶段、后期维护使用阶段都需要文档支持。国家有关于信息化项目文档管理专门的标准，包括《软件文档管理指南》（GB/T 16680—1996）和《计算机软件文档编制规范》（GB/T 8567—2006），通过这些标准来指导开发人员、管理人员以及用户形成清晰、便于维护的文档。当然在一个项目中，不一定具备所有的文档，但是应该具有一些重要的文档，这里列出信息化项目中常见的文档。

1）开发文档

开发文档是描述软件开发过程，包括软件需求、软件设计、软件测试、保证软件质量的一类文档，开发文档也包括软件的详细技术描述（程序逻辑、程序间相互关系、数据格式和存储等）。基本的开发文档包括：

- 可行性研究和项目任务书。
- 需求规格说明。
- 功能规格说明。
- 设计规格说明，包括程序和数据规格说明。
- 开发计划。
- 软件集成和测试计划。
- 质量保证计划、标准、进度。
- 安全和测试信息。

2）产品文档

产品文档规定关于软件产品的使用、维护、增强、转换和传输的信息。产品文档为使用和运行软件产品的任何人规定培训和参考信息；使那些未参加开发本软件的程序员更容易维护它；促进软件产品的市场流通或提高可接受性。产品文档便于管理者监督软件的使用；通告软件产品的可用性，并详细说明它的功能、运行环境等；对任何有兴趣的人描述软件产品。基本的产品文档包括：

- 培训手册。
- 参考手册和用户指南。
- 软件支持手册。
- 产品手册和信息广告。

3）管理文档

这种文档建立在项目管理信息的基础上，从管理角度规定涉及软件生存的信息。主要包括以下几种。

- 开发过程的每个阶段的进度和进度变更的记录。
- 软件变更情况的记录。
- 相对于开发的判定记录。
- 职责定义。

在整理好文档之后，可以组织正式的验收，如果一切顺利，由资产管理、使用部门经理、项目经理、信息部门负责人等共同组成验收小组，对项目进行评审验收。也有一些项目会专门聘请外部专家进行项目验收评审，通过组织验收评审会议来完成项目验收评审工作。验收完毕之后，最好召开一次项目总结表彰会议，对项目中的经验进行总结，对项目中表现优秀的人进行表彰。

任务 3 软件成熟度与智慧企业

 本任务知识点：

- 软件成熟度
- 智慧企业

8.3.1 软件成熟度

企业或者组织通过信息技术，带来了管理上的变化和提升。企业信息化一直是信息技术最活跃的场所，与信息技术互相融合，共同发展。对于软件企业而言，如何增强自身管理，高效率地开发出符合社会需求的产品，是一个难点。目前，软件能力成熟度模型是衡量一个软件企业管理能力和管理水平的重要指标。

软件能力成熟度模型（capability maturity model for software，SW-CMM/CMMI）是由美国卡内基梅隆大学软件工程研究所（CMU SEI）研究出的一种用于评价软件承包商能力并帮助改善软件质量的方法，其目的是帮助软件企业对软件工程过程进行管理和改进，增强开发与改进能力，从而能按时地、不超预算地开发出高质量的软件。其所依据的想法是：只要集中精力持续努力去建立有效的软件工程过程的基础结构，不断进行管理的实践和过程的改进，就可以克服软件开发中的困难。CMM/CMMI 是目前国际上最流行、最实用的一种软件生产过程标准，已经得到了国际软件产业界的认可，成为当今（企业）从事规模软件生产不可缺少的一项内容。软件能力成熟度模型主要分为五级。

CMM 一级（初始级）：企业清楚项目目标，并且了解如何做能够实现目标。但是因为是低成熟度，对项目管理过程管理及控制要求不高，无法复制其经验，无法形成非常标准化的项目管控体系，所以项目实施过程比较依赖人。

CMM 二级（已管理级）：相对一级对管理要求提高，避免随机性。需要制订项目相关制度及流程，并且实施过程中企业要按照规定执行。责权利清楚，相关资源完善。不仅要按计划实施，还需要对项目人员进行培训。并且整个过程需要有监督控制，相关流程节点有相应的评审。针对相关项目实施人员进行相应的培训，针对整个流程进行监测与控制，对项目与流程进行审查。提高项目实施的成功率。

CMMI 三级（已定义级）：企业根据 CMMI 三级体系要求，结合自身的特性及管理需求，制订项目管理制度及流程来保证项目顺利实施。所以不仅可以有效实施同类型的项目，也可以成功实施不同类型的项目。将科学的项目管理变成企业文化的一部分。

CMMI 四级（定量管理级，也称量化管理级）：过程域和 CMMI 三级没有区别，重点关注的是量化分析过程。不仅有制度，还将制度流程数字化。通过数据分析各个阶段，形成管理模型，使管理依据更加精确合理。可以有效提高稳定性及项目质量。

CMMI 五级（优化级）：是 CMMI 的最高级别，能通过 CMMI 五级代表企业的项目管理水平非常高。它也是衡量软件企业的项目管理水平的最高标准。不仅满足 CMMI 四级的所有要求，在此基础上充分利用相关资料。可以预防企业项目管理过程中存在的问题。改善流程，优化流程。

能够通过 CMMI 五级的软件企业寥寥无几，都是当前世界上顶级的软件企业，国内大部分软件企业还处于 CMMI 二级或三级的层面。软件企业能力和水平的改进，才能够从根本上推动企业信息化系统建设。

8.3.2　智慧企业

在 8.1.2 小节中介绍过，计算机技术的发展，使企业在从采购、加工、管理到销售等全过程都可以应用信息系统来辅助，能够有效提供信息支持企业或组织的运行管理和决策功能。但是随着信息技术的发展，当前呈现的趋势是，信息化企业正在向智慧企业转变。

智慧企业是在企业数字化改造和智能化应用之后的新型管理模式和组织形态，是先进信息技术、工业技术和管理技术的深度融合。通过智慧企业建设，不仅可以促进企业内部生产关系的转型升级，完成与"互联网+"社会生产力的和谐对接，还能进一步释放企业员工的创新创效活力，为企业提供可持续发展的原动力。如果把企业比喻成一个人，信息技术在智慧企业中的作用如图 8-14 所示。

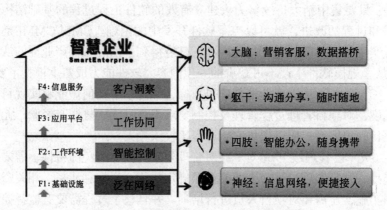

图 8-14　信息技术在智慧企业中的作用

在后面的项目中，我们将逐一介绍云计算、大数据、人工智能、区块链等技术，这些新一代信息技术在企业中的综合应用，将大大提高企业信息化程度，促进企业向智慧企业不断转变。

综合训练电子活页

1. 分析你所在校园中使用的管理信息系统及其简单功能。
2. 假如你是一位校园网站建设项目的项目经理，写出项目管理过程。

项目 8　综合训练
电子活页.docx

项目9 云计算与按需服务

导学资料：按需分配

"在共产主义的高级阶段……当劳动不仅仅是谋生的手段，而是成为生活的第一需要时……社会财富的一切源泉都充分涌流的时候……社会才能在自己的旗帜上写上：各尽所能，按需分配。"列宁在《国家与革命》中论述"共产主义社会的高级阶段"时，引用了马克思对共产主义的论述。共产主义的一大特征就是按需分配，要实现按需分配，需要满足物质与精神两个方面的基本条件，即物质充裕及精神满足。

当前全球无论哪个国家基本上都无法实现按需分配，当然排除这两方面的因素之外，还有其他方面的因素。但是在某一个行业领域内，在某些特定的技术手段下，按需分配能够实现或已经实现，比如电网。当一个国家或者一个地区电力资源比较丰富时，如果拥有电力运输的基本设施，电力的输送就较快，而且损耗较少。当一个组织或者个人需要消耗一定的电力时，可以按照需求用电，所以从一定程度上来说，电力资源能够实现按需供给。

在前面我们提到，信息与物质、能量同等重要，甚至可以看作构成世界的基本元素。在物质领域，电力是目前人类使用的最为便捷、有效的能源，是支撑现代文明社会的基础，并且国家电网的实施，使人们能够按需使用。那么我们是否能够按照这个思路，设计出一些方法，在信息处理方面，来保证组织和个人得到所需要的算力和存储空间呢？这就是云计算。

任务1 企业上云

本任务知识点：

- 云计算定义、理解和应用举例
- 云计算与传统计算的区别与联系
- 云计算即服务，IaaS、PaaS、SaaS 的概念
- 私有云与公有云概念与理解
- 搭建私有云的软件和技术

项目9 云计算与按需服务.pptx   项目9 云计算与按需服务1.mp4

阿尔法公司实现了生产线的自动化、建设了 MES；贝塔公司建立了完备的企业信

息化管理系统，包括 OA 系统、ERP 系统、CRM 系统等。两个公司都实现了高度的信息化。随着公司规模的扩张，两个公司在信息化过程中不约而同都面临一些新的问题。

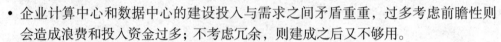

项目9　云计算与按需服务2.mp4

- 公司在各地都设有办公地点，异地办公的员工如何和总部员工一样随时使用公司的信息化相关软件。
- 业务系统越来越庞大，现有的硬件不足以支持系统计算和存储。
- 企业计算中心和数据中心的建设投入与需求之间矛盾重重，过多考虑前瞻性则会造成浪费和投入资金过多；不考虑冗余，则建成之后又不够用。
- 对信息化系统和数据越来越依赖，如何保证业务系统的安全、稳定、可靠和数据安全性。
- 需要专门的服务器、网络等专业维护人员，人力资源成本高昂。

还有一些诸如计算中心和存储中心建设占据大量场地、设备更新淘汰快、技术力量不足等方面问题。

9.1.1　系统上云

上述问题可以通过系统上云全部解决，也就是把公司的信息化系统通过云计算相关技术部署到云端。

　阅读资料：企业上云

在 2020 年工业和信息化部印发的《推动企业上云实施指南（2018—2020 年）〔2018〕135 号》中，明确提出强化云计算平台服务和运营能力，加快推动重点行业领域企业上云，完善支撑配套服务，制订工作方案和推进措施，组织开展宣传培训，推动云平台服务商和行业企业加强供需对接，有序推进企业上云进程。

企业上云，是指企业以互联网为基础进行信息化基础设施、管理、业务等方面应用，并通过互联网与云计算手段连接社会化资源，共享服务及能力的过程。当企业转型为平台型组织后，还应该走向"企业上云"，即把自己变成一个"云组织"。业界已经普遍承认"企业整体上云"的趋势不可逆转。

为什么国家要大力鼓励企业上云，上云之后为什么能够解决我们在前面提及的问题呢？这需要我们来理解云计算到底是什么。

一般情况下，关于云计算的定义可以这样阐述："云计算是一种分布式的计算模式。利用多台服务器构建成一个系统，将庞大的、待处理的信息数据划分为一个又一个微小的程序，通过互联网传输给系统进行分别处理，当系统出现最终结果后再传送给使用者。这种划分方式类似于电网网格的工作方式，在起初云计算被称为网格计算，多台服务器构建成一个庞大的系统，能够提供足够大的运算和存储能力，从而能够完成较大规模的数据处理，并提供较大的运算能力，并且可以通过网络提供算力和存储的共享。"

IBM 公司在其发布的白皮书中，对云计算的描述是："云计算既能为使用者提供系统平台服务，即作为基础设施来构建系统的应用程序，又能作为易扩展的应用程序通过网络的途径进行访问。在这种情况下，使用者只需要在高速稳定的网络环境下，通过计算机或移动设备就可轻松访问云计算应用程序，进行后续业务工作。"

这些定义从运算能力、经济性、便捷性等方面对云计算进行了不同的描述。云计算是计算机相关信息系统发展到一定阶段自然而然产生的，当前的大部分系统都需要云计算技术的支持。图 9-1 通过自来水厂的工作原理，对云计算进行解释：当我们需要水资源时，在古代都是通过水井（计算机）、水库（大型服务器）等获取水源。一个组织或个人在旱季时，需要挖水井或修建水库以获得水资源；当雨季来临时，即使不需要那么多的水井和水库，但是也得挖好水井和水库来防止旱季水资源不够用，这显然就造成了资源的浪费。

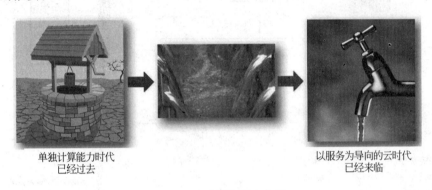

单独计算能力时代
已经过去

以服务为导向的云时代
已经来临

图 9-1 云计算与自来水厂

比较现代的解决方案是：将水井、水库的水集中到一起，通过建立自来水厂，架设了相应的管道，由专门的自来水工人实现水资源的供应。而普通用户需要水资源时，只需打开水龙头，就能够获取水资源。这样用水的人不必去挖井或建设水库，而只需要专注于用水来实现其他方面的生产。由自来水厂提供的水经过消毒、晾晒等环节，既卫生，又便捷。数据计算和存储资源，是不是能像水、电一样，集中供应、按需使用呢？

自 20 世纪 90 年代以来，互联网开始盛行并进入了个人、企业用户视野中，大部分软件都运行在单机或者网络调用远程服务器上的资源。图 9-2 说明了云计算的思想：当我们建设一个业务系统时，业务系统的算力或存储能力需求并不总是固定的，经常会出现峰值和谷值。比如，12306 网站在春节、国庆节、五一劳动节等时间段需要超出平时很多的算力；淘宝、京东等购物平台则在"双 11""618"等时间段达到运算的峰值。那么我们是不是可以将算力在购物平台和订票网站之间调度使用，以达到为全社会节省资源的目的呢？

这也是云计算及其相关技术出现的基本目标之一，云计算概念从提出到现在，已经经历了很长时间的发展，并取得了巨大的成就，不仅是将物理服务器放到一起形成计算中心这样简单的功能，同时能够为用户提供全方位的服务，极大地便利了用户业务系统的构建，并推动了信息化技术的全方位发展。国内知名的 IT 企业均建立了专门从事云计算相关业务的公司，并提供丰富的服务和解决方案，图 9-3 是百度云提供的云计算的相关服务。

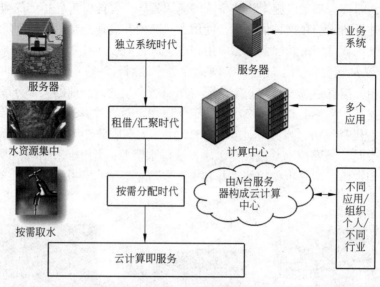

图 9-2　云计算思想

计算	网络	存储	数据库
云服务器 hot	弹性公网IP	对象存储	关系型数据库
轻量应用服务器 公测中	共享带宽	云磁盘	云数据库RDS for MySQL版
专属服务器	私有网络VPC	文件存储	
弹性裸金属服务器	服务网卡	存储网关	云数据库RDS for SQL Server版
GPU云服务器	NAT网关	数据流转平台 公测中	云数据库RDS for PostgreSQL版
FPGA云服务器	对等连接		
云手机 new	负载均衡	CDN与边缘服务	云数据库GaiaDB-X
弹性伸缩	智能云解析DNS	内容分发网络CDN	NoSQL 数据库
应用引擎	智能流量管理	动态加速	云数据库SCS for Redis版
	VPN网关	海外CDN	云数据库TableStorage
云原生	专线接入	边缘计算节点	云数据库DocDB for MongoDB版
云原生微服务应用平台	云通信	专有云	时序时空数据库TSDB
容器引擎服务	简单消息服务	专有云ABC Stack	消息队列 for RabbitMQ 公测中
容器实例			

图 9-3　百度云提供的云计算的相关服务

　　随着信息化的应用和发展，当前大部分行业和领域的信息系统都建设在云服务上，图 9-4 为阿里云提供的行业解决方案。随着云计算及其相关技术的推广，大部分企业不再需要建立自己的计算中心或存储中心，而是将信息系统架设在云平台上，既能够获取所需的算力和存储空间，满足了多地办公、移动办公的需求，又节省了建设资金、人力资源。同时，由于大部分云服务企业集中业内最好的人才和软硬件资源，系统的可靠性、安全性大大提高。

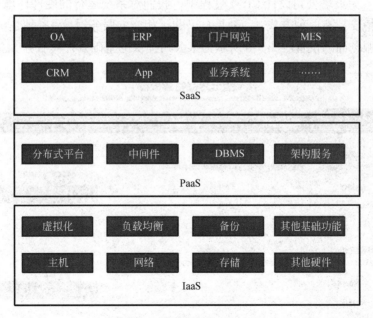

图 9-4 阿里基于云计算的行业解决方案

9.1.2 云计算即服务

通过前面的介绍，阿尔法、贝塔公司均了解了上云（将信息化系统建设在云计算平台上）的好处，可以通过企业业务上云解决一些问题，但是企业上云具体包括哪些内容，怎么实现上云呢？

上云可以为企业提供一个全面的、全方位的信息化解决方案，提供上云服务的企业力图实现从硬件到软件全方位的信息化服务，可以说云计算即服务。

如图 9-5 所示，所提供的服务可以划分为三个大的方面：基础设施即服务（infrastructure as a service，IaaS）、平台即服务（platform as a service，PaaS）和软件即服务（software as a service，SaaS）。

图 9-5 云计算即服务三层体系

233

1. IaaS

相对而言，基础设施即服务是比较好理解的云计算服务，顾名思义，主要为用户提供业务系统运行的软硬件基础。

基础设施即服务能够提供的服务包括以下几种。

- 计算资源服务：这是一种最为常见的服务方式，在云计算概念提出之前就有，根据业务系统需要提供虚拟主机、主机托管等服务。使用云平台的各种弹性计算服务，实现计算资源的集中管理、动态分配、弹性扩展和运维减负，实现算力的按需分配。

- 存储资源服务：类似于计算资源服务，针对大容量存储、安全存储等需求，提供存储服务。使用云平台的块存储、对象存储等云存储服务，提高数据存储的经济性、安全性和可靠性。

- 网络资源服务：对于一些功能较复杂、业务量大的系统，需要建设专网、私有云等。使用云平台的虚拟专有云、虚拟专有网络、负载均衡等网络服务，高效安全利用云平台网络资源。例如，如果一个公司需要业务系统支撑异地办公等，可以建设虚拟专网，既便于业务系统功能模块实现相应的功能，又能够简单方便地实现异地办公，大大减少了建设物理专网的高昂费用。

- 安全防护服务：企业在建设完备的业务系统之后，如果全部购买专业的安全设备，价格高昂还容易造成浪费，通过使用云安全防护，可以大大降低成本。使用云上主机安全防护、网络攻击防护、应用防火墙、密钥/证书管理、数据加密保护等安全服务，提高信息安全保障能力。

在项目8为贝塔公司设计CRM过程中，我们对系统运行的硬件环境进行了分析，实现硬件环境支持有两种方式：一种是自己购买相应的服务器；另一种是租用提供基础云服务平台服务商的设备。图9-6所示为某公司提供的基础云计算服务。对于一般的企

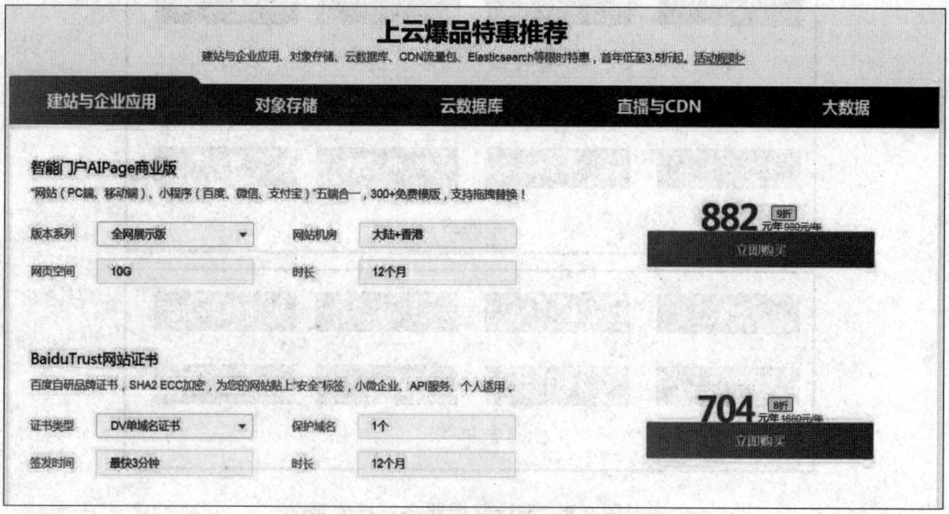

图9-6 某公司提供的基础云计算服务

业而言，显然租用更便宜，而且政府通常会对云服务平台进行补贴，在几年内都能够提供免费服务。目前国内华为、腾讯、阿里、百度等大型企业都推出了基础云平台服务，对业务系统能够提供非常完善的支持。

2. PaaS

与 IaaS、SaaS 相比，平台即服务是最难以理解的，要理解这个概念，我们首先需要理解中间件这个概念。

中间件是一种独立的系统软件服务程序。它是介于应用软件和系统软件之间的一类软件，它使用系统软件所提供的基础服务（功能），衔接网络上软件系统的各个部分或不同的功能，能够达到资源共享、功能共享的目的。中间件的出现一般是为了方便业务系统开发，通常预先开发完成一类业务系统常用的一些功能，当有人需要根据客户需求进行定制时，能够快速完成业务系统的开发。中间件的出现，为广大的程序设计人员提供了便利。

例如，我们知道，大部分业务系统需要访问数据库以获取数据，但是如果有很多业务系统同时在与数据库打交道，这个时候就要有一个程序专门管理和调度，这个程序我们可以称为数据库连接池。如果每一个业务系统都需要专门写一个连接池来管理，这毫无疑问会增加业务系统的工作量，于是一些"高手"写好了相关的代码，并将其整合成为容易部署的软件，提供给业务系统开发人员。比如，Java 开发者常用的 Tomcat、WebShere 等及微软提供的 IIS、.Net Framework 等都是中间件。

中间件有免费的、开源的，也有收费的。中间件充分体现了软件设计的基本思维：只开发一次，不要重复开发已具备的功能。

平台即服务中的平台，大部分指的是中间件或者类似中间件功能的软件。

让我们举个例子来说明平台即服务。

假如我们要开一个包子店，如果没有加盟，则需要自己购买蒸笼、和面机，然后设计不同馅料的包子，和面、擀包子皮、包包子、蒸熟再销售。

如果我们加盟了一个包子店，一种方法是总部做好包子配送到店里销售，但是由于包子只有刚出锅的才好吃，或者有一些汤包是无法配送的，这种方式很难在市场上立足；另外一种方法则是常见的方法，通常由总部统一配送馅料、发好的面，门店现包、现蒸、现卖。

蒸笼、和面机等设备类似于计算、存储服务，而馅料、面皮等则类似于中间件，包子店根据客户的具体情况提供服务。软件开发企业也可以根据用户需求，在 PaaS 平台上进行二次业务开发，这样能够减少开发成本，加快开发速度。

同理，贝塔公司的 CRM 系统开发，采用云服务模式，开发人员只需关注业务流程和功能模块，对于所需要的硬件和中间件的支持，则无须关注，统统由云服务平台提供即可。

3. SaaS

软件即服务的概念就比较容易理解了，供应商将应用软件统一部署在自己的服务器上，客户可以根据工作实际需求，通过互联网向厂商定购所需的应用软件服务。SaaS 模式即连锁包子店的第一种做法，加盟人员根本不需要考虑包子制作的问题，只需做好销售、管理等工作。

由于大部分同类型企业 OA、CRM 等具有相同的功能模块，因此可以由云平台服务商提供统一的应用服务，不同企业申请使用即可，这样彻底免除了企业信息化基础设施建设的成本，也无须开发应用软件。平台型企业能够将技术人员集中起来，完成更多功能、更强壮的系统开发，统一为应用型企业提供技术支持。

显然 SaaS 有很多优点，具有强大的发展前途，但是 SaaS 发展到目前，也有一些缺点需要克服。

1）技术方面

软件个性化定制技术尚未成熟，尽管某个行业的相似企业会产生一些相似的需求，但是每个企业对应用系统的需求千差万别，随着企业信息化程度不断提升，一些 SaaS 软件产品的功能模块过于追求通用性，对个性化定制支持不够，这就容易导致不能满足个性化企业的需求。有时候使用了 SaaS 软件，却成为制约企业发展的瓶颈，因为系统移植和搬迁需要巨大的费用支持。

传统软件通常会采用定制的方法来满足个性化的客户需求，但是 SaaS 平台追求通用性，过多的定制化服务会导致软件产生过多的冗余。在通用性和个性化方面的互相矛盾，成为 SaaS 软件或平台发展的瓶颈。目前很多行业逐步推出一些模块化解决方案，能够很好地解决这方面的矛盾。

2）管理方面

由于大客户的市场营利机会更大，SaaS 服务提供商专注于大型客户，中小客户被忽略。许多 SaaS 公司并没有实现和用户的真正交流，导致产品不能和用户的真实需求接轨。相关的法律法规仍然欠缺，一旦发生纠纷，无具体的法律可以作为依据。对于用户而言，SaaS 平台下的用户数据被储存在云端，用户并不知道其处理过程和存放位置，数据缺乏法律保护，用户对服务提供商的信任度很低；另外，制度不完善使不法分子有机可乘，SaaS 服务商承担着用户数据丢失的风险和责任，极大地制约了 SaaS 服务商创新及开拓市场的积极性。

3）安全方面

大多数企业不愿意使用 SaaS 的原因是，不愿意或者不敢相信平台服务商。提供云服务的供应商大部分也是企业，不可避免地因为技术或者个别员工的问题，导致数据泄露或者丢失，一旦发生这种情况，对于一些中小企业来说，可能是致命的。而很多用户共用一个云平台，这种交互使用的模式，容易导致安全漏洞的发生。

9.1.3　建设私有云

对于阿尔法公司来说，如果公司的信息化程度不断提升，受网络流量、费用等限制，通过公有云服务来支撑公司的信息化系统就不那么经济了。这个时候需要考虑建设公司的私有云，来更好地支撑公司的信息化发展。

私有云：通俗地说，就是企业或者组织运用云计算技术自己建设的、仅供内部使用的云服务，通常也可以称为"专有云"。显然，私有云由于云服务仅供自身使用，安全性、保密性更高，且能够更好地发挥硬件的效用，因此学校、政府、大型企业、邮电、银行等企业组织广泛使用私有云对业务系统提供支撑。

与私有云相对应的，出租给公众的大型基础设施云，提供丰富的 IaaS、PaaS、SaaS 服务等云服务，称为公有云。也有的组织充分利用自己的硬件基础，建成服务自身的私有云，同时也租赁一些公有云获取更高性价比的服务，这样的云服务基础我们称为混合云。

私有云可以采用和公有云基本相同的设计思维和技术，因此这里我们通过一个私有云搭建的案例，来展示搭建云服务的主要技术。

1. 虚拟化

虚拟化是云计算的核心技术之一，在完成物理硬件（高性能服务器、中心机房、网络）的安装之后，为了提高硬件的使用效率，一般都会进行虚拟化，常见的虚拟化软件是 OpenStack。图 9-7 所示为基于虚拟化的私有云体系架构。

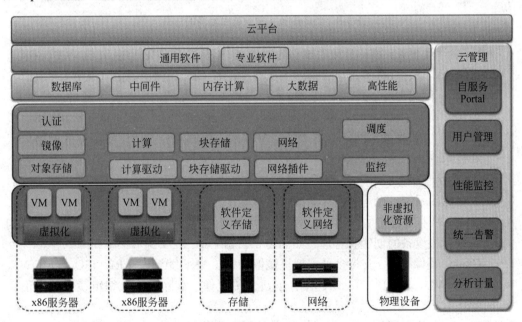

图 9-7 基于虚拟化的私有云体系架构

OpenStack 是 Apache 许可授权自由软件和开放源代码项目（关于 Apache 和开源我们这里不再赘述），主要为云平台建设和管理服务的，最初由 Rackspace 和 NASA 共同发起。目前有一百多家企业和一千多名程序员对其进行开发和维护，它能够有效地简化云的部署并带来较高的扩展性。

由于是开源软件，并且最近几年云计算相关技术飞速发展，因此 OpenStack 不断更新,并不断推出新的服务功能。截止到 Icehouse 版本,总共发展到了 10 个子项目,如图 9-8 所示。

图 9-8 OpenStack 各子项目之间的关系

- Nova 计算服务:最初是最为核心的项目之一,负责虚拟机创建、开机、关机、挂起、暂停、调整、迁移、重启、销毁等操作, 配置 CPU、内存等信息规格。
- Neutron 网络服务:网络虚拟化技术, 为 OpenStack 其他服务提供网络连接服务。为用户提供接口, 可以定义 Network、Subnet、Router, 配置 DHCP、DNS、负载均衡、L3 服务, 网络支持 GRE、VLAN。插件架构支持许多主流的网络厂家和技术, 如 OpenvSwitch。
- Swift 存储服务:用于在大规模可扩展系统中通过内置冗余及高容错机制实现对象存储的系统, 允许进行存储或者检索文件。
- Cinder 块存储服务:为运行实例提供稳定的数据块存储服务, 它的插件驱动架构有利于块设备的创建和管理, 如创建卷、删除卷, 在实例上挂载和卸载卷。
- Glance 镜像服务:支持多种虚拟机镜像格式(AKI、AMI、ARI、ISO、QCOW2、Raw、VDI、VHD、VMDK), 有创建上传镜像、删除镜像、编辑镜像基本信息的功能。
- Keystone 认证服务:为 OpenStack 其他服务提供身份验证、服务规则和服务令牌的功能, 管理 Domains、Projects、Users、Groups、Roles。
- Horizon UI 服务:OpenStack 中各种服务的 Web 管理门户, 用于简化用户对服务的操作。
- Ceilometer 监控服务:把 OpenStack 内部发生的几乎所有的事件都收集起来, 然后为计费和监控以及其他服务提供数据支撑。
- Heat 集群服务:实现云基础设施软件运行环境(计算、存储和网络资源)的自动化部署。

- Trove 数据库服务：为用户在 OpenStack 的环境中提供可扩展和可靠的关系和非关系数据库引擎服务。

 阅读资料：OpenStack 安装

1）基础环境

（1）服务器若干台。

（2）已安装好 CentOS 7 系统或其他 Linux 系统。

（3）网络已连接。

2）部署

（1）关闭防火墙。

```
[root@compute ~]# systemctl stop firewalld      // 关闭防火墙
[root@compute ~]# systemctl disable firewalld   // 取消防火墙开机自启
Removed symlink/etc/systemd/system/multi-user.target.wants/firewalld.
service.
Removed symlink/etc/systemd/system/dbus-org.fedoraproject.FirewallD1.
service.
```

（2）关闭 seLinux。

```
[root@controller ~]# setenforce 0        // 临时关闭
[root@controller ~]# sed -i 's#SELinux=enabled#SELinux=disabled#g'/
etc/seLinux/config   // 永久关闭
```

（3）配置 yum 源（这里配置的是阿里云）。

```
[root@compute ~]# mkdir -p /home/jack/repo.bak
[root@compute ~]# cp -r /etc/yum.repos.d/* /home/jack/repo.bak
// 备份系统 yum 源
[root@compute ~]# yum -y install wget
[root@controller ~]# wget -O /etc/yum.repos.d/epel.repo http://
mirrors.aliyun.com/repo/Centos-7.repo
[root@controller ~]# wget -O /etc/yum.repos.d/epel.repo http://
mirrors.aliyun.com/repo/epel-7.repo  // 备份后将以前 yum 文件删除
```

（4）同步时间。

```
[root@controller ~]# yum -y install ntpdate
[root@controller ~]# ntpdate ntp1.aliyun.com
[root@controller ~]# hwclock -w
[root@controller ~]# hwclock && date
```

（5）安装 OpenStack-queens 扩展源。

```
[root@controller ~]# yum install -y centos-release-openstack-queens
// 安装 OpenStack-queens 扩展源
```

```
[root@controller ~]# vi /etc/yum.repos.d/CentOS-OpenStack-queens.repo
```
// 编辑 CentOS-OpenStack-queens.repo 源，改为国内地址

（6）关闭 NetworkMananger.service 网络管理工具。

```
[root@controller ~]# systemctl disable NetworkManager.service
Removed symlink/etc/systemd/system/multi-user.target.wants/
NetworkManager.service.
Removed symlink/etc/systemd/system/dbus-org.freedesktop.
NetworkManager.service.
Removed symlink/etc/systemd/system/dbus-org.freedesktop.nm-dispatcher.
service.
[root@controller ~]# systemctl stop NetworkManager.service
[root@controller ~]# systemctl list-unit-files|grep NetworkManager
NetworkManager-dispatcher.service        disabled
NetworkManager-wait-online.service       enabled
NetworkManager.service                   disabled
[root@controller ~]# chkconfig network on
[root@controller ~]# systemctl start network
[root@controller ~]# chkconfig --list |grep network
```

（7）配置主机解析。

```
[root@controller ~]# vi /etc/hosts
[root@controller ~]# cat /etc/hosts
127.0.0.1    localhost localhost.localdomain localhost4 localhost4.
localdomain4
::1          localhost localhost.localdomain localhost6 localhost6.
localdomain6
192.168.116.128 controller
192.168.116.129 compute
```

（8）配置 dnsnameserver 服务器地址。

```
[root@controller ~]# echo 'nameserver 192.168.31.1'>> /etc/resolv.conf
[root@controller ~]# echo 'nameserver 202.96.128.86'>> /etc/resolv.
conf
[root@controller ~]# cat /etc/resolv.conf
# Generated by NetworkManager
nameserver 192.168.10.1
nameserver 192.168.31.1
nameserver 202.96.128.86
```

（9）升级软件包。

```
[root@controller yum.repos.d]# yum -y upgrade
```

（10）安装 OpenStack 客户端。

```
[root@controller yum.repos.d]# yum install python-openstackclient -y
```

（11）安装 OpenStack-selinux 软件包及安装策略。

```
[root@controller yum.repos.d]#  yum install openstack-selinux -y
```

至此，初步完成了 OpenStack 基本模块的安装，如图 9-9 所示。接下来用户就可以根据自己的业务需要，安装相应的子项目，如数据库、消息队列、认证服务、镜像服务等。

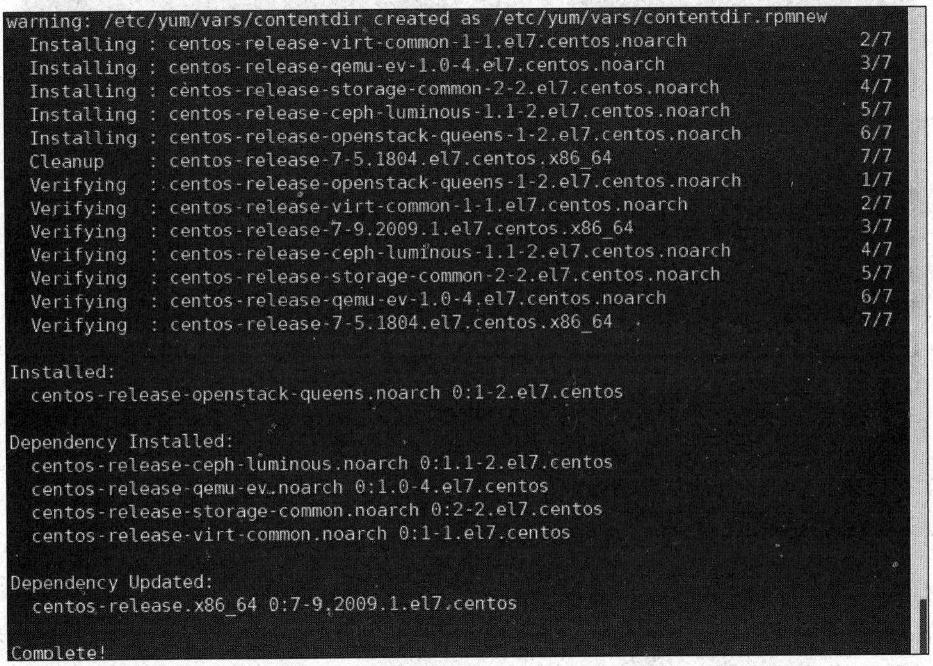

```
warning: /etc/yum/vars/contentdir created as /etc/yum/vars/contentdir.rpmnew
 Installing : centos-release-virt-common-1-1.el7.centos.noarch          2/7
 Installing : centos-release-qemu-ev-1.0-4.el7.centos.noarch            3/7
 Installing : centos-release-storage-common-2-2.el7.centos.noarch       4/7
 Installing : centos-release-ceph-luminous-1.1-2.el7.centos.noarch      5/7
 Installing : centos-release-openstack-queens-1-2.el7.centos.noarch     6/7
 Cleanup    : centos-release-7-5.1804.el7.centos.x86_64                 7/7
 Verifying  : centos-release-openstack-queens-1-2.el7.centos.noarch     1/7
 Verifying  : centos-release-virt-common-1-1.el7.centos.noarch          2/7
 Verifying  : centos-release-7-9.2009.1.el7.centos.x86_64               3/7
 Verifying  : centos-release-ceph-luminous-1.1-2.el7.centos.noarch      4/7
 Verifying  : centos-release-storage-common-2-2.el7.centos.noarch       5/7
 Verifying  : centos-release-qemu-ev-1.0-4.el7.centos.noarch            6/7
 Verifying  : centos-release-7-5.1804.el7.centos.x86_64                 7/7

Installed:
  centos-release-openstack-queens.noarch 0:1-2.el7.centos

Dependency Installed:
  centos-release-ceph-luminous.noarch 0:1.1-2.el7.centos
  centos-release-qemu-ev.noarch 0:1.0-4.el7.centos
  centos-release-storage-common.noarch 0:2-2.el7.centos
  centos-release-virt-common.noarch 0:1-1.el7.centos

Dependency Updated:
  centos-release.x86_64 0:7-9.2009.1.el7.centos

Complete!
```

图 9-9　初步完成安装之后显示的界面

2. Docker（容器）

虚拟化技术能够将一台高性能服务器虚拟为多台，也可以整合多台虚拟服务器的资源，使一台 x86 体系服务器可以同时运行多个操作系统，以支持多个应用。但是当多个应用同时运行时，需要多个虚拟主机，这造成了一定的资源浪费。2013 年 Docker 技术诞生，让开发者可以打包他们的应用以及依赖包到一个可移植的镜像中，然后发布到任何流行的 Linux 或 Windows 机器上，也可以实现虚拟化。基于 Linux Container 的 Docker 容器技术提供轻量级、可移植、自给自足的容器，利用 Linux 操作系统共享 Kernel 技术，多个容器共享同一系统内核，有效避免了执行应用时系统内核的不必要重复加载，减少了大量重复的内存分页，从而减少了不必要的内存占用。在单一物理机上可以并行实现为用户提供多个相互隔离的操作系统环境，这样可实现更高效的资源利用，服务运行速度、内存损耗都远胜于传统虚拟技术。

Docker 是一个基于 GO 语言的开源虚拟化应用容器引擎，自诞生之后被广泛采用，相关技术也得到迅猛发展。2015 年 Linux 基金会发布 Open Container Initiative 开放标准，对容器的镜像与运行时规范进行了定义，并概述了容器镜像结构以及在其平台上运行容器应该遵循的接口与行为标准。Docker 技术的目标是 "build once, configure once and run anywhere"，即通过对应用组件的封装（packaging）、分发（distribution）、部署（deployment）、运行（runtime）等生命周期的管理，达到应用组件级别的"一次封装，到处运行"。图 9-10 列出了虚拟机和 Docker 技术架构区别。

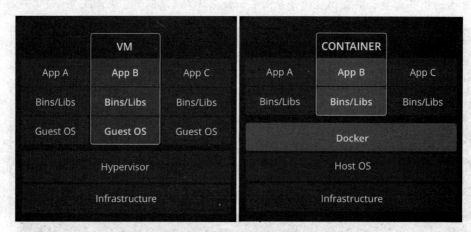

图 9-10　虚拟机和 Docker 技术架构区别

 阅读资料：Docker 安装

1）安装环境

Docker 最低支持 CentOS 7，Docker 需要安装在 64 位的平台中，并且内核版本不低于 3.10。为了便于安装，首先我们安装一个仿真软件 SecureCRT。这是一个支持 SSH（SSH1 和 SSH2）的终端仿真程序，简单来说就是 Windows 下登录 UNIX 或 Linux 服务器主机的软件，在做好这些准备工作之后，就可以开始安装了。

2）安装 Docker

（1）启动服务器，配置网络，SecureCRT 连接虚拟机。

（2）配置基础环境。

① 关闭 SELinux。

SELinux 是一种安全子系统，它能控制程序只能访问特定文件。默认状态下 SELinux 为 enforcing，使用以下命令进行修改。

```
# vi /etc/sysconfig/seLinux
SELinux=disabled
```

注意：修改后使用以下命令检查。

```
# getenforce[ 如果未生效，需要重启一下系统 (reboot)]
```

重启后登录 SecureCRT，可以查看结果。

② 关闭防火墙并设置开机不自启。

查看防火墙状态：

```
#systemctl status firewalld
```

关闭防火墙：

```
# systemctl stop firewalld.service
```

设置防火墙开机不自启：

```
# systemctl disable firewalld.service
```

③ 删除 iptables 防火墙规则。

```
# iptables -F
# iptables -X
# iptables -Z
# /usr/sbin/iptables-save
```

④ 修改系统内核——打开内核转发功能。

编辑配置文件 vi /etc/sysctl.conf，添加以下内容。

```
net.ipv4.ip_forward = 1
net.ipv4.conf.default.rp_filter = 0
net.ipv4.conf.all.rp_filter = 0
```

修改完成后重新加载 sysctl.conf：

```
# sysctl -p
```

⑤ 配置 yum 源。

将 Docker 和 CentOS 7 的 yum 源通过 SecureCRT 上传到系统中，这里借助 SecureFX 工具。

根据自己的环境修改 yum 源文件：

```
# vi /etc/yum.repos.d/docker.repo
[docker]
name=docker
baseurl=file:///opt/docker
gpgcheck=0
enabled=1
[centos7]
name=centos7
baseurl=file:///opt/centos7
gpgcheck=0
enabled=1
```

清空 yum 源缓存：

```
# yum clean all
```

列出所有可安装的软件包：

```
# yum list
```

能看到列表即表示 yum 源配置成功。

注意：Client 节点 yum 源配置同 Server 节点一样。

（3）安装 Docker 服务。

安装一个节点 Docker 环境：

```
# yum install -y docker
```

查看 Docker 启动状态：

```
#systemctl status docker
```

启动 Docker 服务：

```
# systemctl restart docker
```

为方便下次使用 Docker，设置 Docker 开机自启：

```
# systemctl enable docker
```

检查 Docker 是否正确安装：

```
# docker info
```

如果出现如图 9-11 所示提示，就表示 Docker 已经安装成功了。

```
[root@localhost opt]# docker info
Containers: 0
 Running: 0
 Paused: 0
 Stopped: 0
Images: 0
Server Version: 1.12.6
```

图 9-11 Docker 安装完毕提示

Docker 安装完成后，可以在 Docker 上构建其他应用服务了。

任务 2　私 人 定 制

本任务知识点：

- 理解工业互联网定义和内涵
- 为什么说云计算是工业互联网基础
- 熟悉国内知名工业互联网平台
- 理解工业互联网给生产带来的变化

毫无疑问，我国是一个制造业大国，在全球工业领域占据了举足轻重的地位，自新中国成立以来，制造业得到了巨大的发展，取得了举世瞩目的成绩。但是在信息化浪潮冲击下，我们仍然要清醒地看到，我国的工业还存在不少问题，要想保持现有的发展势头，需要不断地改革创新。总的来说，我国制造业存在以下几个方面的问题。

- 创新不够，模仿性创新多，基础性创新缺乏。
- 品牌实力不够，同类产品高端品牌往往是国外品牌，国内品牌大部分以代工为主。
- 高精尖产品缺乏。

在大部分行业，私人定制意味着更高品质、更契合需求。以矿泉水为例，一般情况下，我们在超市购买的某一品牌的矿泉水都具有统一的口味和包装，但是这明显不能满足不同人的需求：每个人购买矿泉水的用途不一样，有的人直接喝掉，有的人用于宴会，有的人用于日常储备，这就对包装产生了不同的需求——即使简单的解渴，也希望个性化的包装；每个人的体质不同，这也导致每个人需求含有不同矿物质、不同酸碱性的水。用户希望得到个性化的服务，企业生产线则提供批量生产，通过工业互联网平台可以部分地解决这个矛盾，实现定制化生产服务。

9.2.1 工业互联网平台

工业互联网平台能够支持企业对市场不同需求做出快速的反应，实现定制化生产，变"推"式产品销售战略为"拉"式产品定制发展战略。

2012年，美国通用电气公司提出"工业互联网"理念：以材料为突破口，通过软件运用与大数据处理，在智能机器之间连接，整合与融合传统工业和互联网革命，提升工业能效，兴起工业领域新变革。

2013年，德国提出"工业4.0"（Industry 4.0）战略，启动了继蒸汽机、内燃机、电子信息技术之后又一轮新的工业革命。"工业4.0"属于德国高技术战略，是德国政府高度重视的十大项目之一。德国联邦教育与研究部、德国联邦经济技术部投入数以亿计的资金，扶持推动德国"工业4.0"战略，德国产业界、学术界迅速掀起"工业4.0"改革研究热潮。

而工业互联网新一代信息技术和工业融合发展的结果，是第四次工业革命的重要基石，成为本次工业革命的根本推动力量。随着新一代信息技术的发展和向工业领域渗透，工业各个领域的数字化、网络化、智能化成为第四次工业革命的核心内容。工业互联网指的就是新一代信息技术与工业系统全方位深度融合，这种融合状态下形成的产业和应用生态，奠定了工业数字化、网络化、智能化发展的信息基础设施。工业互联网实际上是物联网概念在工业领域的应用，代表了在工业领域人、机、物的全面互联，从而进一步形成全要素、全产业链、全价值链的全面连接。通过互联互通，能够方便地对采购、生产、销售全过程进行数据采集、传输、存储、分析，在这个过程中云计算、大数据、人工智能、区块链等技术广泛应用，从而形成全新的生产制造和服务体系。这种新的理念和体系能够优化资源要素配置，充分发挥制造装备、工艺和材料的潜能，提高企业生产效率，创造差异化的产品并提供增值服务。工业互联网为实体经济各个领域的转型升级提供具体的实现方式和推进抓手，为产业变革赋能。

我国为了推动智能制造和应对"工业4.0"战略，大力推动工业互联网发展，国家先后发布了众多支持工业互联网发展的文件，并对工业互联网企业提供资金、税收减免等实质性扶持。在国家政策鼓励下，一些大型工业企业都建立了工业互联网平台，其中海尔的卡奥斯工业互联网平台（见图9-12）被评为"跨行业、跨领域"的双跨平台第一名。

图9-12　卡奥斯工业互联网平台

阅读资料：致力于打通需求和生产的卡奥斯平台

卡奥斯是海尔基于"5G+工业互联网＋大数据"打造出的可以广泛落地的工业互联网平台。它不是简单的机器换人、交易撮合，而是开放的多边交互共创共享平台。简单来说，就是既面向用户又面向企业，打通了供需两端，用户需要什么，企业就可以精准提供什么。

在海尔中德滚筒互联工厂，随处可见各种屏幕和机器人。产品定制规格选择、开始定制、订单确认……在大屏幕上，来自世界各地的订单不断滚动更新，而每一笔订单都按用户所需而定。当有用户在销售系统下了订单之后，订单就能够自动地发送到这个工厂，自动仓储系统为用户需求提供好原材料，自动化车间根据用户需求进行组装生产，并完成质量测试，每天有7000多台洗衣机发往各地。而这一切基本上都是通过工业互联网平台实现，海尔卡奥斯平台彻底打通了从销售订单到原材料采购再到生产物流管理等过程，实现了企业全过程信息化。

在海尔的互联工厂内，几乎每台机器都被赋予了"智慧大脑"：大型装备的自动化率高达70%以上，工厂部署了数万个传感器，联网后产生海量实时数据，以此支撑柔性智能生产系统有序运转。内筒成型、外壳钣金等工序实现了智能化操作，从一张铁皮变成一台洗衣机仅需要30多分钟。这些智能化设备创新使用多项先进制造技术和节能技术，可智能管控到每一个关键部件。

在2020年新冠肺炎疫情期间，卡奥斯平台发挥了巨大作用。卡奥斯平台不直接生产一只口罩。然而，数以百计的企业能迅速转产，数以亿计的口罩等防疫物资能生产出来，都离不开卡奥斯搭建的资源对接平台，口罩自动化生产设备、口罩原材料等其他防疫物资，都可以通过卡奥斯平台进行采购、研发。目前，卡奥斯平台已经链接了用户3.4亿户，链接企业50多万家，链接开发者10万多人，链接生态资源方390多万家。

2019年我国工业互联网产业增加值达到3.41万亿元，名义增速达到22.14%，增速同比增长2.97个百分点。其中工业互联网直接产业增加值为0.92万亿元，名义增速达到19.86%，增速同比增长3.96个百分点；工业互联网渗透产业增加值为2.49万亿元，名义增速达到23.01%，增速同比增长2.57个百分点。在抗击新冠肺炎疫情过程中，社会各界进一步加深对工业互联网的认识。工业互联网带动批发和零售业的增加值规模为2523.90亿元，名义增速为22.69%，增速同比提升3.32%，带动就业198.34万人。

9.2.2　云计算与工业互联网

前面介绍过，工业互联网实现了从需求到生产的全过程信息化，并且在这个过程中，云计算平台起了基础性的作用。工业互联网需要企业内外网合一，需要整合大量的传感数据、自动化数据、企业管理数据，需要同时连通多个应用。显而易见，云计算平台是实现工业互联网的基础。下面我们举几个最近几年建设比较成功的工业互联网平台，来了解云计算及其他新一代信息技术在工业互联网平台中的作用。

1. 航天云网——INDICS平台

中国航天科工集团（以下简称航天科工集团）是我国航天事业和国防科技工业的中坚力量，2020年位列世界500强企业第332位，位居全球防务百强企业前列。基于自身在制造业的雄厚实力和在工业互联网领域的先行先试经验，打造了工业互联网平台INDICS，如图9-13所示。

为了保证数据安全，提高数据使用效率，INDICS平台在IaaS层建设了数据中心，在数据中心的基础上设计了丰富的大数据存储和分析产品与服务；在PaaS层开发了工业服务引擎、面向软件定义制造的流程引擎、大数据分析引擎、仿真引擎和人工智能引擎等企业通用工具平台，面向集团内的开发者提供了大量的公共服务组件库和200多种API接口，支持各类工业应用快速开发与迭代。INDICS提供Smart IoT产品和INDICS-OpenAPI软件接口，支持工业设备/产品和工业服务的接入，实现"云计算＋边缘计算"混合数据计算模式。平台对外开放自研软件与众研应用App共计500余种，涵盖了智能研发、精益制造、智能服务、智慧企业、生态应用等全产业链、产品全生命周期的工业应用能力。

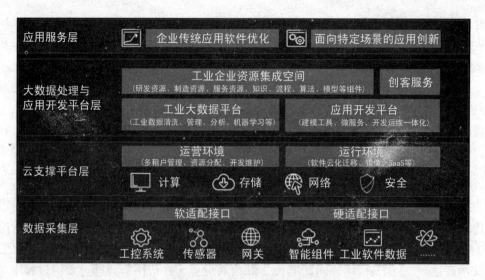

图 9-13　INDICS 平台架构

 阅读资料：河南航天液压气动公司产品协同设计

　　河南航天液压气动公司是航天科工集团下属公司，主要为航天科工集团提供配套的高端液压气动元件等，由于技术力量有限，在以往的生产中存在重复劳动、工作效率低下、产品设计周期较长、产品质量无法保证等问题。

　　河南航天液压气动公司通过应用 INDICS 平台，获取了以下收益：一是实现了云端设计，基于云平台建立涵盖复杂产品、多学科专业的虚拟样机系统，实现复杂产品的多学科设计优化；二是实现了与总体设计部、总装厂所的协同研发设计与工艺设计；三是实现跨企业计划排产，从 ERP 的主计划到 CRP 的能力计划再到 MES 的作业计划的全过程管控，实现计划进度采集反馈与质量采集分析。

　　通过应用 INDICS 工业互联网平台，河南航天液压气动公司的产品研发设计周期缩短 35%，资源有效利用率提升 30%，生产效率提高 40%，产品质量一致性得到大幅提升，为航天科工集团提供更多更有效的配件。同样，航天科工集团其他下属子公司也通过应用该平台，有效地提升了整个航天科工集团的生产效益，为我国的航天事业做出了巨大的贡献。

2. 卡奥斯——COSMOPlat 平台

　　前面已经介绍过，海尔在工业互联网布局较早，且目前借助工业互联网取得了很大的成功。海尔的卡奥斯（COSMOPlat）平台从技术体系架构上分为四层：第一层是资源层，主要是对硬件资源的整合，实现各类资源的分布式调度和最优匹配；第二层是平台层，支持工业应用的快速开发、部署、运行、集成，实现工业技术软件化；第三层是应用层，为企业提供具体互联工厂应用服务，形成全流程的应用解决方案；第四层是模式层，依托互联工厂应用服务实现模式创新和资源共享。

目前，海尔卡奥斯平台已打通交互定制、开放研发、数字营销、模块采购、智能生产、智慧物流、智慧服务等业务环节，通过智能化系统使用户持续、深度参与产品设计研发、生产制造、物流配送、迭代升级等环节中，满足用户个性化定制需求。在前面已经举例说明，海尔卡奥斯平台在洗衣机定制化生产服务领域，起到了客户需求和生产融合的作用，卡奥斯平台在多个领域能够帮助企业对接客户需求，直接实现个性化定制服务。图 9-14 说明了卡奥斯平台架构。

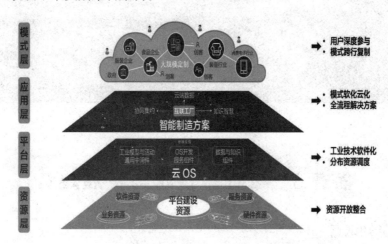

图 9-14　卡奥斯平台架构

3. 富士康——BEACON 平台

富士康科技集团也是全球 500 强企业，在世界各地有超过 100 万名员工，并且在全球各地有大量的工厂，是从事生产消费性电子产品、网络通信产品、计算机周边产品的高新科技企业。为了促进企业发展，富士康集团于 2017 年开发了工业互联网平台 BEACON，探索将数字技术与其 3C 设备、零件、通路等领域的专业优势结合，向行业领先的工业互联网公司转型。

图 9-15 展示了 BEACON 平台架构，BEACON 平台通过工业互联网、大数据、云计算等软件及工业机器人、传感器、交换机等硬件的相互整合，建立了端到端的可控可管的智慧云平台。将设备数据、生产数据、产业技术理论进行集成、处理、分析，形成开放、共享的工业级 App。

目前，富士康借助 BEACON 平台实现生产过程全记录、无线智慧定位、SMT 数据整体呈现(产能/良率/物料损耗等)、集中管理数据、基于大数据的智能能源管控。

从上述例子不难看出，云计算平台及相关技术，已经成为当前企业、政府、社会组织甚至个人不可或缺的基础性平台。

图 9-15　BEACON 平台架构

任务 3　云计算现状与发展趋势

本任务知识点：

- 了解云计算产业发展现状
- 熟悉云计算应用场景
- 掌握雾计算概念，能够区分雾计算和云计算
- 了解云计算发展趋势

9.3.1　云计算产业现状

之所以云计算已经成为人们生活中不可或缺的基础性平台，在于云计算平台具有高灵活性、可扩展性和高性价比等优点，到 2019 年全球云计算产业产值已经近两千亿美元，且仍然在不断地增长。与传统的网络应用模式相比，云计算具有以下优势与特点。

1. 高灵活性

目前市场上大多数 IT 资源都支持虚拟化，如存储网络、操作系统和软、硬件等。虚拟化要素统一放在云系统资源虚拟池中进行管理，可见云计算的兼容性非常强，不仅可以兼容低配置机器、不同厂商的硬件产品，还能利用外设获得更高性能计算能力。

2. 虚拟化技术

虚拟化突破了时间、空间的界限，是云计算最为显著的特点，虚拟化技术包括应用虚拟和资源虚拟两种。众所周知，物理平台与应用部署的环境在空间上是没有任何联系的，正是通过虚拟平台对相应终端操作完成数据备份、迁移和扩展等。

3. 动态可扩展

云计算具有高效的运算能力，在原有服务器基础上增加云计算功能，能使计算速度迅速提高，最终实现动态扩展虚拟化的层次，实现应用功能扩展。

4. 按需部署

计算机包含许多应用、程序软件等，不同的应用对应的数据资源库不同，所以用户运行不同的应用需要较强的计算能力对资源进行部署，而云计算平台能够根据用户的需求快速配备计算能力及资源。

5. 高可靠性

即使服务器出现故障，也不影响计算与应用的正常运行。因为如果单点服务器出现故障，可以通过虚拟化技术将分布在不同物理服务器上面的应用进行恢复，或利用动态扩展功能部署新的服务器进行计算。

6. 高性价比

将资源放在虚拟资源池中统一管理在一定程度上优化了物理资源，用户不再需要昂贵、存储空间大的主机，可以选择相对廉价的 PC 组成云：一方面减少费用；另一方面计算性能不逊于大型主机。

云计算具有众多的优点，目前已经成为新一代信息技术中其他技术的基础，为大数据、人工智能、区块链等技术发展提供支撑，在社会各行各业广泛应用。图 9-16～图 9-18 为云计算技术在不同行业的应用情况。

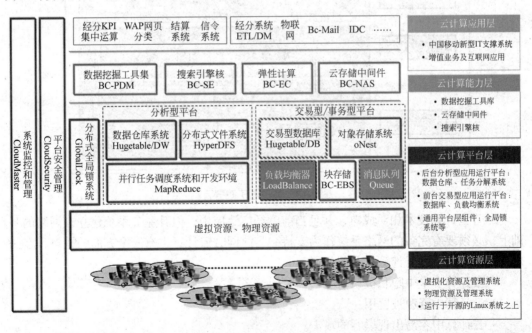

图 9-16 移动公司云服务架构

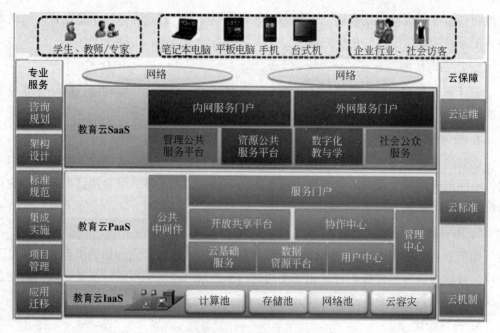

图 9-17　浪潮教育云

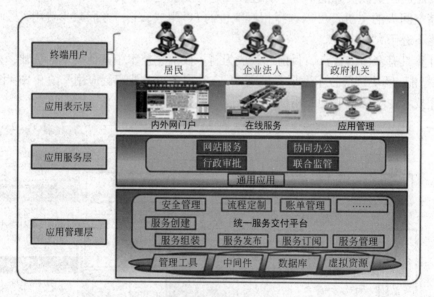

图 9-18　某市电子政务云

尽管云计算技术相对成熟，并且当前已经广泛应用，但其业务系统建立在网络的基础上，必须要有完备的网络系统作为支持。与此同时云计算也有安全方面的缺点，在一定程度上，影响了云计算产业的发展。

- 云计算安全中隐私被窃取。
- 云计算中资源被冒用。
- 云计算中容易出现黑客的攻击。
- 云计算中容易出现病毒。

252

9.3.2　云计算技术发展趋势

1. 设备上云

随着云计算技术的发展，相信未来越来越多的行业产业应用领域都将移植到云平台上。目前个人大部分终端设备具备与云服务连接的功能，云桌面技术早已成熟，不少厂商推出云手机、云手环等。在工业领域，企业信息化系统基本完成上云之后，国家目前开始鼓励设备上云，以实现对生产设备、产品的远程管理。

拓展资料：设备上云

在 7.2.2 小节中，讲述了为方便管理设备，可以通过设备上云的方式，实现需求和生产的结合，这里具体谈一下如何实现设备上云。

1）感知层

感知层主要负责连接设备，以及获取多维数据。实现感知的方式大致有以下几类：①通过网关对接各种 PLC，实现工业设备的数据采集和设备运行状态的控制；②直接通过有线或者无线的通信方式，直接与各种仪器仪表对接；③网关对接由集控器与传感器组成的整套硬件设备管控系统，进行实时状态、参数、故障等数据的采集。

2）网络层

网络层负责数据传输和设备控制。通过 GPRS 或者 VPN 通道，将采集到的数据上传至云端通信服务，或者接收平台层下达的控制指令，最终实现与平台层的交互。

3）平台层

平台层以云计算为核心，将采集到的数据进行汇总和处理。服务器将数据进行处理后通过 Web 或者 Web Service 方式提供给 Web 端（PC、平板电脑、手机）进行展示、分析、诊断和管理。

通过对重要设备或产品，加装感知芯片和数据传输芯片，使设备联入工业物联网，进一步接入企业内部网络中，与企业其他数据实现互联互通。打通 MES 和 MIS 系统，建立统一的云存储数据中心，使用统一的云服务平台，建设工业互联网，完成设备上云。图 9-19 对以上内容进行了充分说明。

2. 雾计算（边缘计算）

云计算强调的是把资源整合，并且统一调配优化使用，但是在有些场合，我们需要离散的、分布式的计算。甚至在一些场合，一些终端设备需要强大的计算能力。例如，工业相机在判断产品是否合格时，大部分计算工作最好能够在相机端完成，只把一些特殊的数据传输给云端，这样能够节省数据传输带宽，同时能够支持无延迟、高速判断的工作模式。这些场景下，更多应用雾计算或者边缘计算＋云计算的混合模式。

2011 年人们提出了雾计算的概念，这里强调的不是大型服务器的计算能力，而是

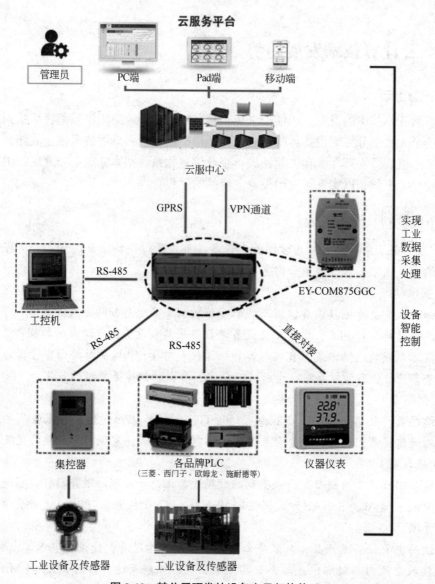

图 9-19　某公司研发的设备上云架构体系

将一些功能模块由性能较弱、更为分散的各种功能计算机来完成计算，并且可以接入电器、工厂、汽车、街灯及人们生活中的各种物品。雾计算是介于云计算和个人计算之间的，是半虚拟化的服务计算架构模型，强调数量，不管单个计算节点能力多么弱都要发挥作用。显然在需要低延时、位置感知、广泛的地理分布、适应移动性的应用方面，雾计算比云计算更为适应，这些特征使移动业务部署更加方便，满足更广泛的节点接入。但是雾计算收集处理的数据，往往需要汇总起来，由云计算中心接管，以进行数据分析、数据挖掘等工作。

　　边缘计算指在靠近物或数据源头的网络边缘侧，雾计算和边缘计算的区别在于，雾计算具有更有层次性和平坦的架构，其中几个层次形成网络；而边缘计算依赖于不构成网络的单独节点。雾计算在节点之间具有广泛的对等互连能力，边缘计算在孤岛中运行其节点，需要通过云实现对等流量传输。

随着5G技术的发展，雾计算和边缘计算在一些场景下，具有强大的生命力，如图9-20所示。

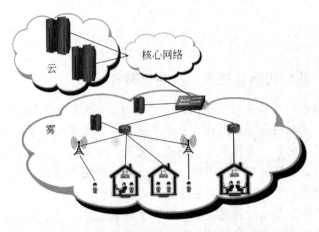

图 9-20　云计算与雾计算

总之，云计算是信息技术发展和服务模式创新的集中体现，是信息化发展的重大变革和必然趋势。支持企业上云，有利于推动企业加快数字化、网络化、智能化转型，提高创新能力、业务实力和发展水平；有利于加快软件和信息技术服务业发展，深化供给侧结构性改革，促进互联网、大数据、人工智能与实体经济深度融合，加快现代化经济体系建设。

综合训练电子活页

1. 通过下载和使用百度网盘，体验云存储。
2. 请给出阿尔法公司的轻量级私有云建设方案。
3. 给出贝塔公司的企业上云方案。
4. 以阿尔法公司为例，利用某工业互联网平台（如海尔卡奥斯平台），实现按需生产。

项目9　综合训练
电子活页.docx

项目 10 大数据与智慧社会

导学资料：新一代信息技术与精细化服务

党的十九大报告明确了新时代我国社会主要矛盾：人民日益增长的美好生活需要和不平衡不充分的发展之间的矛盾。这一社会主要矛盾要求未来很长一段时间内必须坚持以人民为中心的发展思想，不断促进人的全面发展、全体人民共同富裕。当前我国社会的主要矛盾决定了，在发展经济的同时，也要为人民提供更加精细化的服务，与解决温饱问题不同——每个人对美好生活的需求也不同。目前社会上大部分人解决了温饱问题，并且一部分人的物质生活相对富足，在此基础上继续发展，就不能像以前一样，采用粗放、集群式、千篇一律的管理服务方法和手段，需要根据不同人的差异化需求，提供不同的管理和服务，这对政府和社会服务机构提出了更高的要求。

1. 帕累托最优

刨除精神文化层面的满足来说，大部分美好生活需求和社会资源具有一定联系，而社会资源的数量相对有限。意大利经济学家维弗雷多·帕累托提出，在相对固定的人员数量和可支配资源的情况下，改变社会资源的分配状态，如果在没有使任何人感觉更坏的情况下，却能够使至少一个人变得更好，这就是社会资源的帕累托改进。帕累托最优是社会资源分配的一种理想状态，如果不存在帕累托改进，那么我们就说整个社会处于帕累托最优状态。

目前资源的分配由市场或政府决定，无论哪种分配方式，如果信息量不足或者信息不对称，都很容易造成资源分配不科学或资源浪费。把每个人最需要的资源恰如其分地分配到位，而把一个人不需要的资源分配给另外一个人，只有这样才会不断地促进社会资源优化分配，推动社会进步。很显然，要做到这一步，就需要对社会上每个人的信息进行完整的管理，统筹规划资源分配。

2. 三级价格歧视

三级价格歧视俗称"杀熟"，在移动互联网经济繁荣之前，难以大规模实现。而大数据等新一代信息技术的兴起，使不少通过移动互联网从事零售、交通、物流、通信等服务的企业，通过大数据等技术了解了单个消费者的消费偏好，从而针对不同消费者，设定不同的消费价格，从而实现了三级价格歧视。

3. 精准扶贫

自改革开放以来，我国各地经济有了快速发展，但是由于地域特点不同、人口数量众多，存在一定的发展不均衡、贫富不均情况。国家非常重视扶贫工作，尤其是进入

21 世纪以来，通过发展地域特色经济、发放救济资金等方式，一部分地区逐步实现脱贫。但是仍然有一些家庭因各种原因，家庭收入较低，处于贫困状态。原本粗放式、统筹规划的扶贫方式不是很适用。为了使有限的扶贫资源能更好地分配给更需要的人，国家实行了精准扶贫的方式，针对不同贫困区域环境、不同贫困农户状况，运用科学有效程序对扶贫对象实施精确识别、精确帮扶、精确管理的方式。

大数据技术在精准扶贫过程中能够起到非常重要的作用，不少地区开发了精准扶贫的软件，对贫困人员进行信息记录，并且能够随时了解贫困人员的生活状态，以更好地为其量身定制脱贫方案。显然，精准扶贫优化分配了社会资源，提升了资源分配效率，通过信息技术手段的应用，有效实现了全社会的帕累托优化。

信息技术是一个工具，大数据分析既能实现三级价格歧视，也能够促进社会资源优化配置，帮助精准扶贫。政府需要适当引导大数据相关技术的应用，多推动大数据技术在造福人们方面的使用，以更好实现为人民精细化服务。

在理顺内部管理体系之后，贝塔公司为了更好地增加销量，决定加大电商平台的广告投入。公司在 T 电商平台开设旗舰店，但一直没有投放推广费用，因此电商的销售情况一般，公司主要依靠线下渠道来进行销售。2020 年新冠肺炎暴发期间，公司销售受到很大影响，而同行在网络电商的道路上越走越精细，公司在成本、质量方面并没有太多的竞争优势，决策层决定在电商方面进行拓展。

基于小 C 在信息化过程中的优异表现，销售总监找到了小 C，希望其能够协助完成一份公司在电商平台进行广告投放、产品推广的方案，并预测通过该投入，能给公司的销售带来多少提升。

任务 1　精准广告投放

![knowledge icon] **本任务知识点：**

- 数据的基本概念
- 数据仓库与数据挖掘
- 大数据的基本概念
- 结构类型和核心特征
- 大数据的时代背景

项目 10　大数据
与智慧社会.pptx

项目 10　大数据
与智慧社会 1.mp4

相比较以前，这是一项更有挑战性、更加艰巨的工作……

10.1.1　电商广告投放渠道

让我们先跟随小 C 来了解一下，电商广告投放渠道有哪些。

1. 页面广告

页面广告是出现最早的互联网广告之一，一些平台性网站，通过提供免费信息服务，在有了一定的固定日访问量之后，通过在网页中植入广告，获取经济收益。网页广告分为横幅式（banner）广告、标识（logo）广告、按钮式（button）广告、墙纸式（wallpaper）广告等。

- 横幅式广告：即显示在不同网页上的一块块广告标志，包括图片、视频、Flash等不同形式，这是最常见的一类网页广告。
- 标识广告：又分为图片和文字两类，常见的有友情链接等。
- 按钮式广告：以大小不等尺寸按钮形式出现在网页上的广告。
- 墙纸式广告：把广告主所要表现的广告内容体现在墙纸上，并安排放在具有墙纸内容的网站上，以供感兴趣的人进行下载。

相对而言，网页广告是一种"传统"的互联网广告形式，其效果取决于所依托网站的访问量，并且相对而言投入较大。无论网站用户是否对产品感兴趣，都会被动地浏览广告，这也容易在一定程度上引起用户反感。

2. 搜索排名

搜索竞价是由互联网服务商雅虎在全球首创的网络营销推广方式，当有人进行关键词搜索时，根据客户付费多少，把客户信息放在搜索结果前面，以便于更好地推广付费客户的网站或产品。

对于大型电商交易平台，当消费者搜索想购买的产品时，电商平台搜索的结果会对消费者是否购买产生巨大影响，因此电商平台也会针对搜索结果推出一些广告服务。例如：贝塔公司从事矿泉水销售，当我们在 T 平台上搜索矿泉水时，出现了十几页搜索结果，然而消费者一般会选择前三页浏览，很少有人从头看到尾。假如贝塔公司要在 T 平台上投放广告费用，就需要尽量为自己的产品设置关键词，然后争取当消费者进行搜索时，公司产品能够尽量出现在较为靠前的位置上。

这种广告方式有以下特点。

1）投放相对精准

一般来说，消费者有了消费意向或者是想了解某个产品时，才会去进行搜索，比网页广告更精准。

2）付费方式不同

按关键词数量和"潜在客户访问"支付推广费用，按照排名位置自主控制费用，而不是按网页图片位置、大小支付费用。但是一些竞争激烈的领域内关键字竞价可能比较高，如果出现频率较大，可能会导致费用非常高昂。

3）技术含量高

关键词设置、店铺装修与产品展示需要有较高的技巧，产品也要有一定知名度和较高性价比。如果仅花了大价钱提高搜索排名，但是产品展示图片效果很差，也会影响最终销售。

3. 关联推荐

 阅读资料：啤酒尿片

超市货架摆放有很大的学问，美国沃尔玛连锁超市研究发现：在美国，一些年轻父亲下班后经常要到超市去买婴儿尿布，而他们中有 30%~40% 的人同时也为自己买一些啤酒，因此沃尔玛连锁超市的工作人员在婴儿尿布边上摆上一些啤酒，这样就大大促进了啤酒销量。这一案例促进了零售商业模式的改变：从分类浏览向智能推荐过渡。

受这个案例启发，当消费者在网上完成消费以后，也会推荐一些看似无关、其实相关的产品，供消费者挑选。图 10-1 所示是当我们在网易严选网站浏览某品牌矿泉水时，网站为我们推荐的一些其他商品。

图 10-1   网易严选中的个性化推荐栏目

啤酒和尿片的销售关系，属于数据挖掘领域；在此基础上，随着大数据技术的应用和发展，个性化推荐系统越来越成熟，能够更为精准地为用户提供商品推荐。当消费者在网上进行购物时，如果他想购买两件以上的东西，首先他按照网站（或手机应用）提供的分类购买了一件产品，这个时候如果他想购买第二件物品，需要重新搜索，这就耽误了消费者的时间，也造成了购买的不便利。如果这时在第一件商品页面上直接出现了他想购买的第二件商品的链接，那消费者有很大概率直接购买第二件商品，毕竟很多人选择网购，就是看重电商的省时、便捷。

259

10.1.2　了解基于大数据的个性化推荐系统

通过比较电商广告投放渠道，小 C 建议领导选用第三条——关联推荐的投放模式。适当辅以第一条——网页广告有助于树立产品品牌形象；竞价排名不适合矿泉水这个行业，并且需要付出大量人力物力；现实中矿泉水往往作为面包、牛奶、零食、肉类等关联商品来销售，关联推荐或许能够更好地提升产品销售。小 C 准备了一下有关知识，准备向领导汇报。

个性化推荐系统出现于 20 世纪末期，是互联网和电子商务发展的产物，发展到现在已经出现了不少成熟的算法，并在电商平台、搜索引擎、出行服务平台等广泛应用。个性化推荐系统是建立在大数据挖掘上的一种高级商务智能平台，向消费者提供个性化信息服务和决策支持。要建设个性化推荐系统，首先得把商品、消费者以及消费者的购买习惯转换为数据模型。

1. 大数据

数据（data）是事实或观察的结果，是对客观事物的逻辑归纳。在计算机中，数据最终被转换为 ASCII 码的形式存储在硬盘上，字符、数字、文本、声音、图片、视频都是数据。例如，如图 10-2 所示对矿泉水进行数据化，数量、容量、品牌、包装材质、产地、生产线、生产时间、保质期等，都是对矿泉水这个实物进行数据化描述的结果。数据元素（data element）是数据的基本单位，数据元素也叫作节点或记录，一个种类的矿泉水可以看作一个数据元素。

如图 10-3 所示，对于绝大部分计算机程序而言，就是输入数据、处理数据、输出数据（可能某个环节没有），数据是计算机程序的主要处理对象，正是因为我们把现实世界的事物都用数据来进行表示，所以计算机才能有如此强大的功能。例如，如果前面MES 项目中有一个程序要统计矿泉水的数量，那么灌装完毕一瓶水之后，传感计数器可以将数量传递给程序接口，程序在总数上增加 1，并写入相应的数据表中，进行存储。

图 10-2　抽取实物的特征数据

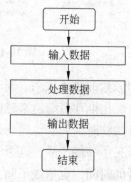

图 10-3　程序与数据

为了便于程序或软件处理数据，我们通常把数据存放在数据库中。数据库的定义就是存放数据的仓库，现在通用的大多数数据库都是关系型数据库。为管理数据库而设计的计算机软件系统就叫作数据库管理系统。例如：微软公司的 Office Excel、Access、开源数据库管理系统 MySQL、国产达梦数据库等，都是数据库管理系统。很多人把数据库和数据库管理系统混为一谈，数据库管理系统是能够实现数据的存储、截取、安全保障、备份等基础功能，而数据库就是存储仓库。

一个关系数据库往往由很多张表格构成，表格中表头称为字段，数据在表中以行为单位进行存储，一行就称为一条记录。我们假设贝塔公司系统所用的数据都存放在一个叫作 beta_data 的数据库中，这个数据库中有如表 10-1 所示的 beta_product 表。通过将有关产品的信息特征数据抽象出来，存储在表格中，从而实现了实物数据化。

表 10-1　产品信息表 beta_product

p_id	p_name	p_weight	p_volume	p_brand	p_note	p_begin_date
1	雪山矿泉水	600	600	雪山		2010-05-01
2	雪山冰泉水	550	550	雪山		2012-06-01
3	精品矿泉水	330	300	雪山		2013-06-01

这种能够与物质世界对应，并且能够以二元关系存放在二维表格中的数据，我们称为结构化数据，如数字、文字、日期、符号等。还有一些数据，不能或者不方便存放在数据库的表中，如文件、图片、声音、视频等，我们称为非结构化数据。非结构化数据处理起来比较复杂，一般将其索引（文件名、文件路径）存放在数据库中，程序通过索引来使用非结构化数据。

表 10-1 是一个产品信息表，这里面包含了公司所有产品信息，很显然这个表的行数，也就是记录的数量不会太多。一般来说，公司产品种类很少达到万、亿这个数量级别。但是如果我们用一个表来存储销售的数据，那么随着公司的经营，有可能这个表存储的数据量就会比较大，如表 10-2 所示。

表 10-2　销售信息表 beta_sales

s_id	s_p_id	s_amount	s_time	s_person	p_note
1	2	10	2017-03-01 11:31:50	1209	
2	2	20	2017-03-01 12:55:47	1101	
3	3	50	2017-03-01 11:40:25	1209	
4	2	10	2017-03-02 10:11:36	1209	
5	3	20	2017-03-02 11:15:50	1104	
6	3	50	2017-03-0215:40:50	1209	
7	2	10	2017-03-03 9:31:34	1209	
8	2	20	2017-03-03 17:55:40	1105	
9	1	50	2017-03-03 11:20:20	1209	
10	2	10	2017-03-04 9:31:15	1209	

如果贝塔公司规模足够大，经过若干年积累，那么销售信息表可能会有几亿甚至几十亿条数据，这个数据量就比较大了。

这里有一个问题：拥有上亿条销售记录数据的表格就是大数据了吗？

不完全是，麦肯锡全球研究所给出的关于大数据的定义：一种规模大到在获取、存储、管理、分析方面大大超出了传统数据库软件工具能力范围的数据集合。

研究机构 Gartner 给出大数据的定义："大数据"是需要新处理模式才能具有更强的决策力、洞察发现力和流程优化能力来适应海量、高增长率和多样化的信息资产。

为什么说这里说不完全是呢？因为大数据这个词和概念在刚提出来时，只在小部分信息技术专家之间使用，至少满足三个条件，才可以称为大数据：其一，数据量很大，一般都在几个 GB 以上的数据，并且会以 GB 的速度增加；其二，处理的数据类型比较复杂，不仅包括结构化数据，还包括非结构化数据；其三，处理数据的技术和方法与以往几乎完全不同，后面我们会逐步介绍，从数据存储结构到数据处理算法，都完全不同。因此，从专家角度来看，大数据并不仅仅是数据量比较大，而是代表了完全不同的两种技术体系。

但是随着大数据相关知识概念的普及，大量非专业人员也知悉了"大数据"一词，并在大量场合中使用，大部分人直观认为，数据量很大，就可以称为大数据。例如，贝塔公司的销售记录，或者是电子政务中的一些系统，数据量都很大，但是这些数据基本上都是结构化数据，并且处理方式和手段与传统方法区别不大，可是我们通常时候也会称为大数据。

一般来说，我们认为大数据具有以下特征。

- 容量（volume）大：无论是结构化还是非结构化，数据量都比较大，一般是在 GB、TB 级别以上，甚至 PB 级别以上。
- 种类（variety）多：数据类型具有多样性。
- 增长速度（velocity）快：数据量不是一成不变，而是在不停增加。
- 真实性（veracity）弱：数据来源不确定，具有很多噪声性数据，数据质量没有保证。
- 复杂性（complexity）高：数据来源复杂，数据构成复杂。

很显然，数据随着时间积累越来越大，并且随着信息化的发展，各行各业都应用了大量信息系统，这些信息系统也积累了大量数据。人能够接收和处理的数据有限，这就需要有一套能够专门处理大数据的技术和方法，它就是大数据技术。

2. 大数据技术与个性化推荐

假如我们小 C 是贝塔公司的数据分析人员，对表 10-2 进行统计分析，通过执行传统的查询语句（关于什么是查询语句，请参考数据库基础类图书），即可以得到一些规律：客户 1209 每天都需要购买 2 号产品 10 份；2 号产品销售最好，1 号产品最差；1209 是公司的重要客户等，诸如此类信息。这些信息通过 OA 系统或者 MES 可以反馈给管理人员，beta_data 数据库是一个"传统"的数据库，在此基础上应用"传统"技术，实现信息化管理，如图 10-4 所示。

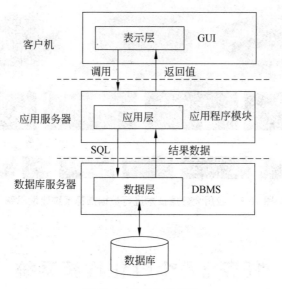

图10-4　软件与数据库

小 C 现在面临的问题是：如何甄别出，T 平台中哪些随机浏览客户，具有购买矿泉水的意愿，以便于将公司的矿泉水推荐给他？也就是说，如何发现矿泉水的潜在客户？

如果长期将矿泉水推送给所有的浏览用户，这对贝塔公司来说，将是一个天价的广告费，而且这对 T 平台来说，是不利的，因为 T 平台销售囊括万象、种类繁多的商品，以此来给消费者带来购物的便利，从而获得消费者的支持。T 平台作为一个全球知名电商平台，产生了海量的历史数据，并且数据每天都在快速增加。

拓展资料：淘宝平台数据案例

2020 年 6 月 8 日，淘宝平台单日交易额达到 51 亿元人民币。在"双 11"，一天甚至达到几千亿元的交易额。2020 年天猫"618"是新冠肺炎疫情之后全国最大的购物季，商家报名十分踊跃，比去年翻了一倍，折扣商品也达到了 1000 万件，和去年"双 11"齐平。全天有近 8 亿人次逛了淘宝网，当晚 9 点人流量达到高峰，1 小时内有 6400 万人次光顾。

其他一些网上平台也有类似情况，每个人浏览的商品、购买记录等，都通过数据库服务器记录下来，为以后的商品推荐提供了数据支撑。

面对海量数据，再通过"传统"方式，来进行实时的数据查询、添加、删除等工作，基本上难以实现。这时就需要采取分布式数据库、大规模并行处理（massively parallel processing，MPP）数据库、分布式文件存储系统、互联网和可扩展的存储系统、数据挖掘网格以及云计算平台实现相应的功能，算法也发生了改变，如图 10-5 所示。

不同于数据库查询，应用大数据技术实现推荐功能，一般情况下会将数据分为历史数据和实时数据两部分，对历史数据，通过线下预处理的方式进行归纳、整理，再结合实时数据，根据离线处理结果，最终形成推荐结果。接下来，我们进一步了解推荐系统所用的一些关键技术。

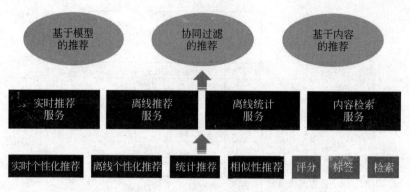

图 10-5 应用大数据技术进行数据推荐系统建设思路

任务 2 个性化推荐系统

本任务知识点：

- 大数据获取、存储和管理
- 大数据系统架构基础知识
- 大数据工具
- 搭建简单大数据环境
- 大数据分析算法模式
- 初步数据分析
- 基本的数据挖掘算法
- 大数据处理的基本流程
- 大数据可视化工具

项目 10 大数据
与智慧社会2.mp4

无论是离线处理还是实时数据处理，首先第一步是要有数据。

10.2.1 获取数据

获取数据是应用大数据技术解决问题的首要任务，指收集足够的、未经过任何加工的原始数据。离线数据的处理，通常是为了从数据中发现某种规则或模型，因此采集的数据量决定了离线数据分析得到的规则或模型是否合理。这很显然：在同样算法模型下，数据量越大，则所包含的规律越多，用来验证规律的数据也就越多，最终总结出来的规则和模型也就越科学。

对于 T 网站平台来说，自然可以得到很多的历史数据，如用户浏览信息、购物商品信息等。其他公司如果也想进行商品推荐，但是缺乏数据怎么办？常见的方式是通过爬虫程序来获取数据。

网络爬虫（又称网页蜘蛛、网络机器人），是一种按照一定规则，自动地抓取互联网数据的程序或者脚本。

网络爬虫实际上是用 Python 加脚本语言编写的程序（关于 Python 语言在项目 4 中有简单介绍）。爬虫程序运行时，能够按照设定的规则对网页（现在已经开发出 App 爬虫）发起申请，并获取网页上的相关数据，然后把数据按照程序设计者预先设计好的格式，保存到相应的文件或数据库中。

拓展资料：一段用 Python 语言编写的爬虫程序

下面是一段用 Python 语言编写的爬虫程序，主要功能是获取某网站的图片。

```
import re                  # re 模块主要包含了正则表达式
import urllib.request # urllib 模块提供了读取 Web 页面数据的接口
from urllib import request
def getSuperHtmlCode(url):
    print('start-getsuperhtml')
    with request.urlopen(url) as f:
        data = f.read()
        print('Status:', f.status, f.reason)
        for k, v in f.getheaders():
            print('%s: %s' % (k, v))
        print('Data:', data.decode('utf-8'))
        return data
def getHtml(url):                          # 定义一个 getHtml() 函数
    print('start-gethtml')
    page = urllib.request.urlopen(url)     # 打开一个 URL 地址
    html = page.read()                     # 读取 URL 上的数据
    return html
def getImg(html):
    reg = r'src="(.+?\.jpg)" pic_ext'      # 正则表达式，得到图片地址
    imgre = re.compile(reg)                # re.compile()
    html = html.decode('utf-8')            # python3
    imglist = re.findall(imgre, html)      # 读取 html 中包含 imgre（正则表
                                           #   达式）的数据

# 把筛选的图片地址通过 for 循环遍历并保存到本地
# 将远程数据下载到本地，图片通过 x 依次递增命名
x = 0
```

重要提示：爬虫需谨慎

2021 年，商丘市睢阳区人民法院在裁判文书网，公开了一份刑事判决书，显示一名住在河南商丘市的本科毕业生逯某自 2019 年 11 月起，对淘宝实施了长达 8 个月的数据爬取并盗走大量用户数据。阿里巴巴注意到这一问题前，已经有超过 11.8 亿条用户信息泄露。

而获取的这 11.8 亿条数据被拿去做什么了呢？另一名住在湖南省浏阳市，并仅初中毕业的黎某利用这些信息，建了 1100 个微信群，每个群 90~200 人。每天用机器人

在群里发淘宝优惠券，赚取返利，短短 8 个月内获利 34 万余元。

在 2019 年，多家第三方大数据公司被纳入调查行列，原因就是使用爬虫技术非法获取、存储公民个人信息。

其中最有名的当属某科技公司，2019 年该科技公司疑似被相关执法人员控制，其中一位周姓核心高管被警方带走。2021 年 1 月 14 日，杭州西湖区人民法院对该科技公司侵犯公民个人信息案进行一审宣判。法院认为该科技公司以其他方法非法获取公民个人信息，情节特别严重，其行为已构成侵犯公民个人信息罪。

法院判决，该科技公司犯侵犯公民个人信息罪，判处罚金人民币 3000 万元；法定代表人、总经理周某犯侵犯公民个人信息罪，判处有期徒刑三年，缓刑四年，并处罚金人民币 50 万元；技术总监袁某犯侵犯公民个人信息罪，判处有期徒刑三年，缓刑三年，并处罚金人民币 30 万元。

在当今时代，数据已经成为最重要的资产，非法获取数据，必然会受到法律严惩，业内甚至编写顺口溜来警示："爬虫玩得好，监狱进得早；数据玩得溜，牢饭吃个够。"

（根据网上资料改编，部分资料来源：https://baijiahao.baidu.com/s?id=1702786446598267876&wfr=spider&for=pc）

10.2.2　存储数据

得到数据以后，因为数据量太大，需要采取分布式的方式存储。分布式存储需要将数据分别存放在不同的计算机（数据库服务器）上，这就需要一种能够支持分布式存储和计算的平台，这个平台就是大名鼎鼎的 Hadoop 平台。

1. Hadoop 平台

Hadoop 平台是一个开源的分布式计算框架，核心组件包括图 10-6 中的 Hadoop 分

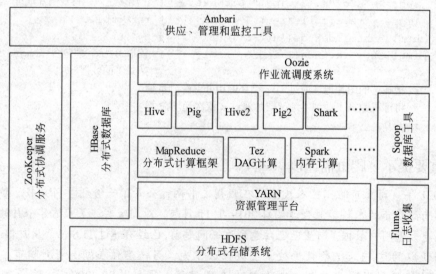

图 10-6　Hadoop 平台技术体系

布式文件系统（Hadoop distributed file system，HDFS）、MapReduce 计算编程模型和 HBase 数据仓库等。目前大部分与大数据有关的技术和软件都基于 Hadoop 平台，该平台具有低成本、高可用、高可靠、高效率和可伸缩等优点。

拓展资料：Hadoop 平台安装和使用

Hadoop 平台是一个分布式平台，因此在正式使用 Hadoop 平台之前，需要先做好硬件规划，在所有服务器集群当中选取一台作为主机节点（master），其余服务器作为从机节点（slave，从 1 到 N）。在这些服务器集群上安装好 Linux 网络操作系统之后，就可以准备安装 Hadoop 平台了。因为 Hadoop 由 Java 语言开发，Hadoop 平台的使用依赖 Java 环境，因此安装 Hadoop 平台集群之前，需要先安装并配置好 JDK（Java development kit，Java 开发工具包）。同时由于 Hadoop 是 Apache 基金会面向全球开源的产品之一，用户可以从 Apache Hadoop 官网下载，在获取了 Hadoop 平台安装文件之后，需要进行解压缩，并进行相应的配置。

2. HDFS

在安装配置好 Hadoop 平台之后，就可以将获取的数据以文件方式存放在不同的数据节点中，HDFS 是专门管理这种存储方式的一个主 / 从结构，适用于海量数据存储应用，是基于大数据发展起来的专门存储技术。HDFS 具有高容错性、高吞吐性和高冗余性，可以运行在闲置、廉价的设备上，并且可以通过多个副本备份保证数据的可靠性。

不同于结构化数据库以表的形式存储数据，HDFS 以块序列的形式存储文件。除了最后一个块，其他块都有相同的大小。数据只写入一次，但可以读取一次或多次，并且读取速度应能满足流式读取的需要。这些块存放在称为 DataNode（数据节点）的从服务器上，DataNode 与 NameNode（主服务器）之间保持不断地通信。DataNode 在客户端程序或者 NameNode 的调度下，存储并检索数据块，对数据块进行创建、删除等操作，并且定期向 NameNode 发送存储的数据块列表。一旦 NameNode（主服务器）发生故障，就会导致整个存储系统发生问题，但是单个 DataNode 发生故障，并不影响存储。

在 Hadoop 2.x 版本下，默认大小是 128MB，且备份 3 份，每个块尽可能地存储于不同的 DataNode 中。按块存储的好处主要是屏蔽了文件的大小，提高数据的容错性和可用性。图 10-7 是 HDFS 的存储结构。

显然，HDFS 既有优点又有缺点：优点是存储数据量大、可靠性高和支持大文件存储；缺点是技术复杂、高延迟，不适合并发访问。不同于结构化数据库中的读写查询，HDFS 中数据的读写通过 Java API 来实现，如表 10-3 所示。

表 10-3　读写 API

方　法　名	功　能　描　述
copyFromLocalFile(Path src，Path dst)	从本地磁盘复制文件到 HDFS
copyToLocalFile(Path src，Path dst)	从 HDFS 复制文件到本地磁盘
mkdirs(Path f)	建立子目录
rename(Path src，Path dst)	重命名文件或文件夹

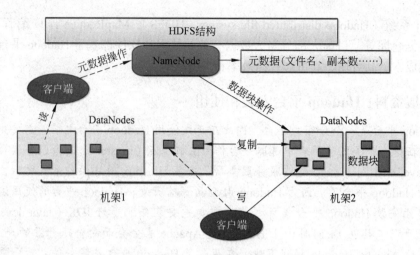

图 10-7 HDFS 存储结构

3. MongoDB 数据库

为了便于程序设计，MongoDB 组织设计了基于分布式文件存储的数据库，通常称为 MongoDB 数据库。但实际上，MongoDB 数据库介于关系数据库和非关系数据库之间，仍然以分布式文件存储为基础，是一种非关系数据库，在操作上能够像关系数据库一样，更便于理解和操作。MongoDB 具有以下特点。

1）文档存储

MongoDB 中数据存储的基本单位仍然是文档，并且把文档用类似于关系数据库中行（但是比行复杂）的方式管理。多个键及其关联值有序地放在一起就构成了文档，文档中可以存放常见的数据类型，并且文档还可以嵌套。

2）面向集合

集合就是一组文档，类似于关系数据库中的表，数据被分组到若干集合，这些集合称作聚集 (collection)。在数据库里每个聚集有一个唯一的名字，可以包含无限个文档。通过不同集合的使用，能够提高效率。

3）多个数据库

多个集合组成一个数据库，一个 MongoDB 实例可以使用多个数据库，多个数据库之间可以看作相互独立，每个数据库都有独立的权限控制。

由此可见，假如在一个项目中使用了 MongoDB，该项目可以包含一组数据库，一个数据库可以包含一组集合（collection），每一个集合可以包含一组文档（document）。一个文档可以包含一组字段（field），每一个字段都是一个 key/value 对。

key：必须为字符串类型。

value：可以包含以下类型。

• 基本类型，如 string、int、float、timestamp、binary 等。

• 一个 document。

• 数组类型。

MongoDB 既具有分布式文件存储系统的特点，也具备了部分结构化数据库的特点，因此具有很多优点，适用于一些实时网站事务处理、大尺寸低价值数据处理、高度伸缩性的场景等；当然它也有很多缺点，由于不支持 SQL，因此，不适用于需要 SQL 语句和高度事务性的场景。

10.2.3　数据处理

假设 T 平台按照 HDFS 的方式，把以往用户浏览商品信息、购买商品信息以文件的形式进行了存储，解决了海量数据存储的问题，但是要对这些数据进行使用，还需要对数据进行处理。对数据的处理，需要使用 Hadoop 平台中的另外一项关键技术，即 MapReduce。

MapReduce 是 Hadoop 平台的核心组件之一，同时它也是一种可用于大数据并行处理的计算模型、框架和平台，主要处理在海量数据下离线计算。其中概念 Map（映射）和 Reduce（归约）从函数式编程语言里借来，另外还有从矢量编程语言里借来的特性。MapReduce 模型的核心思想是"分而治之"，也就是把一个复杂问题，按照一定的"分解"方法分为等价的规模较小的若干部分。把这些较小问题逐个解决，得到相应的结果，最后把各部分结果组成整个问题结果，如图 10-8 所示。

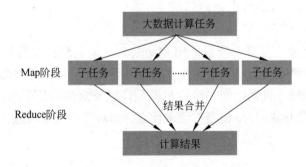

图 10-8　MapReduce "分而治之" 思想

 阅读资料：单词频次统计

假如我们把历史上出版的所有图书都转变成英文电子档，以文件的形式存放在分布式平台上，现在我们要统计每个英语单词出现的频次，以找到那些人们最喜欢用的单词。

因为历史上所有出版的图书是海量数据，我们可以这样做：把电子档集分成若干份，一台机器运行一个统计程序，最后把结果合并。这样我们需要人工把程序复制到不同的机器上，要人工把图书集分开，最痛苦的是还要把若干个运行结果进行整合。

如果我们采用基于 Hadoop 的 MapReduce 方式来实现，那就简单多了，通过 HDFS 将图书分别保存到不同的 DataNode 上，然后在每个 DataNode 上运行一个或者多个 Map() 方法，把每一个文件中存储的数据形成 "key-value" 键值对，如 <hello，12>、<ok，2>；然后调用 Reduce() 方法将单词汇总、排序后，输出到结果文件中。这个过程对计算机性能的要求并不是很高，通过这种方式获取结果，便于以后程序使用。

下面是实现 Map 和 Reduce 两个函数的伪代码。

1）Map 函数

接收一个键值对（key-value 对），产生一组中间键值对。MapReduce 框架会将 map 函数产生的中间键值对里键相同的值传递给一个 reduce 函数。

```
ClassMapper
    methodmap(String input_key, String input_value):
    //input_key 表示文档名称, input_value 表示文档内容
    for eachword w ininput_value:
EmitIntermediate(w, "1");
```

2）Reduce 函数

接收一个键，以及相关的一组值，将这组值进行合并，产生一组规模更小的值（通常只有一个或零个值）。

```
ClassReducer
    method reduce(String output_key,Iterator intermediate_values):
    //output_key 表示一个字, output_values 表示一组值
    intresult = 0;
    for each v in intermediate_values:
    result += ParseInt(v);
Emit(AsString(result));
```

目前已经有超过一万多个项目采用 MapReduce 来实现，尤其是在图形处理领域，原来一些不便于求解的问题，采用这种方法得以解决，包括在大规模的算法图形处理、文字处理、数据挖掘、机器学习、统计机器翻译以及众多其他领域，MapReduce 方法被广泛采用。采用 MapReduce 模型有诸多优点，如对计算机要求低、并行计算效率高、对数据预处理同时完成数据清洗等方面。

10.2.4　选择算法

截至目前，我们解决了 T 平台海量数据存储问题，并且掌握了对数据预处理方法。假如现在贝塔公司要从中选择合适的浏览用户来进行产品推荐，推荐的方法有很多种。比如，最简单的是根据购买数量来推荐，通过 MapReduce 整理出所有用户的购买数量，对满足一定购买数量的用户进行定向推荐。因为矿泉水是一种消耗品，一个人购买一次以后，极有可能购买第二次、第三次，因此在一定程度上这种推荐是有效的。

然而，我们并不能保证这种推荐一定有最大效果：一是购买了的人在一定时间段可能不再需要矿泉水了，或者已经建立了其他品牌忠诚度；二是潜在客户的数量远远大于已经购买的客户，争取潜在客户更重要；三是没办法体现其他影响因素，只考虑了一个影响因子。基于大数据技术个性化推荐算法有以下几种。

1. 协同过滤

协同过滤是最早使用、研究较多的一种推荐算法，现在仍然被当当、亚马逊等网站平台广泛使用。简单来说就是利用人们的消费习惯，人们一旦购买了某件物品，可能同样需要购买另一件物品；或者具有相同背景的人，可能购买相同产品，以此来推荐用户感兴趣的信息。并且通过最终购买情况和用户反馈信息，对协同内容进行修正，当数据达到一定数量时，会使推荐的内容变得越来越准确。

协同过滤算法包括基于用户的协同过滤和基于项目的协同过滤。

1）基于用户的协同过滤

基于用户的协同过滤推荐方法实现过程如下。

（1）基于用户信息。通过历史数据收集代表用户感兴趣的信息，要求用户对购买的物品进行评分或评价，通过用户完成"主动评分"来给商品赋值。也可以通过系统实现商品的"被动评分"，根据用户的行为模式由系统代替用户完成评价。

（2）最近邻搜索 (nearest neighbor search, NNS)。基于用户（user-based）的协同过滤算法的出发点，是找到与用户兴趣爱好相同的另一组用户，计算两个用户之间的相似度，得到最近邻集合。例如，对于购买产品的用户 A，查找 n 个和 A 有相似兴趣用户，把他们对 M 的评分作为 A 对 M 的评分预测。一般会根据数据的不同选择不同的算法，较多使用的相似度算法有 pearson correlation coefficient、cosine-based similarity、adjusted cosine similarity。

（3）产生推荐结果。有了最近邻集合，就可以对目标用户的兴趣进行预测，产生推荐结果。依据推荐目的不同进行不同形式的推荐，较常见的推荐方法有 Top-N 推荐和关系推荐。Top-N 推荐是针对个体用户产生，对每个人产生不同结果。例如，通过对 A 用户的最近邻用户进行统计，选择出现频率高且在 A 用户的评分项目中不存在的，作为推荐结果。

2）基于项目的协同过滤

基于用户的协同推荐算法随着用户数量的增多，计算时间就会变长，所以在 2001 年 Sarwar 提出了基于项目的协同过滤算法 (item-based collaborative filtering algorithm)。基于项目的协同过滤方法有一个基本假设，是"能够引起用户兴趣的项目，必定与其之前评分高的项目相似"，通过计算项目之间的相似性来代替用户之间的相似性。基于项目的协同过滤实现方法如下。

（1）收集用户信息。同基于用户的协同过滤。

（2）针对项目的最近邻搜索。先计算已评价项目和待预测项目的相似度，并以相似度作为权重，加权各已评价项目的分数，得到待预测项目的预测值。例如，要对项目 A 和项目 B 进行相似性计算，要先找出同时对 A 和 B 打过分的组合，对这些组合进行相似度计算，常用的算法同基于用户的协同过滤。

（3）产生推荐结果。基于项目的协同过滤不用考虑用户间的差别，所以精度比较差。但是却不需要用户的历史数据，或是进行用户识别。对于项目来说，它们之间的相似性要稳定很多，因此可以离线完成工作量最大的相似性计算步骤，从而降低了在线计算量，提高推荐效率。尤其是当平台用户数量远远大于平台商品数量时，基于项目的推荐效率更高。

例如，对于贝塔公司而言，假如在 T 平台上投放了推荐广告，如果 T 平台经过协同过滤算法发现：购买了某品牌方便面的人，几乎都会购买一些矿泉水，那么当再有人购买方便面时，就将贝塔公司生产的矿泉水推送给这些用户。这样就有助于贝塔公司开拓新的用户市场，从而能够更为有效地寻找目标客户。

但是协同过滤算法并不是万能的，在一些情况下也会丧失效果。

- 用户很少对商品进行评价，这样基于用户的评价所得到的用户间的相似性可能不准确。
- 随着用户和商品的增多，用户购买商品之间的规律性会降低，系统的性能会越来越低。
- 如果从来没有用户对某一商品加以评价，则这个商品就不可能被推荐。

2. 矩阵分解

我们把用户和商品做笛卡尔乘积构成矩阵，假设用户物品的评分矩阵 A 是 $m \times n$ 维，即一共有 m 个用户、n 个物品，通过一套算法转化为两个矩阵 U 和 V，矩阵 U 的维度是 $m \times k$，矩阵 V 的维度是 $n \times k$。矩阵分解就是把原来的大矩阵，近似地分解成小矩阵的乘积，在实际推荐计算时不再使用大矩阵，而是使用分解得到的两个小矩阵。

通过矩阵分解，把用户和物品都映射到一个 k 维空间上，这个 k 维空间不能直接看到，通常称为隐因子。得到了隐因子再做推荐计算更加简单，简单来说就是拿着物品和用户两个向量，计算点积就是推荐分数。

矩阵分解可以解决一些协同过滤模型无法解决的问题。例如，物品之间存在相关性，信息量并不是随着向量维度增加而线性增加；矩阵元素稀疏，计算结果不稳定，增减一个向量维度，导致紧邻结果差异很大的情况出现等。

矩阵分解算法有以下优点。

（1）不依赖用户和标的物其他信息，只需要用户行为就可以为用户做推荐。矩阵分解算法也是一类协同过滤算法，它只需要用户行为就可以为用户生成推荐结果，而不需要用户或者标的物，而这类其他信息往往是半结构化或者非结构化信息，不易处理，有时也较难获得。

矩阵分解是领域无关的一类算法，因此，该优点可以让矩阵分解算法基本可以应用于所有推荐场景中，这也是矩阵分解算法在工业界大受欢迎的重要原因。

（2）推荐精准度不错。矩阵分解算法是 Netflix 推荐大赛中获奖算法，准确度是得到业界一致认可和验证的，不少电商平台网站在推荐业务中实际使用矩阵分解算法，效果非常不错。

（3）可以为用户推荐合适的标的物。协同过滤算法利用群体智慧来为用户推荐，具备为用户推荐差异化、非常合适的标的物的能力，矩阵分解算法作为协同过滤算法中一类基于隐因子的算法，当然也具备这个优点，甚至比基于用户和基于项目协同过滤算法有更好的效果。

（4）易于并行化处理。通过 ALS（alternating least squares，交替最小二乘法）求解我们可以知道，矩阵分解非常容易并行化。Spark MLlib 中就是采用 ALS 算法分布式进行矩阵分解。

矩阵分解算法也存在一些缺点：当某个用户行为很少时，我们基本无法利用矩阵分解获得该用户比较精确的特征向量表示，因此无法为该用户生成推荐结果。这时可以借助内容推荐算法来为该用户生成推荐。

对于新入库的标的物也一样，可以采用人工编排方式将标的物做适当的曝光，获得更多用户对标的物的操作行为，从而方便算法将该标的物推荐出去。

3. 聚类算法

聚类（clustering）就是将数据对象分组成为多个类或者簇（cluster），它的目标是：在同一个簇中的对象之间具有较高相似度，而不同簇中的对象差别较大。所以，在很多应用中，一个簇中的数据对象可以被当作一个整体来对待，从而减少计算量或者提高计算质量。

聚类是人们日常生活的常见行为，即所谓"物以类聚，人以群分"，核心思想也就是聚类。人们总是通过不断地改进下意识中的聚类模式来学习如何区分各个事物和人。同时，聚类分析已经广泛应用在许多行业领域中，包括模式识别、数据分析、图像处理、市场研究等。通过聚类，人们能意识到密集和稀疏区域，发现全局的分布模式，以及数据属性之间有趣的相互关系。

聚类同时也在 Web 应用中起到越来越重要的作用。广泛使用在 Web 文档分类、组织信息发布等方面，给用户一个有效分类的内容浏览系统（门户网站）。加入时间因素，能够发现各类内容的信息发展和大家关注的主题和话题；或者分析一段时间内人们对什么样的内容比较感兴趣，这些应用都建立在聚类的基础之上。作为一个数据挖掘功能，聚类分析能作为独立的工具来获得数据分布情况，观察每个簇的特点，集中对特定的某些簇做进一步分析。此外，聚类分析还可以作为其他算法的预处理步骤，简化计算量，提高分析效率。

聚类算法有很多种，最常见的是 k 均值（k-means）算法，是典型的基于距离的排他的划分方法：给定一个 n 个对象的数据集，它可以构建数据的 k 划分，每个划分就是一个聚类，并且 $k \leqslant n$，同时还需要满足两个要求。

- 每个组至少包含一个对象。
- 每个对象必须属于且仅属于一个组。

首先创建一个初始划分，随机地选择 k 个对象，每个对象初始地代表了一个簇中心。对于其他对象，根据其与各个簇中心的距离，将它们赋给最近的簇。

然后采用迭代的重定位技术，尝试通过对象在划分间移动来改进划分。所谓重定位技术，就是当有新对象加入簇或者已有对象离开簇的时候，重新计算簇的平均值，然后对对象进行重新分配。这个过程不断重复，直到簇中没有对象的变化。

当结果簇是密集的，而且簇和簇之间的区别比较明显时，k 均值的效果比较好。对于处理大数据集，这个算法是相对可伸缩和高效的。它的复杂度是 $O(nkt)$，n 是对象的个数，k 是簇的数目，t 是迭代次数，通常 $k<<n$，且 $t<<n$，所以算法经常以局部最优结束。

k 均值的最大问题是要求用户必须事先给出 k 的个数，k 的选择一般都基于一些经验值和多次实验结果，对于不同数据集，k 的取值没有可借鉴性。另外，k 均值对"噪声"和离群点数据是敏感的，即使少量的离群点也会对分类簇的均值造成较大影响。

4. 深度学习

2016 年 IT 界一条轰动的事件：DeepMind 开发的 AlphaGo 在和韩国围棋九段选手李世石的对决中取得了胜利，之所以 AlphaGo 能够战胜李世石及其他围棋大师，是因为其程序中应用了深度学习相关算法。深度学习算法在语音识别、图像分类、自然语言处理等领域广泛应用，引领了人工智能技术不断突破进展，发展出一大批实用的产品和软件。

深度学习算法是在神经网络模型基础上发展起来的，1943 年 McCulloch 与 Pitts 合作的一篇论文中，首次提到了通过模仿人的神经元与突触之间的信息交互，来解决一些分类问题，将大量模拟神经元组合起来构成了神经网络。如图 10-9 所示，传统神经网络模型分为输入层、隐含层和输出层。通过隐藏层各个神经节点之间交互连接，学习隐藏在输入层数据中利于分类的内部信息，并将这些隐藏信息提供给输出层实现分类任务。经过不断的完善和发展，在原有神经网络模型的基础上，发展出诸如 MLP（多层感知机）、CNN（卷积神经网络）、RNN（循环神经网络）、Autoencoder（自编码器）、GAN（生成对抗网络）、RBM（受限玻尔兹曼机）、NADE（神经自回归分布估计）、AM（注意力模型）、DRL（深度强化学习）等多个深度学习模型。

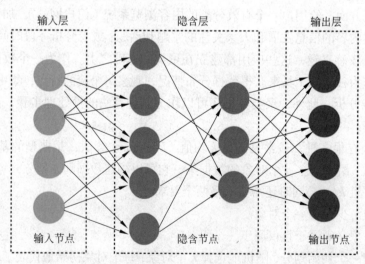

输入层　　　　　　隐含层　　　　　　输出层

输入节点　　　　　　隐含节点　　　　　　输出节点

图 10-9　深度学习结构网络示意图

为了提高前面介绍的协同过滤、矩阵分解、聚类等推荐算法的准确性，我们可以在推荐算法的基础上，结合深度学习方法，以提高推荐准确率。

1）基于排序推荐的学习

协同过滤算法中，通过基于项目的近邻搜索算法，可以得到一些商品排序，因此可以将推荐问题看作排序学习（learning to ranking）问题，这样就可以对离线数据采用信息抽提领域经典的一些排序学习算法（point-wise、pair-wise、list-wise等）来进行建模训练，以提高推荐的准确性。

2）基于评分推荐的学习

在矩阵分解算法中，我们构建了关于商品和用户的矩阵，根据对未知标的物的评分高低（高评分代表用户对标的物更有兴趣）为用户推荐标的物。可以通过构建机器学习模型来预测用户评分，在真实产品中用户对标的物评分数据非常有限，因此隐式反馈是比用户评分更容易获得的数据类型，深度学习需要大量的数据来训练好的模型，因此也期望数据量足够大，所以利用隐式反馈数据更合适。

3）基于分类预测推荐的学习

将推荐预测看作分类问题是比较常见的一种形式，既可以看作二分类问题，也可以看作多分类问题。对于隐式反馈，我们用0和1表示标的物是否被用户操作过，那么预测用户对新标的物的偏好就可以看作一个二分类问题，通过输出层逻辑激活函数来预测用户对标的物的单击概率。这种将推荐作为二分类问题，预测单击概率的方式是最常用的一种推荐系统建模方式。

最近几年与深度学习相关的技术非常火热，尤其是在计算机视觉、语音识别中取得了巨大成功，推动了人工智能技术快速发展。对于个性化推荐系统来说，通过应用深度学习，能够获取更加精准的推荐，减少人工投入，整合附加信息等，当然也存在样本数据、硬件资源和人力资源都比较短缺等问题。不过很多有实力的大公司都提供了深度学习平台，通过使用深度学习平台，使一些小公司也可以应用深度学习方法和技术来解决问题。

阅读资料：常见的深度学习平台

1）百度的 PaddlePaddle

PaddlePaddle（飞桨）是百度开源的深度学习框架，是国内做得最好的深度学习框架，整个框架体系比较完善。飞桨同时支持动态图和静态图，兼顾灵活性和高性能，源于实际业务淬炼，提供应用效果领先的官方模型，源于产业实践，输出业界领先的超大规模并行深度学习平台能力。提供包括 AutoDL、深度强化学习、语音、NLP、CV 等各个方面的能力和模型库。

2）腾讯的 Angel

Angel 是腾讯与北京大学联合开发的基于参数服务器模型的分布式机器学习平台，可以跟 Spark 无缝对接，主要聚焦于图模型及推荐模型。在2019年，Angel 发布了3.0版本，提供了更多新特性，增强了 Spark 的特征选择功能，同时使用特征交叉和重索引实现了自动特征生成。完成了 Spark on Angel 和 PyTorch on Angel 两个平台的建设。这两个平台各有优势和侧重，Spark on Angel 主要负责常见推荐领域的机器学习算法和基础图算法；PyTorch on Angel 主要负责推荐领域深度学习算法和图深度学习算法。

3）TensorFlow（Keras）

TensorFlow 是 Google 开源的深度学习平台，是目前业界最流行的深度学习计算平台，有最为完善的开发者社区及周边组件，被大量公司采用，并且几乎所有云计算公司都支持 TensorFlow 云端训练。

4）PyTorch（Caffe）

PyTorch 是 Facebook 开源的深度学习计算平台，目前是成长最快的深度学习平台之一，增长迅速，业界口碑很好，在学术界广为使用，大有赶超 TensorFlow 的势头。它最大的优势是对基于 GPU 的训练加速支持得很好，有一套完善的自动求梯度的高效算法，支持动态图计算，有良好的编程 API 接口，非常容易实现快速的原型迭代。PyTorch 整合了业界大名鼎鼎的计算机视觉深度学习库 Caffe，可以方便地复用基于 Caffe 的 CV 相关模型及资源。

5）MxNet

MxNet 也是一个非常流行的深度学习框架，是亚马逊 AWS 上官方支持的深度学习框架。它是一个轻量级、灵活便捷的分布式深度学习框架。支持 Python、R、Julia、Scala、Go、Java 等各类编程语言接口。它允许混合符号和命令式编程，以最大限度地提高效率和生产力。MxNet 的核心是一个动态依赖调度程序，它可以动态地自动并行符号和命令操作，而构建在动态依赖调度程序之上的一个图形优化层使符号执行速度更快，内存使用效率更高。MxNet 具有便携性和轻量级的优点，可以有效地扩展到多个 GPU 和多台机器上。

6）DeepLearning4j

DeepLearning4j（以下简称 dl4j）是基于 Java 生态系统的深度学习框架，构建在 Spark 等大数据平台之上，可以无缝与 Spark 等平台对接。基于 Spark 平台构建的技术体系可以非常容易与 dl4j 应用整合。dl4j 对深度学习模型进行了很好的封装，可以方便地通过类似搭积木的方式轻松构建深度学习模型，构建的深度学习模型直接可以在 Spark 平台上运行。

（资料来源：https://www.sohu.com/a/349772962_99979179）

10.2.5　可视化

大数据及相关技术目前应用最为广泛的是政府。有不少地方政府都相继成立了各级大数据局，由此可知政府对大数据的重视。一是政府信息化模式较为统一，数据相对干净、准确。二是政府需要将不同部门采集获取的数据进行互相融通，才能更好地实现政府功能。例如，住房公积金的提取与管理，需要民政局管理的个人婚姻家庭数据、公安局管理的个人信息数据、银行的个人贷款数据等，只有这些数据之间互相融通，才能实现快速安全的资金管理。三是政府需要大量的数据支持，以进行决策。

大部分政府从业人员是行政专家而不是计算机专家，因此这就需要有一种直观、可视的数据表现方式，让政府工作人员能够快速了解数据所表达的信息，以便于决策。这对数据可视化产生了需求，通过将数据库中每一个数据项作为单个图元元素表示，大量的数据集构成数据图像，同时将数据的各个属性值以多维数据的形式表示，可以从不同维度观察数据，从而对数据进行更深入的观察和分析。

ECharts 是目前在数据可视化领域最常用的一套开发软件，是一款基于 JavaScript 的数据可视化图表库，提供了常规的折线图、柱状图、散点图、饼图、K 线图，用于统计的盒形图，用于地理数据可视化的地图、热力图、线图，用于关系数据可视化的关系图、treemap、旭日图，用于多维数据可视化的平行坐标，以及用于 BI 的漏斗图、仪表盘等多种图形显示方式，并且支持图与图之间进行混搭。非常值得一提的是，ECharts 最初由百度团队开发并开源，于 2018 年年初捐赠给 Apache 基金会，包含了以下特性。

- 具有强大的图表展示功能，上面已经提及，能够实现折线图等几十种常见图表，并且可以开发出图与图之间的混搭。
- 多种数据格式无须转换直接使用，支持直接传入包括二维表、键值等多种格式的数据源，此外还支持输入 TypedArray 格式数据。
- 支持大量数据的前端展现，ECharts 能够展现千万级的数据量。
- 支持移动端。例如，移动端能够实现手指在坐标系中进行缩放、平移，以便于查看；PC 端也可以用鼠标在图中进行缩放（用鼠标滚轮）、平移等。
- 支持交互式数据探索，提供了图例、视觉映射、数据区域缩放、tooltip、数据筛选等开箱即用的交互组件，可以对数据进行多维度数据筛取、视图缩放、展示细节等交互操作。
- 支持多维数据以及丰富的视觉编码手段。对于常规的折线图、柱状图、散点图、饼图、K 线图等，传入数据也可以是多个维度的。
- 数据动态实时更新，图表展现的内容由数据库驱动，同步更新。
- 支持三维可视化，开发者可以根据需求在 VR、大屏场景里实现三维可视化效果。

任务 3　大数据技术其他应用

本任务知识点：

- 大数据应用中面临的常见安全问题和风险
- 大数据相关法律法规
- 大数据的应用场景
- 大数据的发展趋势

10.3.1　大数据技术问题

从大数据技术的发展与应用过程来看，现阶段主要存在以下几个方面的问题。

1. 大数据隐私和安全方面的问题

从大数据技术来看，数据量越多、越准确，越能产生更大价值；但是数据和物质一样，都属于个人或者独立组织私有。因此，如何既能保护数据私密性，又能满足大数据分析的需要，一直是困扰大数据技术发展的一个重大问题。这几年关于数据隐私、安全方面的问题，逐步成为信息产业发展的最重要问题之一。同时由于大数据所存储的数据量非常巨大，往往采用分布式的方式进行存储，而正是由于这种存储方式，存储路径视图相对清晰，且数据量过大，导致数据保护相对简单，黑客或工作人员较为轻易利用相关漏洞，实施不法操作，造成安全问题。

因此，大数据隐私和安全治理迫在眉睫，治理内容包含大数据全生命周期内使用的技术、管理规范与政策制度，技术层面上涵盖大数据管理、存储、质量、共享开放、安全与隐私保护等多个方面。图 10-10 展示了政务大数据治理，数据治理开展得比较早，要使大数据充分发挥效应，数据多流转，办公高效率，必须首先进行数据治理。

图 10-10　政务大数据治理

工业和信息化部《通信网络安全防护管理办法》《规范互联网信息服务市场秩序若干规定》，全国人大常委会《关于加强网络信息保护的决定》，国家工商行政管理总局、工业和信息化部《关于加强境内网络交易网站监管工作协作　积极促进电子商务发展的意见》，国家互联网信息办公室《互联网用户账号名称管理规定》等，以及《中华人民共和国网络安全法》和《中华人民共和国电子商务法》等陆续颁布施行，在制度建设方面取得了非常大的进步，但仍缺乏直接的数据治理立法。《中华人民共和国个人信息保护法》和《中华人民共和国数据安全法》等直接立法成为近年来关注点。

2. 存储和处理能力方面的问题

大数据的数据类型和数据结构是传统数据不能比拟的，在大数据存储平台上，数据量呈非线性甚至是指数级速度增长，各种类型和各种结构的数据进行存储，势必会引发多种应用进程并发且频繁无序运行，极易造成数据存储错位和数据管理混乱，为大数据存储和后期的处理带来安全隐患。当前数据存储管理系统，能否满足大数据背景下的海量数据存储需求，还有待考验。不过，如果数据管理系统没有相应安全机制升级，出现问题后为时已晚。

3. 处理技术方面的问题

首先，大数据构成复杂，包括了非结构化和半结构化数据。

在很多大数据实例中，结构化数据只占 15% 左右，其余的 85% 都是非结构化数据，它们大量存在于社交网络、互联网和电子商务等领域。另外，有 90% 左右的数据来自开源数据，其余的被存储在数据库中。大数据不确定性表现在高维、多变和强随机性等方面。例如：股票交易数据流是不确定性大数据的一个典型例子。由于大数据具有半结构化和非结构化特点，基于大数据的数据挖掘所产生的结构化的"粗糙知识"(潜在模式)也伴有一些新特征。这些结构化的粗糙知识可以被主观知识加工处理并转化，生成半结构化和非结构化的智能知识。寻求有效处理这种非结构化数据方式，成为大数据处理研究的重点之一。

其次，大数据具有复杂性、不确定性等特征，系统建模方式复杂。

从长远角度来看，大数据的个体复杂性和随机性所带来的挑战，将促使大数据数学结构形成，从而导致大数据统一理论的完备。学术界鼓励发展一种一般性的结构化数据和半结构化、非结构化数据之间的转化原则，以支持大数据的交叉工业应用。大数据的复杂形式导致许多对"粗糙知识"的度量和评估相关研究问题。已知的最优化、数据包络分析、期望理论、管理科学中的效用理论，可以被应用到研究如何将主观知识融合到数据挖掘产生的粗糙知识的"二次挖掘"过程中，这就需要研究者具有多学科综合背景，大大提高了研究者的入门门槛。

最后，数据异构性与决策异构性的关系对大数据知识发现与管理决策的影响。

由于大数据本身的复杂性，这一问题无疑是一个重要的课题，对传统的数据挖掘理论和技术提出了新挑战。在大数据环境下，管理决策面临着两个"异构性"问题："数据异构性"和"决策异构性"。传统管理决定模式取决于对业务知识的学习和日益积累的实践经验，而管理决策又是以数据分析为基础。

10.3.2　大数据技术应用及未来发展趋势

大数据已经深入我们生活中的各方面，如图 10-11 所示，现今大数据应用热点集中于政务、互联网和相关服务、社会治理（安防、舆情、应急管理、信用、环境监测、交通、能源、城市管理等）、金融、民生服务（社保、就业、证件办理、住房、生育、养老等）等领域，医疗、制造业等行业领域同样具有较大潜力。

图 10-11　大数据产业链

- 制造业：利用工业大数据提升制造业水平，包括产品故障诊断与预测，分析工艺流程，改进生产工艺，优化生产过程能耗，工业供应链分析与优化，优化生产计划与排程。
- 金融行业：大数据在高频交易、社交情绪分析和信贷风险分析三大金融创新领域发挥重大作用。
- 汽车行业：利用大数据和物联网技术的无人驾驶汽车，在不远的未来将走入我们的日常生活。
- 互联网行业：借助于大数据技术，可以分析客户行为，进行商品推荐和针对性广告投放。
- 电信行业：利用大数据技术实现客户离网分析，及时掌握客户离网倾向，出台客户挽留措施。
- 能源行业：随着智能电网的发展，电力公司可以掌握海量的用户用电信息，利用大数据技术分析用户用电模式，可以改进电网运行，合理设计电力需求响应系统，确保电网运行安全。
- 物流行业：利用大数据优化物流网络，提高物流效率，降低物流成本。
- 城市管理：可以利用大数据实现智能交通、环保监测、城市规划和智能安防。
- 生物医学：大数据可以帮助我们实现流行病预测、智慧医疗、健康管理，同时还可以帮助我们解读 DNA，了解更多的生命奥秘。
- 体育娱乐：大数据可以帮助我们训练球队，决定投拍哪种题材的影视作品，以及预测比赛结果。
- 安全领域：政府可以利用大数据技术构建起强大的国家安全保障体系；企业可以

利用大数据抵御网络攻击；警察可以借助大数据来预防犯罪。

- 个人生活：大数据还可以应用于个人生活，利用与每个人相关联的"个人大数据"，分析个人生活行为习惯，为其提供更加周到的个性化服务。

综合训练电子活页

1. 和同学分别在网上购物平台，体验不同平台的推荐商品差异，思考具体原因。
2. 如有可能，练习网页爬虫，通过网页爬虫，了解大数据的开发思路。
3. 安装 Hadoop 平台，根据爬虫获取的数据进行单词统计分析，并进行数据展示。

项目10　综合训
练电子活页.docx

项目 11　人工智能与智慧生活

导学资料：我们是否需要人工智能？

李开复说过："作为一个计算机科学家，我为我们所取得的科技进步成就而自豪。但我现在觉得，自己也许追逐错了方向——人类最重要的器官，不是大脑，而是内心。"

一方面，太多影视、文学作品中，给我们描绘了人工智能比人类更加聪明的未来，无所不能地影响人类世界，其中很多描绘了人工智能给人类社会带来毁灭的场景。因为钢铁、各种高新材料造就的机器在物理能力上远超人类血肉之躯，一旦让它们拥有了等同于人类甚至超越人类的智慧，如果用以破坏或者毁灭，会给现在人类社会带来更大破坏性。因此，一部分人反对发展人工智能技术。另一方面，带有一些人类智慧能力的机械，能够更加有效帮助我们完成一些枯燥的工作，提高劳动效率，解决未来劳动力短缺等一些社会问题，市场需要人工智能并且驱动着人工智能发展。

当然现阶段超越人类智慧的人工智能并没有被完全发明出来，著名计算机专家李开复博士在一次采访中，对现阶段以及未来一段时间内，人工智能能够协助人类完成的事项做了阐述，概况了当前阶段人工智能能够完成的工作。

1）单一性工作

尽管人工智能被应用在语音识别、自动翻译、视觉识别、机器人控制等众多领域，但是当前绝大部分人工智能只能针对某个单一领域来完成特定工作。例如，在围棋领域无所不能的 AlphaGo，在其他游戏领域可能一窍不通，需要重新修改程序、算法来做其他应用，而不是像人一样随时可以完成多个工作。因为单纯的围棋运算已经占用了大量硬件资源：根据 DeepMind 员工发表在 2016 年 1 月 *Nature* 的论文，最强分布式版本的 AlphaGo，使用了 1202 个 CPU 和 176 个 GPU。为了支持和世界知名棋手下棋，所消耗的算力是非常恐怖的，在当前计算机硬件条件下，一台普通计算机还不太可能同时支持多个人工智能应用程序。

2）重复性

因为计算机程序可以稳定地多次循环，因此在程序控制下，机器能够稳定完成循环性、重复性工作，这也是人工智能最擅长的领域。

3）不和人打交道

一些科学家把人工智能分为弱人工智能和强人工智能。一般认为，现在人们实现人工智能大部分都是为了完成某项工作，这项工作不需要与人打交道，即不需要交互即可完成，这样的人工智能被称为弱人工智能，如自动化程序设计、AI 美图等。而类似一些家庭机器人、科研探索机器人等，则被称为强人工智能，目前大部分还处于研究阶段。

当前人工智能处于弱人工智能阶段，一些创造性、艺术性、战略性的工作，还不能由人工智能来完成。其中一个根本原因就是，人工智能由程序设计实现，而程序则是逻辑的、设定的。

事实上，关于人工智能的争论从一开始就没有停止过，在历史上，人工智能的发展起起伏伏，经历过几次高潮和低谷；在当前，由于深度学习算法和大数据技术的发展，人工智能研究炙手可热。与此同时，关于人工智能伦理和法律法规的争论也源源不断，如视觉识别领域隐私保护、医学领域对机器的依赖等问题。支持的人希望通过人工智能提高效率，解放劳动力；反对者则认为科技发展会给社会带来不好、不稳定的因素。人工智能及其相关技术就在争议中不断发展、进步。

任务 1　自动扫地机器人

本任务知识点：

- 人工智能的定义、基本特征
- 人工智能的发展历程
- 人工智能涉及的核心技术及部分算法
- 人工智能的社会价值

项目11　人工智能与智慧生活.pptx　　项目11　人工智能与智慧生活1.mp4

家用扫地机器人现在像冰箱彩电一样走入千家万户，深受年轻人的喜爱。随着技术的进步，它的功能也越来越强大，除了具备一般的清扫功能，其本身也有一些人性化的行为。例如，自动侦测障碍物，碰到墙壁或其他障碍物，会自行转弯；选择不同路线，有规划清扫地区；自动发现台阶，防止跌落；自动寻找充电设备，当电量不足时自动充电。下面我们以扫地机器人为例，来理解一下人工智能。

11.1.1　概念理解与硬件

正如在导学资料中所阐述，谈起人工智能，人们往往会想到科幻片中一些无所不能的机器人、虚拟人物，但其实当前阶段人们对人工智能的研究和探索远远未达到普通人智力水平，更不用说超越人类智能。并且人工智能的研究，大部分是针对不同领域。一般来说，用人工方法在机器（计算机）上实现智能；或者说是人们使机器具有类似于人的智能，我们称为人工智能。例如，自动扫地机器人，实际上是在清扫设备上，增加一些模拟人类行为的算法，使其能够模拟人的行为，实现自动清扫。

对于人工智能现在还没有非常严格准确，或者是所有人都能够接受的定义。下面是从学科和能力两个角度的定义。

人工智能(学科角度)的定义：人工智能是计算机科学中涉及研究、设计和应用智能机器的一个分支。近期主要目标在于研究用机器来模仿和执行人脑的某些智力功能，开发相关理论和技术。人工智能（能力角度）的定义：人工智能是智能机器所执行的通常与人类智能有关的智能行为，如判断、推理、证明、识别、感知、理解、通信、设计、思考、规划、学习和问题求解等思维活动。

拓展资料：人工智能与图灵测试

如何判断一台机器（计算机）拥有足够的人工智能？1952 年，英国天才科学家艾伦·图灵（Alan Turing）提出了著名的测试方式——图灵测试。图灵测试实现方法比较简单：如果一台机器能够与人类展开对话（通过电传设备）而不能被辨别出其机器身份，那么称这台机器具有智能。图灵当时甚至预测到 2000 年，人类可以实现其设想的能够通过图灵测试的机器，但实际上，人工智能进步的速度并没有他预测的那么快。

后来不断有人设计试验场景来进行图灵测试，在一个房间放上一台计算机，通过键盘交流对话的方式，让另外一个房间的人来判断是一台计算机在和其对话，还是一个普通人。2014 年 6 月 8 日，科学家们用一台计算机（普通计算机，运行了一个聊天机器人程序）进行了测试，大部分实验者认为与其聊天的是一个 13 岁男孩，这成为有史以来首台通过图灵测试的计算机及程序。目前，类似技术大量地应用在客服系统中。

要充分理解人工智能及其相关技术的应用，我们需要从人工智能的发展历程、分类和算法等角度去分析。

1. 人工智能发展的历程——三次高潮和两次低谷

不同于其他信息技术，人工智能发展至今，经历过三次高潮和两次低谷。第一次是 1956 年达特茅斯会议，麦卡锡（见图 11-1）等人正式提出了人工智能一词。与此同时以图灵为代表的英国科学家，一直在研究人工智能相关问题（尽管当时未能意识到所用方法属于人工智能领域），在学术界掀起了一股用人工智能技术解决数学、控制论等领域问题的热潮。随着人工智能方法起到了一些作用，有人过于乐观地估计了一些问题的难度，甚至有一些学者（Herbert Simon 等）认为："二十年内，机器将能完成人能做到的一切。"然而十几年过后，一些人工智能项目并没有取得重大突破，人们的研究重心开始转移。尤其是 1973 年著名数学家詹姆斯·莱特希尔爵士（Sir James Lighthill）发表了一份关于人工智能现状的报告，在报告中称："迄今为止，人工智能的研究没有带来任何重要影响。"批评了 AI 在实现"宏伟目标"上的失败，受此报告影响，英国等国家大幅削减了在人工智能领域的科研资金投入。人工智能在接下来的 6 年几乎毫无进展，发展进入了一个低谷。

现在回顾当时情况，出现第一个低谷的原因主要包括以下几个方面：第一，计算机性能不足，导致早期很多程序无法在人工智能领域得到应用；第二，研究的问题过于复杂，在缺乏一定基础的前提下，一旦问题上升维度，程序立马就不堪重负，但是一些科学家们又不满足于单纯致力于解决特定问题；第三，数据量严重缺失，在当时不可能找到足够大的数据库来支撑程序进行深度学习，这很容易导致机器无法读取足够量的数据进行智能化。

图 11-1　2006 年会议发起者重聚达特茅斯

（左起依次为：摩尔、麦卡锡、明斯基、赛弗里奇、所罗门诺夫）

1980 年，卡内基梅隆大学为美国数字设备公司设计了一套名为 XCON 的"专家系统"。通过采用人工智能程序，在接下来的 6 年中，数字设备公司依靠该系统节省了超过 4000 万美元。在这一阶段，科学家们开始冷静下来，集中精力解决某一个方面的问题，不是试图创造一种通用的智能机器，而是专注于实现更小范围的任务。不少科研机构和大型 IT 公司都逐步推出了类似程序，采用"知识库＋推理机"的方式，小心翼翼地进行研究，慢慢地，人工智能研究热潮再次兴起。这个阶段也被称为人工智能发展的第二次浪潮，主要是"知识推理"相关技术得以发展。在 1982 年，John Hopfield 证明了一种新型神经网络（现被称为"Hopfield 网络"），用一种全新的方式学习和处理信息，并且广泛应用于解决经典的旅行者路线优化、工业生产和交通调度等方面问题。

然而在 1987 年，IBM 等公司的个人计算机性能大幅提升，并且在办公中普及使用，这使部分专家系统无用武之地。之后几年，不少国家吸取了以前的经验教训，减少了在人工智能领域的研究投资，人工智能发展再次进入了一个低谷时期。但是与上次不同，人们已经意识到了人工智能的强大前景，仍在不少领域默默地积蓄力量。

1997 年 5 月 11 日，深蓝成为战胜国际象棋世界冠军卡斯帕罗夫的第一个计算机系统。随着计算机性能不断提升，一些复杂问题开始有了更先进的解决方案。尤其是近年来，深度学习与大数据的发展，使人们对人工智能领域的研究和探索保持了较高的热情。一般认为第三次浪潮从 1993 年持续至今。

这一时期人工智能解决问题的方法与 60 多年前有很大不同，很多问题的解决依靠高性能计算机和大容量数据存储技术，涌现出不少标志性成果。2005 年，斯坦福大学开发的一台机器人在一条沙漠小径上成功地自动行驶了 131 英里（约 210.8 千米）；2016 年，Google 的 AlphaGo 赢了韩国棋手李世石；国内科大讯飞推出了自动翻译机，能够便捷地帮助人们实现在数种语言间交流；各国自动驾驶技术都在不断地进步，甚至开始进入实际测试应用阶段。随着大数据技术和深度学习算法不断完善，人工智能逐步深入社会各个领域，在第三次浪潮中出现了一次小高潮。

从上述人工智能发展的历史可以看出，在不同历史阶段，人工智能的方法和技术手段也不同，在下文中我们也将介绍人工智能的不同学派和具体算法、技术。

2. 三大学派

人工智能发展历史上，不同学者采用了不同方法来解决问题，逐步发展出三个不同的学派。

1）符号主义（symbolicism）

符号主义又称逻辑主义（logicism）、心理学派（psychologism）或计算机学派（computerism），其原理主要为物理符号系统（即符号操作系统）假设和有限合理性原理。符号主义认为人工智能源于数理逻辑，数理逻辑从19世纪末起得以迅速发展，到20世纪30年代开始用于描述智能行为。符号主义学者们在1956年首先采用"人工智能"这个术语。后来又发展了启发式算法、专家系统、知识工程等理论与技术，并在20世纪80年代取得很大发展。

计算机出现后，又在计算机上实现了逻辑演绎系统。其有代表性的成果为启发式程序LT逻辑理论家，证明了38条数学定理，表明了可以应用计算机研究人的思维，模拟人类智能活动，具体理论思想如图11-2所示。

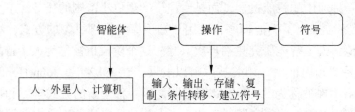

图11-2　符号主义学派的具体理论思想

符号主义代表人物有纽厄尔（Newell）、西蒙（Simon）和尼尔逊（Nilsson）等。在人工智能的其他学派出现之后，符号主义曾长期一枝独秀，仍然是人工智能的主流派别，为人工智能的发展做出重要贡献。尤其是专家系统的成功开发与应用，推动人工智能走向工程应用，实现理论联系实际的重要意义。

2）连接主义（connectionism）

连接主义又称仿生学派（bionicsism）或生理学派（physiologism），其主要原理为神经网络及神经网络间的连接机制与学习算法。认为人工智能源于仿生学，特别是对人脑模型的研究。核心是神经元网络与深度学习，仿造人的神经系统，把人的神经系统的模型用计算的方式呈现，用它来仿造智能，目前人工智能的热潮实际上是连接主义的胜利。

1943年由生理学家麦卡洛克（McCulloch）和数理逻辑学家皮茨（Pitts）创立的脑模型，即MP模型，开创了用电子装置模仿人脑结构和功能的新途径。它从神经元开始，进而研究神经网络模型和脑模型，开辟了人工智能的又一发展道路。

1986 年，鲁梅尔哈特（Rumelhart）等人提出多层网络中的反向传播算法（BP）。此后，连接主义势头大振，从模型到算法，从理论分析到工程实现，为神经网络计算机走向市场打下基础。连接主义方法在语音识别、图片处理、模式识别等方面广泛应用，推动了人工智能的发展。

3）行为主义（actionism）

行为主义又称进化主义（evolutionism）或控制论学派（cyberneticsism），其原理为控制论及感知—动作型控制系统。认为人工智能源于控制论，控制论思想早在 20 世纪 40—50 年代就成为时代思潮的重要部分，影响了早期的人工智能工作者。

维纳（Wiener）和麦卡洛克（McCulloch）等人提出的控制论和自组织系统，钱学森等人提出的工程控制论和生物控制论，影响了许多领域。早期研究工作重点是模拟人在控制过程中的智能行为和作用，如对自寻优、自适应、自镇定、自组织和自学习等控制论系统的研究，并进行"控制论动物"的研制。

到 20 世纪 60—70 年代，上述这些控制论系统的研究取得一定进展，在 20 世纪 80 年代诞生了智能控制和智能机器人系统。行为主义是 20 世纪末才以人工智能新学派面孔出现的，引起了许多人的兴趣。这一学派的代表作首推布鲁克斯（Brooks）的六足行走机器人，它被看作是新一代"控制论动物"，是一个基于感知—动作模式模拟昆虫行为的控制系统。

符号主义着重于功能模拟，提倡用计算机模拟人类认识系统所具备的功能和机能；连接主义着重于结构模拟，通过模拟人的生理网络来实现智能；行为主义着重于行为模拟，依赖感知和行为来实现智能。符号主义依赖于软件路线，通过启发性程序设计，实现知识工程和各种智能算法；连接主义依赖于硬件设计，如超大规模集成电路、脑模型和智能机器人等；行为主义利用一些相对独立的功能单元，组成分层异步分布式网络，为机器人研究开创了新方法。这些学派之间并没有严格的区别，一些问题的解决需要综合应用相关技术和方法。

11.1.2　算法

总而言之，人工智能的目的是让机器能够像人一样工作。当人打扫一个房间时，发现哪里脏了，然后进行打扫。因此，如果要设计一个自动扫地机器人，除了对机器本身的设计之外，首先要解决的问题就是能够让机器像人一样对打扫区域进行搜索，以方便进行清扫。关于搜索算法，是人工智能的基础算法之一，大量人工智能教材，也从讲述搜索算法开始。

1. 搜索

当我们需要解决一个问题时，首先要把这个问题表述清楚，如果一个问题找不到一个合适的表示方法，就谈不上对它求解。这有点类似于程序设计思维，也就是说要找到问题的初始状态和问题解决以后的状态，然后去寻求解决过程。假设一个问题有很多种解决过程，选择一种相对合适的解决问题的方法，就是搜索。但是绝大多数需要人工智能方法求解的问题缺乏直接求解方法，搜索通常成为一种求解问题的一般方法。

例如，对于自动扫地机器人而言，初始状态为未清扫状态，结束状态为全部清扫完毕状态，这个问题就比较清楚。设计机器人全部快速高效扫完的算法，也就是一个搜索算法实现的过程。为了便于理解，我们假设机器人要清扫的区域为图 11-3 所示的 5×5 区域，并且将这个区域转换为如图 11-3 右边所示的二叉树，显然对二叉树的一次遍历，就能够完成一次清扫。而二叉树的遍历方法有多种，那么对应的搜索方法也有很多种。

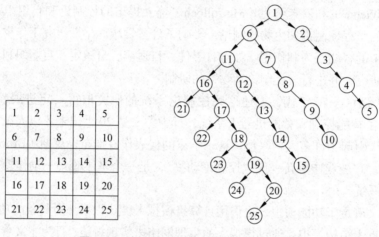

图 11-3　清扫区域和根据区域生成的二叉树

上述搜索方法是建立在全遍历路径规划，并且全区域无碰撞的假设基础上，但在实际生活应用中，这种大面积整整齐齐、没有碰撞的情况基本上是不存在的。因此在现实中，搜索策略要复杂得多。要进一步理解搜索算法，我们需要理解三个重要概念。其中状态空间是一个基础概念，盲目搜索和启发性搜索的概念则是对搜索方法的分类。

1）状态空间

状态空间是利用状态变量和操作符号，表示系统或问题有关知识的符号体系。可以用一个三元组表示：

$$(S, F, G)$$

其中，S 为问题的所有初始状态集合；F 为操作集合；G 为目标状态集合。

2）盲目搜索

盲目搜索是一种无信息搜索，一般只适用于求解比较简单的问题。在搜索过程中，盲目搜索不考虑干扰因素，通常是按预定搜索策略进行搜索，也不会考虑到问题本身的特性。因此，盲目搜索算法也比较简单。例如，对于自动扫地机器人而言，通过二叉树遍历来实现全部区域清扫，就是一种盲目搜索方式。盲目搜索算法主要包括以下几种。

- 一般图搜索过程。

- 广度优先和深度优先搜索。
- 代价树搜索。

3）启发式搜索

启发式搜索又称有信息搜索，利用问题拥有的启发信息来引导搜索，达到减少搜索范围、降低问题复杂度的目的，这种利用启发信息的搜索过程称为启发式搜索。在搜索过程中，利用已有信息不断校正搜索策略，使每个搜索策略向最能够解决问题的方向前进，加速问题的求解，并得到最优解。常见的启发式搜索算法如下。

- 贪婪最佳优先搜索。
- A* 搜索。
- 启发函数。
- 联机搜索。

然而，启发式策略极易出错，因为局部最优并不能保证最优路径，反而会浪费更多算力。在解决问题过程中启发仅是下一步将要采取措施的一个猜想，常常根据经验和直觉来判断。由于启发式搜索只有有限的信息（如当前状态的描述），要想预测进一步搜索过程中状态空间的具体行为则很难。一个启发式搜索可能得到一个最佳解，也可能一无所获。这是启发式搜索固有的局限性。这种局限性不可能由所谓更好的启发式策略或更有效的搜索算法来消除。一般来说，启发信息越强，扩展的无用节点就越少。引入强启发信息，有可能大大降低搜索工作量，但不能保证找到最小耗散值的解路径（最佳路径）。因此，在实际应用中，最好能引入降低搜索工作量的启发信息而不牺牲找到最佳路径的保证。

2. 遗传算法

遗传算法（genetic algorithm，GA）根据大自然中生物体进化规律而设计提出。它是模拟达尔文生物进化论自然选择和遗传学机理的生物进化过程的计算模型，是一种通过模拟自然进化过程搜索最优解的方法。在求解较为复杂的组合优化问题时，相对一些常规优化算法，遗传算法通常能够较快地获得较好优化结果。遗传算法已被人们广泛地应用于组合优化、机器学习、信号处理、自适应控制和人工生命等领域。遗传算法实施时包括编码、产生群体、计算适应度、复制、交换、突变等操作。

该算法最早是由 John Holland（美国）于 20 世纪 70 年代提出，将"优胜劣汰，适者生存"的生物进化原理引入优化参数形成的编码串群体中，按所选择的适应度函数并通过遗传中复制、交叉及变异对个体进行筛选，适应度高的个体被保留下来，组成新群体，新群体既继承了上一代的信息，又优于上一代。这样周而复始，群体中个体适应度不断提高，直到满足一定条件。遗传算法的算法简单，可并行处理，并能到全局最优解。

遗传算法的具体流程如图 11-4 所示。

Gen：遗传（迭代）代次。表明遗传算法反复执行的次数，即已产生群体的代次数目。

M：群体中拥有的个体数目。

i：已处理个体的累计数，当 i 等于 M 时，表明这一代个体已全部处理完毕，需要转入下一代群体。

P_c：交叉率，就是参加交叉运算的染色体个数占全体染色体总数的比例，取值范围一般为 0.4~0.99。

P_m：变异率，是指发生变异的基因位数所占全体染色体基因总位数的比例，取值范围一般为 0.0001~0.1。

P_t：复制概率，用于控制复制与淘汰的个体数目。

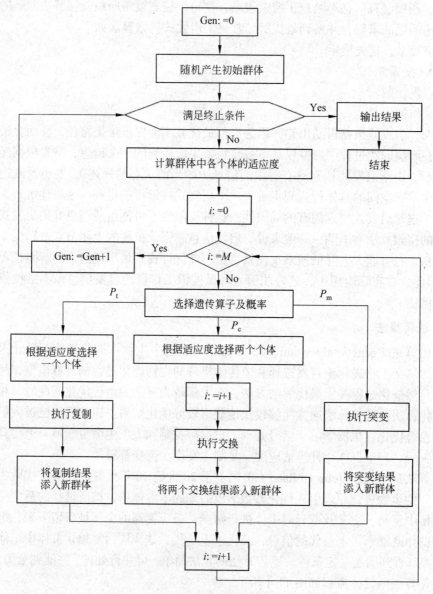

图 11-4　遗传算法流程

我们给可爱的自动清扫机器人起个名字：小罗（robin，RO）。现在假设它要打扫一个 10×10 的房间。如果采用传统打扫方式，需要进行全区域遍历，假设遍历时碰壁是一个动作，拾取废纸球是一个动作，则全部动作为 200 步。现在我们制造一个场景，每次在房间随机散落 50% 的废纸球，如何让小罗打扫房间效率最大化？

1）手工方式

如果是手工方式，分析每一步机器人可能行走的路线，分析当前位置有没有废纸球，旁边有没有废纸球，如何有效地走遍全地图，最简单的方式是沿着房间边缘走到底，然后下移一格，继续走回来，重复往返，同时每走一步，都要进行拾取。

起点位置为（1，1），逐行走到最后一个位置，每个位置都要拾取一次，因此总动作数量为 99×2 = 198 次。

这种方式，需要每次都由我们来对小罗的行进路线进行设定。

2）遗传算法

假设小罗随机行走，整个行走空间由 10×10 共 100 个格子组成。起点位置（1，1）。假设周围围绕着一堵墙。许多格子中散落着废纸球（不过每个格子中废纸球不会多于一个）。小罗只能看到四个方向相邻的 4 个格子以及本身所在格子中的情况。格子可以为空（没有废纸球），或者有一个废纸球，或者是墙。

为跟人工设定的方式对比，每次清扫工作小罗可以执行以下 7 种动作。

0：往北移动。

1：往南移动。

2：往东移动。

3：往西移动。

4：不动。

5：捡拾废纸球。

6：随机移动。

每个动作都会受到奖赏或惩罚。如果小罗所在格子中有废纸球并且收集起来了，就会奖赏 10 分。如果进行收集废纸球的动作而格子中又没有废纸球，就会被罚 1 分。如果撞到了墙，会被罚 5 分，并弹回原来的格子。显然，小罗尽可能地多收集废纸球，别撞墙，没废纸球时别去捡，得到的分数就最高。

（1）生成第一代机器人群体。群体有 200 个随机个体（策略）。每个个体策略有 243 个"基因"。每个基因是一个介于 0 和 6 之间的数字，代表一次动作（0= 向北移动，1= 向南移动，2= 向东移动，3= 向西移动，4= 不动，5= 捡拾废纸球，6= 随机移动）。在初始群体中，基因都随机设定。程序中用一个伪随机数发生器来进行各种随机选择。小罗可以看到 5 个格子（当前格子、东、南、西、北），每个格子可以标为空、废纸球和墙。

（2）计算群体中每个个体的适应度（工作表现）。通过让小罗执行 100 次不同的清扫任务来确定策略的适应度。每次将小罗置于位置（1，1），随机撒一些废纸球（每个格子最多 1 个废纸球，格子有废纸球的概率是 50%）。然后让小罗贯彻基因的 243 个动作。小罗的得分就是策略执行各任务的分数。策略的适应度是执行 100 次任务的平均得分，每次废纸球分布都不一样。

（3）群体繁衍后代。200 个个体，按工作表现排序，每次随机抽取 2 个个体 A 和 B 进行繁衍，表现越好，抽中概率越高。繁衍的形式是把 A 基因片段任意拆分为 2 段，与 B 做对应的交换，这样得到两个全新个体，长度仍然不变。同时新个体做基因突变，随机抽取 3 个基因位置，重置为 0~6 的整数。

（4）进行迭代。200 个新个体产生后，重新执行（2）、（3）步，重复 1000 次。

通过编程实现上述算法之后，可以明显看到，随着迭代重复次数增加，小罗的得分也会越来越高。这就意味着小罗的效率也越来越高，小罗似乎具备了人类智能。

3. 神经网络

在第 10 章中，介绍大数据算法时提到深度学习算法，大数据与人工智能是一种相互促进、互通交融的关系，神经网络算法是一种模拟人工智能的算法，用来从数据中训练有用信息，因此被用于从大数据中发现知识。人工智能算法为大数据的发展提供了基础，大数据为人工智能的发展提供了新舞台，在前面提及人工智能出现第三次浪潮，主要是因为大数据和深度学习相关理论和技术的发展。

人脑的基本组成是脑神经细胞，大量脑神经细胞相互连接，组成人类大脑神经网络，完成各种大脑功能，如图 11-5 所示。而人工神经网络则是由大量人工神经细胞（神经元）经广泛互连形成的人工网络，以此模拟人类神经系统的结构和功能，图 11-6 即为神经元模型。

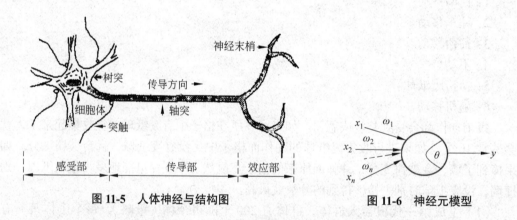

图 11-5　人体神经与结构图　　　　图 11-6　神经元模型

在神经元模型中，x_1，x_2，$\cdots$，x_n 表示某一神经元的 n 个输入；ω_i 表示第 i 个输入的连接强度，称为连接权值；θ 为神经元阈值；y 为神经元输出。可以看出，人工神经元是一个具有多输入、单输出的非线性器件。一个简单作用就是对信息进行判断来完成自动分类，并且根据分类来进行学习。例如，一个刚出生的婴儿，他并没有任何男女老少的概念，他每遇到一个人，身边人都会告诉他这个人是男人、女人，还是老人、小孩，这样他通过不断学习就形成了分类。

人工神经网络相关算法在人工智能占据了重要位置，不少科学家都投入巨大的精力进行研究，并对其寄予厚望。目前发展出几十种不同算法，如在项目十提到的 MLP（多层感知机）、CNN（卷积神经网络）、RNN（循环神经网络）、BP 神经网络等。按不同的分类方式，可以分为不同的神经网络结构。

• 按网络拓扑结构，可分为层次型结构和互连型结构。

- 按信息流向，可分为前馈型网络与有反馈型网络。
- 按网络的学习方法，可分为有监督的学习网络和无监督的学习网络。
- 按网络的性能，可分为连续型网络与离散型网络，或分为确定性网络与随机型网络。

在神经网络中一个非常有用且应用广泛的神经网络模型就是 BP 神经网络，我们小罗和它的兄弟姐妹们也经常采用这种算法，来解决遇到障碍物的问题。在前面我们提到，小罗工作的场景没有障碍物，可以采用规划式清洁模式。但是现实生活中，小罗在清扫途中若遇到形状复杂、面积较大的障碍物，如茶几、桌子等固定物品，以及人或宠物等随机移动物体，路线即被中断。如果只是采取在主路径规划算法中嵌套避开障碍物的算法，如绕行障碍物后校正角度返回原路径，或仍然运用搜索、遗传算法等，无法解决扫地机器人遍历过程中遇到障碍的问题。通常会产生较大的角度误差，缺乏灵活性，增大了重复路径的概率，甚至在一些特殊情况下方法失效。这个时候，神经网络算法结合螺旋式行走模式，通过采用基于 BP 神经网络的寻路算法，能够有效避开障碍物，从而达到在陌生环境中扫地机器人"完全自主"完成清扫任务的目标。

这里介绍了人工智能在三个不同领域的常见算法，但其实这只是人工智能学科领域理论研究的冰山一角。在数据挖掘、专家系统、知识推理、机器学习、自然语言处理、模式识别等领域，发展出了众多复杂的算法和处理方法。人工智能发展到今天，已经形成了一个庞大的学科体系。很难有学者在各个领域都精通，大部分只能在某个领域进行研究，针对某个算法进行应用或改进。

任务 2　人　脸　识　别

本任务知识点：

- 人工智能技术应用的常用开发平台
- 人工智能技术框架和工具
- 人工智能技术特点和适用范围
- 人工智能技术开发的基本流程和步骤
- 人工智能涉及的核心技术及部分算法
- 人工智能应用举例

项目11　人工智能　项目11　人工智能
与智慧生活2.mp4　与智慧生活3.mp4

当我们怀揣着录取通知书，来到心仪的大学校园，即将开启一段奇妙的大学旅程时，在一些信息化应用比较好的学校，从进校园大门到进宿舍、图书馆、教室的门，统统都需要"刷脸"。包括现在很多场合都推出了刷脸支付、刷脸验证等功能，那么人脸识别这项技术是怎么实现的呢？它属于人工智能的哪项技术？下面我们通过人脸识别项目，来了解一下当前人工智能领域研究的热点问题，熟悉一下人工智能项目开发。

11.2.1　环境配置

在项目 3 中提及，人类获取信息的主要途径是通过人体的感觉器官，即通过眼睛、耳朵、舌头、鼻子、皮肤等器官，获取包括视觉、听觉、触觉、味觉、嗅觉等感觉信息。这些信息传输到人脑中，再实现信息存储和输出。根据研究，正常人对客观世界的信息感知 75%～80% 来自视觉。因此，人工智能科学家们在研究如何使机器具有像人一样智能时，其中一个重点研究领域，就是机器视觉识别。

人脸识别是机器视觉识别的重要应用之一，广义的人脸识别实际包括构建人脸识别系统的一系列相关技术，包括人脸图像采集、人脸定位、人脸识别预处理、身份确认以及身份查找等。而狭义的人脸识别特指通过人脸进行身份确认，或者通过人脸进行身份查找的技术或系统。当前人脸识别成为机器视觉识别领域的研究热点，主要是因为其具有大量应用场景，除了在门禁、支付、身份验证等方面大量应用外，在很多安全部门、公共场所、交通要道、居民小区等都配备了全天 24 小时智能监控系统，自动识别人脸对于保护合法居民、打击犯罪具有重要作用。

随着人脸识别研究越来越深入，当前一些简单的身份认证、考勤、支付等功能相对成熟，软硬件价格也比较低廉，迅速进入现实应用中。下面我们以校园人脸识别系统的开发过程为例，来说明人工智能项目的建设开发流程。如图 11-7 所示，人脸识别考勤（或者是进出门核验）项目一般主要分为三个部分：知识库训练（特征值提取）、比对识别、考勤管理。根据项目 8 中信息系统建设开发办法，这里略过可行性分析和需求分析，首先进行系统分析，确定该系统所具备的功能，然后根据功能得出运行环境，并进行开发、测试、部署应用。

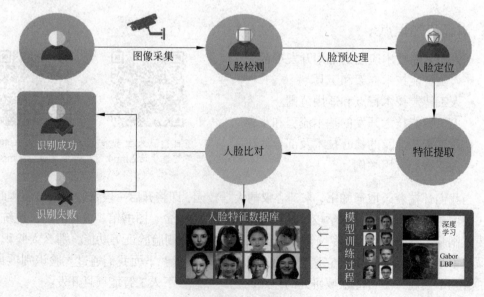

图 11-7　一个普通的人脸识别项目系统架构

1. 功能分析

在 2020 年新冠肺炎疫情暴发之后，很多校园实行了相对封闭的人性化管理，为了既兼顾疫情防控，又考虑人性化管理因素，不少学校都采用了人脸识别系统，师生可以方便地进出校园，也便于对外来陌生人员进行严格管控。相比非典疫情期间的封校管理，这种管理方式更加科学化、人性化，也更加有效，能够更好地防控疫情。并且使用该系统，便于记录进入校园的陌生人员，以保障校园安全。

系统功能并不复杂，主要包括人脸采集、模型训练、人脸比对、信息管理等功能。信息管理等功能包括人员出入记录、陌生人行迹跟踪、人员信息管理等，这不是本章重点，在后面比较少涉及，接下来主要介绍人脸采集和人脸比对。根据功能分析，需要的软件支持如下。

2. 软件环境

图 11-7 中指出人脸识别项目核心是选择算法和建立知识库（模型训练），关于算法下一小节我们再介绍。模型训练是指采集一定数量的照片库原始数据，将其导入深度学习平台中，提取得出合适的特征值，建立知识库。

建立好知识库之后，在移动端或计算机端开发一个 App 或者 B/S 程序，截取摄像头采集到的人脸图像，与知识库中特征值进行比对，完成人脸识别。

因此，人脸识别项目开发工程师需要熟悉深度学习、Python、Android 等开发平台和编程技术。关于 Python 的安装和使用在项目 4 中简单介绍过，这里就不再重复；Android 同样属于程序开发技术，主要用来开发 App，以支持移动端的人脸采集或者比对，这里同样不再赘述。下面重点介绍一下深度学习平台。在 10.2.3 小节中，我们简单介绍了深度学习算法和深度学习平台，接下来我们以 TensorFlow 为例，详细看一下深度学习平台的安装与使用。

首先，我们再详细了解一下 TensorFlow。TensorFlow 是由 Google 公司开发、开源的，目前业界最流行的深度学习计算平台。我们只需要把数据导入 TensorFlow 平台，即可在该平台上通过算法模型对数据进行训练和比对，当然也可以运行自己设计的算法。根据 TensorFlow 负责人介绍，Google 翻译、Google Photos、G-mail 等谷歌自身产品都应用了 TensorFlow 平台，通过使用深度神经网络算法提高翻译、图像识别、垃圾邮件过滤等功能的准确性。

可口可乐公司在瓶盖背面打印了 14 位代码，并创建了一个能使用 TensorFlow 来识别数字，实现购买证明的机器学习系统。荷兰公司 Connecterra 运用 TensorFlow 打造了一款称为"奶牛手环"的奶牛穿戴装置。通过应用机器学习技术，Connecterra 能够在问题发生初期就做出诊断、提供建议，助力农夫维持奶牛健康。在医疗、农业、电信、智慧矿山、安防等众多领域，都有应用 TensorFlow 来进行深度学习，并提供机器智能支持服务的案例。目前很多信息化项目，都通过 TensorFlow 来完成最后的深度学习，以提高机器智能性。

接下来，让我们看一下 TensorFlow 的安装过程。TensorFlow 可以安装在 Windows 操作系统或 Linux 操作系统上，下面以在 Windows 下安装和使用 TensorFlow 为例。

TensorFlow 的常见安装方式有两种，一种是直接用 PIP 指令安装；另一种是先下载安装 Anaconda，然后通过 Anaconda 中的指令进行安装。对于初学者而言，一般采用第二种方法，先从官网上下载 Anaconda———一个开源的 Python 发行版本，官网下载地址：https://www.anaconda.com/download/。

下载好之后得到一个 exe 文件，双击后出现如图 11-8 所示的界面。

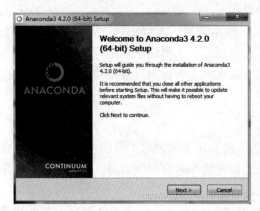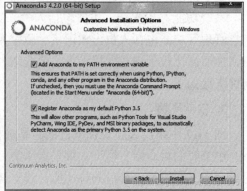

图 11-8　安装 Anaconda

和很多 Windows 应用软件一样，选好版权、路径、用户等信息之后，基本上一直单击 Next 按钮就可以了，最后注意选择将 Anaconda 加入环境变量中。

验证 Anaconda 是否安装成功也比较简单，打开 Windows 自带的命令窗口，输入conda-version，如果能够得到 conda 4.2.0（具体根据你下载的版本）等版本信息，说明在计算机上已经成功安装了 Anaconda。

接下来安装 TensorFlow。TensorFlow 是开源的，因此有很多网站都提供下载服务。例如，清华大学镜像也提供相应的下载服务。在命令窗口启动 Anaconda，在 conda 提示符下，输入指令：

```
conda config --add channels https://mirrors.tuna.tsinghua.edu.cn/
anaconda/pkgs/free/
```

接着输入：

```
conda config --set show_channel_urls yes
```

以上指令是指定下载地址为清华大学镜像服务地址，这样能够大大提高下载和安装速度。在 Anaconda Prompt 中输入：

```
conda create -n tensorflow python=3.5.2//注意对应自己安装的 Python 版本号，
                                        这里是笔者自己计算机 Python 的版本，
                                        读者请自行修改
```

命令运行时会出现如图 11-9 所示的界面。

输入 y，按 Enter 键，就可以看到 TensorFlow 开始安装了。

到出现如图 11-10 所示界面，就表示 TensorFlow 已安装完毕。

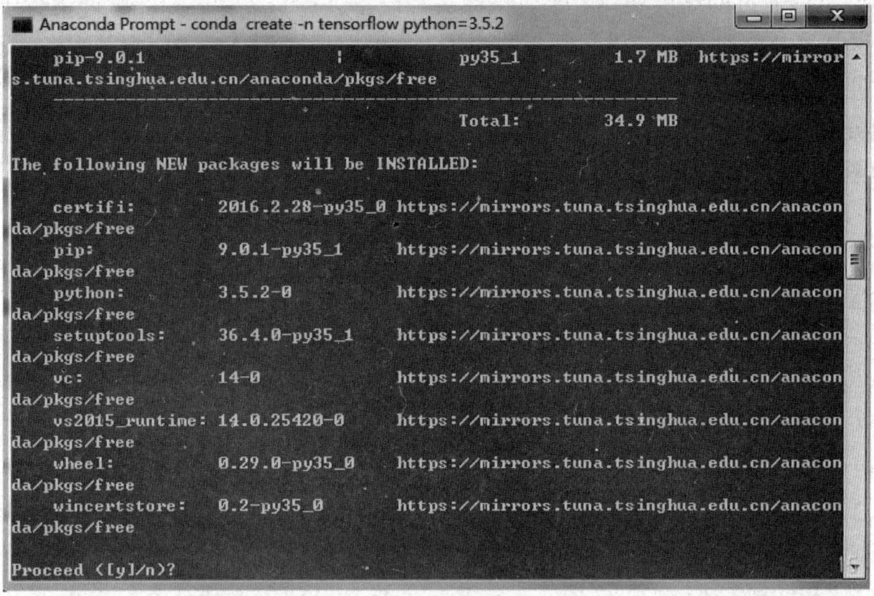

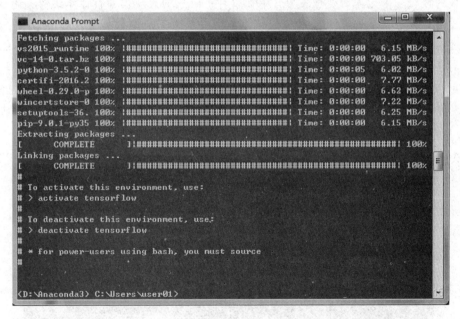

图 11-9　开始安装 TensorFlow

图 11-10　安装好的 TensorFlow

3. 硬件环境

上面介绍了深度学习平台的安装，该平台可以运行在 Windows 或者 Linux 操作系统上。一个人脸识别项目所需要用到的硬件设备主要包括：图像采集设备（用于人脸比对或者数据库建立）、网络设备（用于数据传输）、服务器（运行深度学习平台）和普通计算机（用于系统管理）。

图像可以通过网络摄像机、手机摄像头等设备进行采集。客户端软件运行于普通计算机上，通过 B/S 或 C/S 架构与服务器连接；也可以集成到 App 中，安装在移动设备上，提供方便的办公、管理等功能。

服务器根据项目需求进行估算配置，也可以采用云服务器方式。由于项目需要进行大量的图像处理，采用高性能 GPU 服务器能够更好地保证项目顺利运行。

拓展资料：GPU 服务器

随着人工智能的发展，越来越多的项目应用了图像处理、深度学习等技术，市场上需要一种能够提供视频编解码、深度学习、科学计算等多种场景的快速、稳定、弹性计算服务的专业服务器。在市场需求的刺激下，GPU 服务器诞生了，并得到了快速发展和应用。

GPU 服务器通过加速计算可以提供非凡的应用程序性能，能将应用程序计算密集部分的工作负载转移到 GPU，同时仍由 CPU 运行其余程序代码。从用户角度来看，应用程序的运行速度明显加快。

区别 GPU 和 CPU 的一种简单方式是，比较它们如何处理任务。如图 11-11 所示，CPU 由专为顺序串行处理而优化的几个核心组成，而 GPU 则拥有一个由数以千计更小、更高效的核心（专为同时处理多重任务而设计）组成的大规模并行计算架构。通过优化计算服务，使在大数据、人工智能领域原本需要数天完成的数据量，采用 GPU 服务器在数小时内即可完成运算；原本需要数十台 CPU 服务器共同运算集群，采用单台 GPU 服务器即可完成。

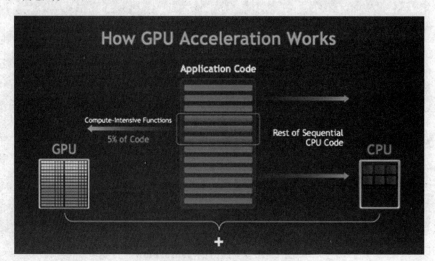

图 11-11　GPU 服务器运行原理

唯一的缺点就是 GPU 服务器相对价格比较昂贵，单台服务器一般达到十几万元甚至数十万元。不过对于普通用户而言，一个好的解决方式就是租用云 GPU 服务器来完成模型训练，华为、阿里、腾讯等国内外知名厂商都提供相应服务，并且价格在逐步下降。

11.2.2 开发

人们对于人脸识别技术的研究开始于 20 世纪 60 年代，当时主要应用一些生物相关技术等方式进行识别，并且识别率不高，难以支持现实应用。近年来，随着人工智能等技术的发展，人脸识别技术的准确率提高到 99% 以上，达到了实际应用级别。很多公司也发布了相关开源项目，广大人脸识别开发者只需要调用相关模块或函数，就可以快速完成开发部署。谷歌公司的 Florian Schroff、Dmitry Kalenichenko、James Philbin 发表了一篇关于人脸识别的论文 *FaceNet: A Unified Embedding for Face Recognition and Clustering*，提出了一个对识别（这是谁？）、验证（这是同一个人吗？）、聚类（在这些面孔中找到同一个人）等问题的统一解决框架，即它们都可以放到特征空间里统一处理。后来在 GitHub 上根据 FaceNet 论文，提供了基于 TensorFlow 平台实现的开源代码，众多人脸识别项目可以根据 FaceNet 来快速实现，FaceNet 源代码下载地址如下：

https://github.com/davidsandberg/facenet.git

下面我们用 FaceNet 来实现人脸识别系统的开发。

1. 建立工程项目

在计算机上找到 Anaconda3\Lib\site-packages 目录（每个人在安装时选择的路径不同，导致该安装目录会有所不同），新建 facenet 文件夹，从上述网站中下载 FaceNet 项目压缩包，并将 facenet-master\src 目录下的全部文件复制到上面新建的 facenet 文件夹内，如图 11-12 所示。

图 11-12 facenet 文件夹下的文件

然后启动 Anaconda，在 Anaconda Prompt 内输入 import facenet。如果一切顺利，将会看到如图 11-13 所示信息，没有报错即所有正常引入，工程项目建设完毕。

图 11-13　在本地建立 FaceNet 项目

2. 准备数据

这里的数据主要是指用于模型训练的图像数据，就是先让程序提取特征值，建立知识库，以用来验证算法有效性。大部分模型训练采用公开的人脸数据集 MS-Celeb-1M 作为训练集，可以从网上下载。MS-Celeb-1M 数据集初始阶段有 8 万多人，共约 1000 万张人脸图像，一度是世界上公开的最大人脸图像集。图 11-14 展示了图像集中乔布斯的图像。在使用该数据集时，对该数据集进行了清洗，使用了 MTCNN 进行了人脸检测及关键点定位，并将得到的人脸对齐图像缩放成 112 像素 × 112 像素，用于模型训练。便于开发者使用。

图 11-14　图像集中乔布斯的图像

将下载好的 MS-Celeb-1M 数据集压缩包解压到 facenet-master\dataset 目录下，接下来就可以建立模型，并且进行训练了。如果是自己采集的数据集，FaceNet 也提供了数据集处理函数，如 data_process.py、align_dataset_mtcnn.py 等，实现数据转换、图像对齐等功能。

3. 训练模型

模型训练的过程如图 11-15 所示。

FaceNet 项目本身提供了两个预训练模型，其中基于 CASIA-WebFace 和 MS-Celeb-1M 人脸库训练的 Inception ResNet v1 神经网络模型，可以直接下载，解压到 facenet-master\model 目录下，就可以直接使用。如果是自己建立的模型，写好模型之后，运行 facenet-master\train_nets.py（注意相对应的参数调整）。

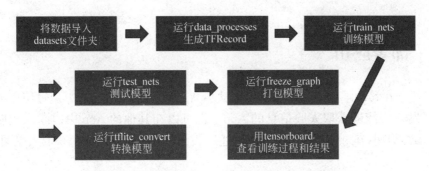

图 11-15　知识库模型训练（特征值提取）过程

拓展资料：FaceNet 采用的 CNN 模型

在 Florian Schroff 等人发表的初始论文中，阐述了 FaceNet 实现通过 CNN 学习输入人脸图像，并得到其欧式空间特征。两幅图像特征向量间的欧式距离越小，表示两幅图像是同一个人的可能性越大。一旦有了人脸图像特征提取模型，那么人脸验证就变成了两幅图像相似度和指定阈值比较的问题；人脸识别就变成了特征向量集的 KNN 分类问题；人脸聚类就可以通过对人脸特征集进行 k-means 聚类完成。图 11-16 展示了 FaceNet 模型结构。

Input	Operator	t	c	n	s
$112^2 \times 3$	conv 3×3	—	64	1	2
$56^2 \times 64$	depthwise conv 3×3	—	64	1	1
$56^2 \times 64$	bottleneck	2	64	5	2
$28^2 \times 64$	bottleneck	4	128	1	2
$14^2 \times 128$	bottleneck	2	128	6	1
$14^2 \times 128$	bottleneck	4	128	1	2
$7^2 \times 128$	bottleneck	2	128	2	1
$7^2 \times 128$	conv 1×1	—	512	1	1
$7^2 \times 512$	linear GDConv 7×7	—	512	1	1
$1^2 \times 512$	linear conv 1×1	—	128	1	1

图 11-16　FaceNet 模型结构

（资料来源：https://arxiv.org/abs/1503.03832）

FaceNet 是直接利用 triplet loss 训练模型输出 128 维特征向量，triplets 是由来自同一人的两张人脸图像和来自另一个人的第三张图像组成，训练的目的是使来自同一人的人脸对之间的欧式距离要远小于来自不同人的人脸对之间的欧式距离。

其中，conv 为卷积层；depthwise conv 为 DW 卷积模块；bottleneck 为 bottleneck 卷积模块；linear GDConv 为 Global DW 卷积模块；linear conv 为线性卷积模块。

对模型训练完以后，还需要对模型进行冻结、验证等，分别运行相应的函数即可完成，验证通过专用验证图像库来实现。完成对模型的训练之后，就可以用于识别现实中的图像了。

11.2.3　部署应用

为了便于在移动端应用，需要开发移动端 App 来实现相应功能。通过使用 Android 技术，开发一个能够获取人脸信息的 App，也可以在其他的 App 中，嵌入相应功能。这部分不属于本小节内容，这里不重点阐述。假设已经开发好 App，获取人脸图像功能如图 11-17 所示。

手机获取图像信息后，调用人脸识别检测模块，得到人脸图像和特征值，将特征值与人脸数据库中的特征值进行比对。如果比对结果符合预先设定的数值要求，人脸识别验证通过。同样，也可以进行自动分类、自动检测等，人脸比对流程如图 11-18 所示。

图 11-17　获取人脸图像功能

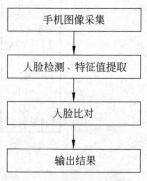

图 11-18　人脸比对流程

至此，我们完成了一个简单的人脸识别项目的设计开发工作。在这个案例中我们了解到了大数据技术与深度学习技术在人工智能中的作用：一是数据量越大，能够提供的信息也就越多，模型训练之后得到的知识库也就越丰富；二是深度学习算法越准确，能够得到的结果自然也就更准确。因此，提高数据处理能力和提升算法效率，是当前两个重要研究方向。但是从案例中，我们也不难发现，人工智能技术属于一门综合性技术，涉及基础数学、概率论、控制论、计算机编程、算法理论等多个学科，并且理论性强，因此对于一般人来说，掌握起来比较困难。对于项目实践来说，也充满了风险和不确定性，这些都阻碍了人工智能技术的应用和推广。但是随着一些人工智能平台的出现，通用性、集成开发工具的不断完善，人工智能开发周期和流程越来越短，人工智能技术的推广和应用前景广阔。

任务3　发 展 趋 势

本任务知识点：

- 人工智能在互联网及各传统行业中的典型应用和发展趋势
- 人工智能在社会应用中面临的伦理、道德和法律问题

拓展资料：人类智能范畴

根据世界著名心理学家霍华德·加德纳的多元智能理论，人类智能可以分成八个方面，包括语言、数学逻辑、空间、身体运动、音乐、人际、自我认知、自然认知。其多元智能理论对智能的定义是在某种社会或文化环境的价值标准下，个体用于解决自己遇到的真正难题或生产及创造出有效产品所需要的能力。下面我们分别来看一下这八种智能。

1）语言智能（linguistic intelligence）

语言智能是指有效运用口头语言以及文字表达自己的思想并理解他人，灵活掌握语音、语义、语法，包括听、说、读和写的能力。人具备将言语思维、用言语表达和欣赏语言深层内涵的能力结合在一起并运用自如的能力。他们适合的职业是政治活动家、主持人、律师、演说家、编辑、作家、记者、教师等。

2）数学逻辑智能（logical-mathematical intelligence）

数学逻辑智能是指有效地计算、测量、推理、归纳、分类，并进行复杂数学运算的能力。这项智能包括对逻辑的方式和关系，陈述和主张，功能及其他相关抽象概念的敏感性。科学家、会计师、统计学家、工程师、计算机软体研发人员等是这方面的代表。

3）空间智能（spatial intelligence）

空间智能是指准确感知视觉空间及周围一切事物，并且能把所感觉到的形象以图画的形式表现出来的能力。这项智能包括对色彩、线条、形状、形式、空间关系很敏感。室内设计师、建筑师、摄影师、画家、飞行员等这项智能非常出色。

4）身体运动智能（bodily-kinesthetic intelligence）

身体运动智能是指善于运用整个身体来表达思想和情感，灵巧地运用双手制作或操作物体的能力。这项智能包括特殊的身体技巧，如平衡、协调、敏捷、力量、弹性和速度以及由触觉所引起的能力。运动员、演员、舞蹈家、外科医生、宝石匠、机械师等具备高度发达的身体运动智能。

5）音乐智能（musical intelligence）

音乐智能是指人能够敏锐地感知音调、旋律、节奏、音色等能力。这项智能对节

奏、音调、旋律或音色的敏感性强，有与生俱来的音乐天赋，具有较高表演、创作及思考音乐的能力。歌唱家、作曲家、指挥家、音乐评论家、调琴师等在音乐智能方面比较出色。

6）人际智能（interpersonal intelligence）

人际智能是指能很好地理解别人和与人交往的能力。这项智能善于察觉他人情绪、情感，体会他人的感觉感受，辨别不同人际关系的暗示以及对这些暗示做出适当反应。政治家、外交家、领导者、心理咨询师、公关人员、推销等具备良好的人际智能。

7）自我认知智能（intrapersonal intelligence）

自我认知智能是指自我认识和善于自知之明并据此做出适当行为的能力。这项智能能够认识自己的长处和短处，意识到自己内在爱好、情绪、意向、脾气和自尊，喜欢独立思考。哲学家、政治家、思想家、心理学家等具备高度的自我认知智能。

8）自然认知智能（naturalist intelligence）

自然认知智能是指善于观察自然界中各种事物，对物体进行辩论和分类的能力。这项智能有着强烈的好奇心和求知欲，有着敏锐的观察能力，能了解各种事物的细微差别。天文学家、生物学家、地质学家、考古学家、环境设计师等在自然认知方面比较出色。

虽然不同行业从业人员在某个方面比较出色，但是我们每个人都同时拥有相对独立的八种智能，但每个人身上这八种相对独立的智能在现实生活中并不是绝对孤立、毫不相干的，而是以不同方式、不同程度有机地组合在一起。

显而易见，以霍华德·加德纳的理论来衡量人工智能，当前还没有一个机器能够像人一样具备八种智能，且能够自如地融合到一起。人工智能现在还是在某一个方面去模仿人类智能，当前人工智能应用主要体现在如下几个方面。

1. 自然语言处理

自然语言处理（natural language processing，NLP）是计算机科学领域与人工智能领域中的一个重要方向。它研究能实现人与计算机之间用自然语言进行有效通信的各种理论和方法。自然语言处理是一门融语言学、计算机科学、数学于一体的科学。如果计算机能够理解、处理自然语言，这将是计算机技术的一项重大突破。自然语言处理的研究在应用和理论两个方面都具有重大意义。自然语言处理主要应用于机器翻译、舆情监测、自动摘要、观点提取、文本分类、问题回答、文本语义对比、语音识别等方面，如图 11-19 所示。

20 世纪 60—80 年代，自然语言处理主要是基于规则来建立词汇、句法语义分析、问答、聊天和机器翻译系统。好处是可以利用人类内省知识建立规则，不依赖数据，可以快速起步；问题是覆盖面不足，像个玩具系统，规则管理和可扩展问题一直没有解决。

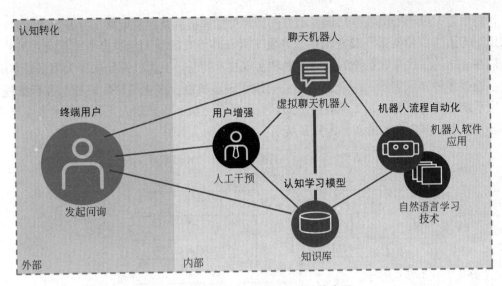

图11-19　自然语言处理在企业的应用

到了20世纪90年代，基于统计的机器学习（ML）开始流行，很多NLP开始用基于统计的方法来做。主要思路是利用带标注的数据，基于人工定义的特征建立机器学习系统，并利用数据，经过学习确定机器学习系统的参数。利用这些学习得到的参数，对输入数据进行解码，得到输出。机器翻译、搜索引擎都是利用统计方法获得了成功。

2008年之后，深度学习开始在语音和图像处理领域发挥威力。随之，NLP研究者开始把目光转向深度学习。先是把深度学习用于特征计算或者建立一个新特征，然后在原有的统计学习框架下体验效果。比如，搜索引擎加入了深度学习的检索词和文档相似度计算，以提升搜索的相关度。自2014年以来，人们尝试直接通过深度学习建模，进行端对端训练。目前已在机器翻译、问答、阅读理解等领域取得了进展，出现了深度学习的热潮。

2. 专家系统

专家系统模拟人类专家求解问题的思维过程，求解领域内的各种问题，其水平可以达到甚至超过人类专家的水平。1965年费根鲍姆研究小组开始研制第一个专家系统——分析化合物分子结构的DENDRAL。1968年完成并投入使用。之后专家系统不断发展应用，在各个行业领域都有突出表现。

一般认为，专家系统经历了四次重大的更替：第一代专家系统（dendral、macsyma等）以高度专业化、求解专门问题的能力强为特点。但在体系结构的完整性、可移植性、系统的透明性和灵活性等方面存在缺陷，求解问题的能力弱。第二代专家系统（mycin、casnet、prospector、hearsay等）属单学科专业型、应用型系统，其体系结构较完整，移植性方面也有所改善，而且在系统的人机接口、解释机制、知识获取技术、不确定推理技术、增强专家系统的知识表示和推理方法的启发性、通用性等方面都有所改进。图11-20展示了专家系统工作原理。第三代专家系统属多学科综合型系统，采用多种人工智能语言，综合采用各种知识表示方法和多种推理机制及控制策略，并开始运用各种知识工程语言、骨架系统及专家系统开发工具和环境来研制大型综合专家系统。另外，人们在总结前三代专家系统的设计方法和实现技术的基础上，已开始采用大型多专家协作系统、多种知识表示、综合知识库、自组织解题机制、多学科协同解题与并行推理、专家系统工具与环境、人工神经网络知识获取及学习机制等最新人工智能技术来实现具有多知识库、多主体的第四代专家系统。

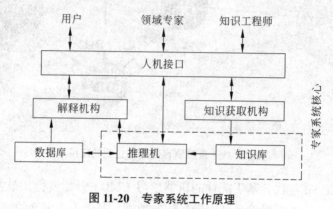

图 11-20 专家系统工作原理

3. 模式识别

模式识别（pattern recognition）是研究对象描述和分类方法的学科。分析和识别的模式可以是信号、图像或者普通数据。包括文字识别，如邮政编码、车牌识别、汉字识别；人脸识别，用在反恐、商业上；物体识别，如导弹、机器人等。模式识别就是通过计算机用数学技术方法来研究模式的自动处理和判读，把环境与客体统称为"模式"。随着计算机技术的发展，人类有可能研究复杂信息处理过程，其过程的一个重要形式是生命体对环境及客体的识别。模式识别以图像处理与计算机视觉、语音语言信息处理、脑网络组、类脑智能等为主要研究方向，研究人类模式识别的机理以及有效计算方法。

4. 机器视觉识别

机器视觉（machine vision）或计算机视觉（computer vision）是用机器代替人眼睛进行测量和判断。机器视觉系统是指通过图像摄取装置将被摄取的目标转换成图像信号，传送给专用图像处理系统，根据像素分布和宽度、颜色等信息，转换成数字信号，抽取目标的特征，根据判别结果控制现场的设备动作。机器视觉应用在半导体、电子、汽车、冶金、制药、食品饮料、印刷、包装、零配件装配及制造质量检测等。前面详细介绍过的人脸识别，也是机器视觉识别应用的一个方向。

5. 机器人学

在项目 7 中，我们重点讨论学习了工业机器人的应用，以及用软件机器人来实现流程自动化，机器人及相关理论的发展应用与人工智能密不可分。机器人学也被叫作机器人工程学或机器人技术，最重要的研究内容是为机器人制造"拟人化"应用功能，并建立机器人和交流沟通对象两者间的联系。涉及机器人学的领域、学科不少，如行动规划、控制技术、传感、动力学和运动学等。1960 年，计算机技术和工业自动化的迅速发展造就了机器人学的诞生，而机器人学也发挥出了巨大作用。在实际工作中，尤其是很多高危工作岗位，都十分需要智能机器人来代替人力，在这种需求下机器人技术和科研有了长足的进步。机器人学是人工智能技术的主要分支领域之一，机器人学的进步会带动人工智能技术的进步与发展。

正是因为机器人的"拟人化"，工业机器人被普遍应用，同时也造成了社会关系的变革，引发了许多伦理问题。随着人工智能技术的发展，终有一天会逐渐渗透到生活的方方面面。人们看到人工智能技术对人类生产和社会生活造成了巨大变革的同时，也开始重视人工智能技术发展中所产生的各种伦理问题。比如：能够伴随人类成长和生活的人工智能机器人到底是不是人，我们是否应该赋予它们同等的"人权"，它们是否也应该像人一样有同样的道德地位和标准；无人驾驶汽车或是人工智能技术应用在医疗领域时，如果发生事故，这个责任如何去判定？

人工智能是信息技术的发展趋势，智能化也是当今社会的重要特征。同任何技术变革一样，人工智能技术的发展和变革也带来了一些风险，但是其发展是一把双刃剑，对人类社会既有着消极意义也有着积极的意义。虽然人类对人工智能技术的研究一直都在进行，但是技术的发展速度要远比科学理论的形成快很多，因此在人工智能技术的发展过程中，国际上仍然没有形成一套通用或者是完整的关于人工智能技术的伦理问题以及其应对策略的研究成果。

人工智能技术的发展要为人类服务，这就要求人工智能的发展具有合理性和价值性，适应时代背景的道德观念才能帮助现代人拥有更健康、更稳定的生活，这就要求不但要保留传统道德伦理观念的精华，还要根据时代发展建立新的道德规范。与此同时，我们还需要加强对人工智能设计、研发、应用等各个阶段的监管，借助法律手段来促进人工智能的协调发展。

人脑是人体所有器官中最复杂的一部分，并且是所有神经系统的中枢；虽然它看起来是一整块，但是可以通过神经系统专家，了解它的各个功能。人脑约有 1000 亿个神经元，神经元之间约有上万亿个突触连接，形成了迷宫般的网络连接。它到底如何处理语言信息，很大程度还是一个黑箱，这就是脑科学面临的挑战。目前向强人工智能迈出的一步是在计算机上模拟人类大脑如何运转，以便研究人员能更深入地了解智能背后的内在机理。

然而，人类的大脑异常复杂，即使借助现今大型超级计算机的强大功能，还是不可能模拟人脑 1000 亿个神经元与上万亿个突触之间的所有相互关系。但现在距离这个目标更近了一步，人工智能的研究人员已开发出了一种算法，该算法不仅加快了现有超级计算机上的人脑模拟，还向在未来的百亿亿次运算超级计算机（每秒能执行上百亿亿次运算的计算机）上实现"全脑"模拟迈出了一大步。人类大脑与当前人工智能技术有许多相似点，这说明人工智能正在沿着正确的方向发展，但是很显然人工智能还有相当长的路要走。

综合训练电子活页

1. 观察生活中人工智能的应用，选取两个以上的应用，进行分析。
2. 尝试完成一个深度学习平台的安装、调试、使用过程。

项目11　综合训练电子活页.docx

项目 12　区块链与诚信人生

📖 导学资料：货币与可支配时间

迄今为止，货币的发展经历了三个阶段：实物货币、纸币和数字货币。

学者们认为：货币是一种关于有劳动等价物对应的交换权的契约，是度量价格的工具、购买货物的媒介、保存财富的手段。

回顾一下玩一些大型网络游戏的经历：某个新游戏刚推出时，除了游戏体验感之外，最重要的就是建立起公平的游戏环境。几乎所有游戏都会推出专门的虚拟货币（金砖、银币、钻石等名称），而这些虚拟货币在开始时都是通过玩家"劳动（打怪、做任务、手工等）"所得，基本上你在游戏中花费的时间越久，你所能够获取的虚拟货币就越多。玩家可以通过虚拟货币购买装备，以获取更好的游戏体验感。

但是这里有一个问题：在正常情况下（无"外挂"等公平竞争模式），在游戏中花费时间越多，在现实社会中的时间就越少！

如果是成年人，那么现实社会中的时间用于工作或者家庭生活，同样在正常情况下，所用的时间越多，在现实社会中获取的财富（真实货币）也就越多。

《资本论》中也分析到：价值是凝结在商品中无差别的社会平均劳动时间，价格围绕价值波动。而货币是度量价格的工具。

玩过网络游戏的人都知道，一旦网络游戏在获取一定的粉丝后，往往会开启吸金模式（想办法吸引玩家疯狂"氪金"），也就是玩家可以用在现实社会中拥有的财富（可支配时间）去置换网络游戏中的虚拟财富，瞬间碾压游戏中其他玩家，通过购买别人的游戏时间获得成就感。游戏公司毕竟不是慈善组织，必须要获取利益，才能购买支持游戏运行的软硬件系统，支付研发、运维人员的工资。游戏通过在现实货币和虚拟货币之间寻找平衡来维持收益，一旦这种平衡被打破，那么游戏基本就进入了末路。

迄今为止，全球尚未建立起完美的、合理的货币体系：无论是 19 世纪出现的金本位、第二次世界大战之后出现的布雷顿森林体系，还是现行的牙买加体系，都存在着一些缺点，在某些特定的情形下，这些缺点被无限放大甚至导致体系的崩溃。人们期待着能够建立起一种公平、合理、完美的全球货币体系，不少技术人员在区块链技术上寄予了厚望，但是每一种新技术出现，都会经历很多曲折与崎岖坎坷。很多不熟悉区块链技术的人，把区块链技术与虚拟货币等同起来，而虚拟货币被很多人恶意炒作之后，又给社会带来了不良的影响和印象。下面我们将详细介绍区块链相关技术，它不仅用于虚拟货币，还可以应用于社会其他方面，来说明这是一项非常有用且有前途的技术。

任务 1 "i 深圳"

本任务知识点:

- 区块链的概念
- 区块链的发展历史
- 数据结构、链表
- 区块链的技术基础、特性
- 公有链、联盟链、私有链

项目 12　区块链　项目 12　区块链
与诚信人生.pptx　与诚信人生 1.mp4

由于公司业务发展需要,在贝塔公司工作的小 C 被委派到深圳出差,接下来小 C 要在深圳工作半年,并且其他同事还要经常过来。公司要求小 C 在深圳租一套房子,而不是住在酒店,以减少公司差旅成本。到了深圳之后,客户先接待了小 C,得知小 C 要在深圳暂住一段时间,客户提议小 C 下载安装如图 12-1 所示的 "i 深圳" App,以方便租房、办理证件、周末游玩等。

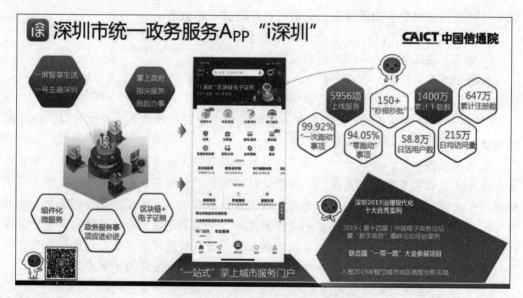

图 12-1　"i 深圳" App 功能简介

拓展资料:电子政务

政府对辖区公民的电子政务(government to citizen,G2C)和政府对企事业单位组织的电子政务(government to business,G2B)在提高政府办公效率的同时,改善了政府和民众、企业之间的关系,是政府组织再造的结果体现。G2C 主要是通过门户网站或部门网站实现,进入相应网络办公系统,提供与个人相关的政府管理服务。一个建设完善的电子政务系统，应该包含了公民从出生到死亡的全部过程，所有需要政府管理服务的事务，包括：电子信息服务、电子证件服务、网络教育培训服务、电子就业服务、公共卫生保障服务、日常生活服务等方面内容。G2B 则包括了企事业单位从注册到注销所有需要处理的事务，主要包括：电子注册注销、电子采购与招标、电子税务、电子财务管理、电子证照办理、信息咨询服务、电子监督审核等内容。

电子政务的概念从 1993 年提出至今，有二十多年的发展历史。2012 年，100% 市级以上政府都有门户网站，95% 以上的政府部门也建设了部门网站，但是有超过 20% 的部门网站信息不更新，仅仅做到了基本业务公开，离一站式服务相差甚远。最近十年间，随着移动互联应用技术、5G、大数据、云计算等技术的发展，很多网上应用逐步向手机端迁移，这大大方便了一些基本办公，大部分业务可以通过移动网络办理，一站式办公、"跑一趟" "数据跑腿代替人跑腿" 等概念，逐步深入人心，政府效率不断提升。

民众、企事业组织通过电子技术手段和政府打交道，按照指定流程快速完成业务，一方面提高效率，另一方面也避免了腐败、贿赂、回扣等不良行为。对政府来说，信息化提升了透明度、提高了办事效率；对普通公民和组织来说，信息化使每个人自觉遵守道德规范、规章制度，促进整个社会向更加诚信、有序、良好的方向发展。

12.1.1 区块链证照

在 "i 深圳" App 中，一个非常显眼的功能就是图 12-2 中的区块链证照，这引起了小 C 的好奇，小 C 经常听到区块链这个名词，但是区块链证照是什么？与普通的证照有什么不同？区块链技术怎样在证照上应用？区块链证照能干什么，能够提供什么样的便利？带着这些疑问，小 C 开始了区块链探索之旅。

图 12-2 "i 深圳" App 的区块链证照功能模块

事实上，无论我们使用什么信息化系统，或者在现实社会中办理任何业务，第一件事就是证明自己，也就是说让别人认可"我是我"！

例如，根据公司安排，小 C 需要在深圳租一套房子，在某租房平台上，小 C 看中了某房东发布的一条房屋出租信息，于是通过电话约房东到房屋现场进行了查看，小 C 感到很满意，准备租下这套房子。现在问题就来了，小 C 无法查证他约见的房东是否是房子真正的主人，而房东则无法查证小 C 是否就是小 C 本人，而不是冒名顶替他人，即使小 C 出示身份证，但普通人也很难根据身份证照片实现完美核对，小 C 也不能把身份证留给房东。

通常情况下，租房会通过房产中介来完成，因为房产中介作为一个企业法人，一般需要良好的社会诚信度才能运营下去。信誉度良好的房产中介会去核查双方身份信息，确保交易双方身份准确无误。有了区块链证照功能模块以后，双方只需在 App 通过相应的功能模块进行身份确认，即可完成身份认证功能。

2018 年深圳市在全国第一个应用图 12-3 中的区块链证照（深圳经济发达；外来人口多；年轻人多；容易接受新鲜事物），很快基于区块链的电子证照迅速推广，全国其他城市开始应用。2020 年北京市政务服务局在居民办理电子营业执照、身份证、户口本、居住证、驾驶证、结婚证和离婚证 7 种高频证照时，可以通过区块链电子证照办理；企业组织的 253 个事项类和个人的 65 个事项类，都可以通过区块链电子证照来完成身份认证；并且实现手机或网页端在线办理，大大提高了办理效率。

图 12-3　区块链证照功能使用

12.1.2　区块链发票

解决了租房问题，小 C 很快在深圳安顿了下来，他来到超市购买一些日常用品，根据以往的习惯，小 C 要求提供发票，等回到总部报销。在小 C 完成采购之后，商店售货员让小 C 通过手机扫码来完成开具发票工作，小 C 扫码之后得到了一张如图 12-4 所示的区块链电子发票。这样小 C 可以随时把发票发送回公司，公司可以随时根据发票给小 C 报销，小 C 安心地在深圳完成工作，不必再为财务报销来回奔波。

图 12-4 开具区块链电子发票

2018 年 5 月 24 日，国家税务总局深圳市税务局和腾讯公司共同成立"智税"创新实验室，攻克区块链电子发票的技术问题。8 月 10 日，全国首张区块链电子发票在深圳国贸餐厅开出，深圳市成为全国首个区块链电子发票试点城市。此后，区块链电子发票在深圳得到快速的应用和发展，深圳市招商银行、平安银行、沃尔玛门店、国大药房和微信支付商户平台开通区块链电子发票。2019 年，深圳地铁、出租车、机场大巴等交通场景区块链电子发票上线，越来越多的企业接入区块链发票应用。

对于开具区块链发票的企业，通过应用区块链电子发票，无须定期往返税务局领购发票，降低了公司办税人员的工作负担，提升了工作效率；电子发票取代纸质发票，减少了打印机、油墨、纸张等成本，让企业降低了额外的财务成本；同时企业客户在平台购物或者消费中，通过扫码自行申请开票，无须人工干预，减少了企业人力投入。

比较图 12-5 中两张电子发票可知，区块链电子发票与传统电子发票有非常明显的区别。

- 区块链电子发票没有"机器编号"，而只有一个二维码。
- 密码区的编码明显不同，增值税电子普通发票的密码区编码全是阿拉伯数字；而区块链电子发票的密码区是英文数字和阿拉伯数字的结合。
- 发票代码最后一位数字不同，增值税电子普通发票的发票代码最后一位数为 1；而区块链电子发票的发票代码最后一位数为 0。
- 区块链电子发票抬头名称里少了"增值税"这三个字。
- 两者的编号不同。

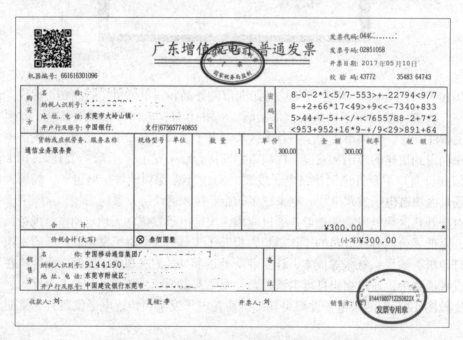

图 12-5 第一张区块链电子发票和普通电子发票

12.1.3 区块链技术

通过上述实际案例，我们发现区块链技术在公共服务、金融等领域有着广阔的应用，那么区块链电子证照、电子发票与传统的身份验证、普通发票到底有什么区别呢？为什么通过区块链技术能够证明"我是我"？为什么通过区块链电子发票能够更好地辨证真伪，防止虚开发票等情况的发生呢？

1. "我是我"

让我们继续深入探讨一下，如何证明"我是我"的问题。

假如小C向别人宣称自己就是小C，一般来说，有两种方法能够证明：一是通过公安机关的验证，如图12-6所示，通过在计算机或者其他设备上输入认证信息（身份证、人脸、指纹等），通过一定的身份验证算法和程序完成核验。二是通过其他人来证实。比如：小C的同学、小C的客户都指出，小C就是小C，这样就完成了"我是我"的证明。第二种方式比较接近于区块链电子认证系统，是一种分布式的对等证明方式。

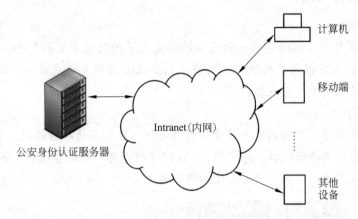

图 12-6　应用公安数据库来完成身份认证

当前信息系统身份认证，大部分还是采用第一种方法。例如，我们在项目11中讲述的人脸识别系统，即通过事先采集一定的个人信息，建立起一个包含每个用户的信息库，再通过程序来进行验证。个人信息要预先采集一次，存储在某个中心服务器上，这种传统的存储方式有以下缺点。

- 每一个系统都需要建立一个用户信息库，用户信息被大量采集，这很难保证用户信息不被泄露（参考：人脸识别门禁会造成用户的生物信息隐私泄露）。
- 采用人脸识别、指纹识别等系统造价相对昂贵，对于一些普通企业来说，会额外增加企业的信息化成本。例如：大部分酒店都安装了人脸识别比对系统，系统的价格不菲。
- 用户在使用这些系统时，也不是很方便，公安的身份信息系统只有在特定的场合才能使用，普通房东、租客无权进行查询。

2. 区块链架构

我们重点介绍一下基于区块链技术的身份认证方法，先从几个概念开始。

2008年一位署名为"中本聪"的ID在metzdowd.com网站的密码学邮件列表中发表了一篇名为 *Bitcoin: A Peer-to-Peer Electronic Cash System* 的论文。在论文中提到了 chain of blocks 一词，后来该词被翻译为区块链，现在很多文章也用 blockchain 来表示区块链。一般来说，现在人们把区块链定义为一种由节点参与的分布式数据库系统，并且具有不可伪造、不可更改、全程留痕、可追溯、公开透明等特征。在这些特征的基础上，区块链技术奠定了坚实的"诚信"基础，创造了可靠的"合作"机制，从而使区块链技术具有了良好的发展前景。而这其中最让人不可思议的是：概念的提出者、比特币之父中本聪只是一个虚拟 ID，迄今为止并没有找到中本聪本人。

要真正理解区块链的定义以及怎么做到分布式存储并不是一件容易的事，这其中牵涉了太多的计算机、数学术语，而且其中大部分术语比较抽象。

 阅读资料：术语一

1）数据结构

数据结构是指相互之间存在一种或多种特定关系的数据元素的集合。在项目 10 中我们阐述了数据和数据元素的概念，数据结构建立在数据元素基础上。比如，表 10-1 就是一种数据结构类型，即表结构。

2）链（链表）

链表是最常见的数据结构之一，是一种非连续、非顺序的存储结构，数据元素的逻辑顺序通过链表中的指针链接次序实现，如图 12-7 所示是一种简单链表。链表有很多种，有单链表、双链表等，根据指针的指向和操作来定义。

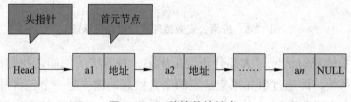

图 12-7　一种简单的链表

3）哈希（hash）算法

哈希算法是区块链中最基本的算法，它是一个广义的算法，在这里也可以认为是一种思维方式或者解决问题的方式。在中本聪的论文中，多次应用到将加以时间戳的数据进行哈希，再加以发布，这样通过时间戳来证明如果没有数据，就得不到对应的哈希值。然后对哈希值进行广泛发布，形成区块链，如图 12-8 所示。

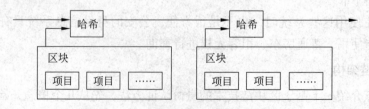

图 12-8　中本聪设计的区块链初始模型

4）对等网络（peer-to-peer networking，P2P 网络）

网络的参与者共享他们所拥有的一部分硬件资源（处理能力、存储能力、网络连接能力、打印机等），这些共享资源通过网络提供服务和内容，能被其他对等节点（peer）直接访问而无须经过中间实体。在此网络中，参与者既是资源、服务和内容的提供者（server），又是资源、服务和内容的获取者（client）。

比特币创始人中本聪为了实现一种非基于金融机构信任模型的电子货币，提出了区块链技术。很快技术人员发现其思想在金融、身份认证、国际贸易、交通、农产品溯源等几乎各个社会领域都能得到应用，区块链相关技术得到快速发展，到目前经历了几次大的变革，已经演变成一个复杂的体系架构。当前区块链的基础架构体系如图 12-9 所示，可以分为六层。

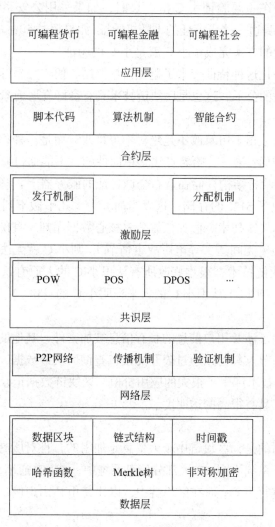

图 12-9　区块链基础架构

3. 区块链特征

区块链技术逐步发展为当前信息社会的基础技术之一，正在引领新一轮技术和产业变革。在区块链技术影响下，不断出现新方式方法，利用现有的命名、路由、数据复制和安全技术，建立一个可靠的资源共享层，解决数据共享等问题。之所以区块链技术广泛受到各国重视，是因为区块链技术具有以下几条基本特征。

1）去中心化

区块链技术的去中心化特征表现在多个方面：网络方面，区块链技术基于对等网络协议，对等节点具有基本相同的功能、责任，与以往的数据中心存储方式不同；数据存储方面，数据并不是存储在某个中心节点，而是通过哈希方式分布式存储，并且每个节点都一样；软件算法方面，无论是原有算法还是待发展算法，都向着去中心化的方向发展。例如：在前面房东想要验证小C是小C时，如果采用公安系统验证，这是一种中心化的思维；而通过身边一些可信任的人随机验证，如果超过50%的人同意小C是小C，则通过一种非中心化的方式完成了小C就是小C的验证。

很显然，去中心化这种特征带来了避免信息泄露、便于交易等优点，尤其在国际贸易领域，促进了交易的公平，这也是区块链技术具有良好发展前景的最重要原因之一。

2）不可篡改

区块链技术里的数据不可篡改不是绝对不可篡改，而是一种相对不可篡改。不可篡改至少体现在两个方面：第一，哈希算法是单向性的，不能通过修改哈希值来修改原始数据；第二，数据以哈希结构存储在遍布全球各地的服务器上，篡改数据的成本和难度极大，除非同时修改了51%的存储，这以当前算力，几乎做不到。仍然以小C的身份认证为例，采用非区块链技术，假如依靠公安核心数据库判断身份，而数据库因为某种原因遭到篡改（类似《无间道》等电影故事情节），则小C就无法证明自己是小C了；而如果采用类似区块链技术，很难修改所有认识小C的人原有认知（假设这些人都是理性人），可以通过一半以上认识小C的人来证明小C的身份。

3）信息透明

在区块链中，除了涉及用户信息的私有信息被加密外，其他的数据对全网节点是透明的，任何人或参与节点都可以通过公开的接口查询区块链数据，记录数据或者开发相关应用，这使区块链技术产生了很大的应用价值。区块链数据记录和运行规则可以被全网节点审查、追溯，具有很高的透明度。

4）匿名

与信息透明相对的是，区块链中个人信息是加密的，且对所有人不开放。这一点与具有中心节点的信息系统不同，在大部分信息系统中，如果普通用户忘记了自己的密码，可以通过管理员来进行重置；而在区块链中，以比特币私钥为例，一旦私钥丢失，则无法找回。

随着区块链技术的发展，也增加了一些新特性，如智能合约、开放性等。总而言之，这些特性都能够有效促使区块链及其相关技术向着更科学、更强大、更适用的方向发展，当前区块链及其技术已经迸发出强大的活力，在社会各行各业都有着广泛的应用。

4. 区块链分类

前面提到，区块链技术具有强大的生命力和发展潜力，到目前为止，这项技术在各个领域的发展刚起步，现在根据区块链的应用情况，一般把区块链分为三类。

1）公有链（public blockchain）

公有链是指对公共开放的，无用户授权机制的，全球所有用户可随时进入/进出、读取数据、发送交易的区块链。它是一种"完全去中心化"的真正分布式存储，网络中不存在任何中心化的节点。为了鼓励参与者竞争记账，公有链需要设计出相应的激励机制，从而确保区块链正常运行，同时确保数据安全性。

公有链是最早出现的区块链，同时也是作为大多数数字货币基石被广泛应用的一种区块链，比特币、以太坊等数字货币应用都是典型的公有链。这些应用不受官方组织的管理，也不存在中心服务器，允许全世界所有个体或组织在既定规则下加入网络，能够发送交易并得到该区块链的认可。

2）私有链（private blockchain）

私有链是指通过某个个体或组织的授权后才能加入的区块链。私有链中参与节点的数量有限，且节点权限可控，虽然写入权限被严格控制，但是读取权限可根据需求有选择性地对外开放。私有链的交易速度比其他任何区块链都快，并且交易成本低、隐私保障性好。在前面举例中，区块链电子发票就是私有链，采用这种方式，可以有效地在全国范围内解决不同行业、不同区域的发票管理问题，防止虚开发票、开假发票，减少企业负担，提高税务管理效率。

3）联盟链（consortium blockchain）

联盟链是一种介于公有链与私有链之间的区块链技术，针对一些特定群体的实体机构或组织提供上链服务，同时通过内部指定多个节点为记账者，但这些节点由所有节点共同决定。在某种程度上，联盟链也属于私有链，只是私有化程度不同，实现了"部分去中心化"。相比较于前两者，联盟链对共识机制或者网络环境有一定要求，因此交易性能更高。总体来说，公有链的开放程度最大，而私有链以及联盟链则开放程度有所限制。

联盟链记账者一般是机构级角色。联盟链要求记账者身份可知，参与者们经过许可才能接入网络，他们之间是一种合作博弈。联盟链通常会引入现实世界里的身份信息作为信用背书，如工商注册信息、商业声誉、承兑信用、周转资金，或者行业地位、执业牌照、法律身份等，参与者在链上的一切行为均可审计、追查，前面区块链电子身份证一般属于联盟链技术。

除了上述分类方式和类型以外，区块链技术还有一些分类方式。例如：根据应用范围可以划分为基础链、行业链；根据原创程序可以划分为原链、分叉链；根据独立程度可以划分为主链、侧链；也可以根据层级关系划分为母链、子链。

区块链是一种分布式的存储结构。通过应用区块链技术，使数据能够成为有用的信息，并且保证其在传播中保持完整性、全网一致性、可追溯性，使数据产生更大的价值。从某种程度上说，区块链技术确保了数据产生更大的价值，使原本堆积在数据中心的数据，能够发挥更大价值。这也促使社会上所有人、企业、社会组织等更加走向诚信，因为一旦产生了不诚信的数据，被区块链技术记录下来，则"污点"无法抹除，这种信息的透明性其实在一定程度上加大了对不诚信的处罚，增加了违法成本。

任务2 比 特 币

📖 本任务知识点：

- 比特币等典型区块链项目的机制和特点
- 分布式账本
- 非对称加密算法
- 智能合约
- 共识机制的技术原理

项目12 区块链
与诚信人生2.mp4

在深圳的同学们得知小C来到深圳出差，大M同学组织了一次同学聚会欢迎小C。在聚会上，好几个同学都在讨论比特币、狗狗币等，某某通过买卖比特币赚钱了，某某后悔当初没有投资等。最近这些日子，小C也经常听身边人说起手机能挖矿、买卖比特币等，比特币真能赚钱吗？一贯仔细的小C，还是决定认真查阅一下资料，了解一些关于比特币的详细内容。

12.2.1 挖矿

在前文已经说明，区块链技术诞生于中本聪的一篇论文《比特币：一种点对点的电子现金系统》，在这篇论文中，中本聪将比特币产生过程比喻成矿工挖矿，于是挖矿、矿工、矿池等传统词汇和区块链结合了起来，要想搞清楚挖矿到底是什么，挖矿的意义何在，我们还需要进一步了解几个名词。

阅读资料：术语二

1）二叉树

二叉树定义比较晦涩难懂，一般我们用递归方式来定义：某个二叉树是一棵空树，或者是一棵由一个根节点和两棵互不相交的、分别称作根的左子树和右子树组成的非空树，左子树和右子树又同样都是二叉树。二叉树定义起来比较困难，但是用图形表示则一目了然，形如图12-10的树形存储结构就是二叉树。

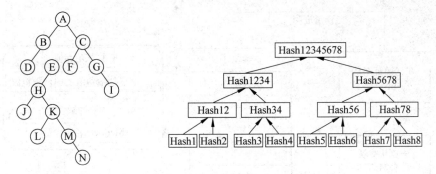

图 12-10   二叉树和 Merkle 树

2）Merkle 树

Merkle 树是一类基于哈希值生成的二叉树或多叉树，如图 12-10 右图所示。通过 Merkle 树根可以检测比特币交易集合内是否存在交易完整性被破坏的情况，叶子节点上的值通常为数据块的哈希值，而非叶子节点上的值，是该节点所有子节点的组合结果的哈希值。交易验证者利用叶子节点到根节点的路径，即可实现对某一交易是否被比特币确认的比特币交易验证。

3）工作量证明（proof-of-work，PoW）

由于比特币网络默认不可信，比特币通过工作量证明以保证记账权分配的公平性，确保每个节点视图可最终达成一致。工作量证明是基于当前有效比特币交易集合和区块链状态的正确区块谜题解答，是一个需要节点付出大量算力暴力寻找的目标随机数，在获得区块的工作量证明后，即可将区块信息连同合法的比特币交易集合以及工作量证明广播到区块链网络中。其他节点在收到新区块信息后，检验工作量证明的正确性并且完成对区块链视图的更新。PoW 方式由中本聪最早提出，后来在此基础上又出现了权益证明（proof of stake，PoS）和委托权益证明（delegated proof of stake，DPoS）的工作量证明方式，这里就不再详细介绍。

4）比特币随机数（nonce）

nonce 是 number once 的缩写，在密码学中 nonce 是一个只被使用一次的任意或非重复随机数值。在生产区块时，需要找一个随机数来达成共识，通常这个值设定为以 0 开头，这样得到的哈希值是一串以 0 开头的序列。

在充分理解上述概念基础上，我们就能讲明白挖矿过程：简单来说，挖矿就是产生一个新区块的过程。当然这个过程非常复杂，区块链是超级分布式账本，是由公共、串联的链接列表组成的一种数据结构，以块为单位将历史交易记录采取分布式的方式存储在对等网络上。并且在存储过程中使用 Merkle 树来存储事务，同时还存储着相对时间戳和前一个块的哈希值。这就导致如果需要在区块链添加一个新区块，会造成某个区块中的交易被篡改，则该区块的哈希值会更改，这样则需要更改后续区块的内容，因为每个区块都包含前一个区块的哈希值，如图 12-11 所示。

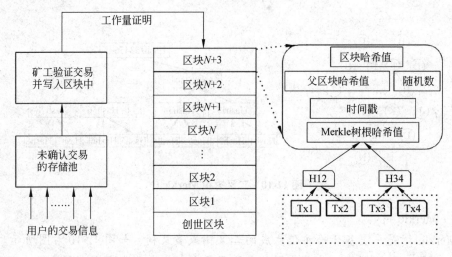

图 12-11　比特币产生的过程

当矿工计算一个新区块时，先选定一个随机数，并对当前区块使用 SHA256 算法进行哈希计算，如果所得的哈希值满足当前区块的难度要求，新区块被成功挖出；否则，挖矿节点需要通过不断改变随机数的值，并对每一个随机值都进行区块哈希值计算，直到该哈希值满足当前区块的难度要求。

在整个网络上矿工的挖掘过程是持续不间断的，区块链的长度在不断增长。添加新区块的过程分为以下两步。

第一步，矿工为某个区块确定有效的哈希值（即小于或等于目标的哈希值）后，便将该区块添加到其本地区块链中并广播其解决方案。

第二步，矿工收到有效区块的解决方案后，将迅速检查其有效性，如果解决方案正确，则矿工更新其本地区块链副本，否则丢弃该区块。

由于区块验证过程的分布式性质，并且挖矿的结果每隔 10 分钟广播一次，这样有可能在同一时间找到两个有效解决方案，或者由于网络延迟而延迟了已验证区块的分配，这导致了相等长度的有效区块链，从而产生了分叉。

分叉的状态不允许存在，因为矿工需要保持区块链的全局唯一性，该状态由完全有序、正确的交易集组成。当存在多个分支时，矿工可以自由选择一个分支并继续在其尾部进行挖掘。由于 PoW 的随机性，一轮结束后网络中存在多个分支时，矿工只是基于其本地的区块链状态视图来扩展更多的有效区块，所以在某个分支上运行的矿工都争先恐后地在其他分支之前广播自己的有效区块。由于这个原因，区块链协议规定现存一个最长版本的区块链为公有链，所有矿工默认都将在公有链上添加其后续区块。

以上即为比特币挖矿的过程，在中本聪的原始论文设计中，虽然比特币是一种支持全球交易的虚拟货币，但是中本聪必须为这种货币建立一个与物质世界对应的背书：耗电量和算力。中本聪开始的这种设计理念，是为了避免比特币成为一种"空气币"，自身毫无价值从而丧失作为货币的功能，但是随着比特币和现有货币体系挂钩，造成很多人以挖矿为职业，从而造成了大量的资源浪费。

在现实世界中，随着比特币产生的困难性越来越大，尤其最近几年来比特币兑换美元比例的升高，使很多人为了获取比特币，构建具有竞争力的"挖矿"工厂。由于比特币的区块链越来越长，单个矿工进行挖矿的难度越来越大，于是很多矿工联合在一起，形成矿池。矿池通常需要研发或购买大量新型号矿机，并且尽可能靠近水力发电站、火力发电站、风力发电站等能源源头，需要消耗大量电费、网费以及其他运营费用，这些都对现实社会产生一定影响，因此全球不少国家和地区对挖矿并不鼓励。至于用个人手机、笔记本电脑、台式机进行挖矿，更不是一件容易的事，同时也一样消耗甚至浪费很多电力。由于比特币等不同于电子货币，是一种虚拟货币，在一定程度上说，挖矿是对资源的一种浪费。

12.2.2　比特币交易

小 C 初步了解了比特币及相关的虚拟货币之后，对挖坑这项"兼职事业"死了心，但是不少人也在炒比特币等虚拟货币，炒币能不能发财呢？

 阅读资料：比特币比萨日

在比特币诞生初期，由于技术复杂、理念先进等原因，只有很少的人熟悉了解，并且能够使用它。

2010 年 5 月 18 日中午 12 点 35 分 20 秒，美国程序员拉斯洛·豪涅茨（Laszlo Hanyecz）突发奇想，在 bitcointalk 上发布了 10000 个比特币购买比萨的帖子。在当时拉斯洛作为最早挖矿的程序员，挖矿的效率相当高，最多一天能够获得 1700 个比特币，他发布购买比萨时，已经挖到了 70000 多个比特币。

在经历了 4 天的等待之后，2010 年 5 月 22 日下午 7 点 17 分 26 秒，拉斯洛怀着激动的心情宣布："我成功地用 10000 个比特币购买了两个比萨。"一位名叫 jercos 的人支付了比萨的费用，并得到了 10000 个比特币。

这虽然不是第一次比特币与美元之间的交易，但却是第一次用比特币购买实物，因为其意义重大，因此在比特币圈子里，把这一天称为比特币比萨日。

截至本书成稿时，假如能够将这些比特币换算成美元，则这两个比萨大约价值 6 亿美元，因此拉斯洛购买的这两个比萨也被称为史上最贵的比萨。接下来，我们将主要介绍完成一次比特币交易的过程，而比特币和现实货币的交易，这里不再表述。

实际上比特币交易系统设计得相当复杂，也是比特币系统中最为核心的部分。通过中本聪对比特币系统的设计理念可知，比特币交易系统中的核心，即比特币交易的生成、比特币交易在网络中的传播、节点对比特币交易的验证、比特币交易被添加进区块（即交易完成），其他所有部分都是为比特币交易服务。同样，为了更好地理解比特币的交易过程，我们需要继续了解一下相关术语。

阅读资料：术语三

1）非对称加密算法

非对称加密算法是区块链交易的基础，通过 RSA、Elgamal、背包算法、Rabin、D-H、ECC 等算法生成两个密钥，即公开密钥（public key，简称公钥）和私有密钥（private key，简称私钥）。公钥和私钥是一对，如果用公钥对数据进行加密，只有用对应的私钥才能解密。因为加密和解密使用的是两个不同的密钥，所以这种算法叫作非对称加密算法。

算法具体生效过程如图 12-12 所示：甲方生成一对密钥并将公钥公开，需要向甲方发送信息的其他角色（乙方），使用该密钥（甲方的公钥）对机密信息进行加密后，再发送给甲方；甲方再用自己私钥，对加密后的信息进行解密。甲方想要回复乙方时正好相反，使用乙方的公钥对数据进行加密，同理乙方使用自己的私钥来进行解密。

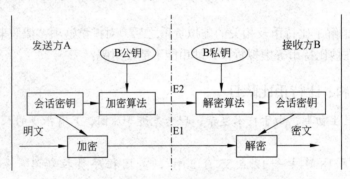

图 12-12　非对称加密算法具体生效过程

非对称加密算法具有强度复杂、安全性依赖算法与密钥等特点，并且相对来说加密和解密的速度较慢。这也是目前能找到的、便于实现的安全交易方式，私钥管理相对方便，但是一旦私钥丢失，也会给交易双方造成损失。

2）智能合约

智能合约是一种在无第三方参与的条件下，实验传播、验证或执行的计算机协议。智能合约是对现实生活中合约条款的一种电子量化交易协议。智能合约一旦执行，就如同交易一般出现在区块链中。因此智能合约中的交易可追踪，并且一旦执行便不可逆转。智能合约是代码和数据的集合，代码通常为合约中的函数，而数字则表示合约的状态。在实现一个智能合约时，需要满足以下三步。

第一步，达成协定。

参与合约的用户之间根据需求达成一致，指定合约的响应条件及规则。

第二步，广播合约。

智能合约通过分布式网络公布给所有节点，在通过验证后，被存储在区块链中某一区块中，即智能合约运行在区块链某一地址中。

第三步，合约执行。

当区块链中某一状态满足智能合约中预置的响应条件时，该响应条件被触发，合约执行。

智能合约使区块链能够提供更多功能，能够扩展出更多相关应用。目前智能合约在区块链上的应用，有效支持了比特币和以太坊。在比特币中，智能合约通过比特币脚本语言实现。使用智能合约的优势如下。

- 智能合约如同其他交易数据一样，被写入区块链中。因此，根据区块链的特点，任何人都无法对合约中的数据进行删除和修改，只能通过发布新合约增加数据，整个合约发布和执行过程透明，且保证了合约历史的可追溯性。
- 智能合约是存储在区块链中的某一地址里，合约内容被永远记录。因此，可以避免一些恶意行为及操作影响智能合约执行。
- 智能合约执行过程中，无须第三方监督，减少了合约成本，同时减少了第三方干预，提高合约效率。
- 只要区块链中某一状态满足合约的预置响应条件，合约即被触发，将会自动执行，无须节点手动操作，同时也保证合约发起者无法违约。

3）共识机制

由于比特币区块链是一个去中心化的系统，因此它不需要任何可信任的第三方授权即可处理交易。各个节点是在不依赖第三方平台的情况下，通过网络进行通信与协作来构建区块链。但是单个节点崩溃，攻击者的恶意行为和网络通信的中断等都将会破坏区块链系统的运行。因此，为了提供连续可靠的服务，一个安全的节点运行容错共识协议十分重要，用来以确保矿工和用户都信任区块链中存储的交易信息。为了在区块链中添加新区块，每个矿工必须遵循共识协议中指定的一组规则。比特币通过使用基于 PoW 的共识算法来实现分布式共识，该算法有以下主要规则。

- 合理的输入和输出值。
- 只有未被使用过的输出才能用于交易。
- 用于支付的所有输入都具有有效签名。
- 交易必须在其所在的区块被确认成为主链后才能生效。

在基于 PoW 的共识算法中，参与者不需要身份验证即可加入区块链网络，这使比特币共识模型在可支持数千个网络节点方面具有极大的可扩展性。

对于一个分布式网络，如何制定合适的共识协议是一个核心问题。共识表示的是网络中所有节点对网络中的数据，按照预先设定好的协议进行验证，最终达到所有节点的数据一致性。共识机制在区块链网络中的作用是使所有节点在很短时间内达成一致。对于任意一笔交易，当利益不相关的若干节点对该笔交易的有效性达成了共识，则可认为全网对该交易都能达成共识。共识机制需满足两个性质：一个是一致性，即网络中所有节点保存的区块链信息前缀完全一致；另一个是有效性，即诚实节点发布的交易终将被其他诚实节点记录进区块链中。

比特币交易是比特币技术中最基本的数据结构，该结构中含有比特币交易双方之间的价值转移的信息。每笔比特币中均包含版本、输入计数器、输出计数器、交易对应的时钟时间等信息。每个交易都包含一个或多个输入以及一个或多个输出，每笔交易从被创建到最终被添加进区块，都需经历以下 6 个步骤，如图 12-13 所示。

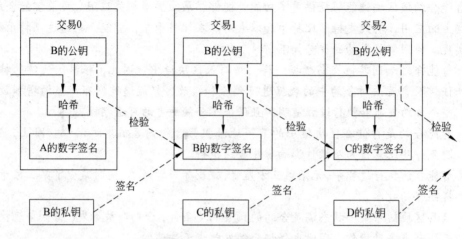

图 12-13　比特币交易过程

第一步，比特币交易的创建：资金的所有者使用其私钥对其拥有的某笔交易输出进行签名，以证明其对该笔资金的拥有权，并使用交易接收方的公钥对交易进行加密，保证接收方对交易的归属权。比特币交易在线上或线下均可创建。

第二步，将比特币交易发送到比特币网络：任意一笔比特币交易无论在任何网络情况下，只要能将其发送到比特币网络中的任意节点，该交易就能在比特币网络中传播。因此，比特币交易可以直接通过 P2P 网络发送到比特币节点。

第三步，比特币交易的验证：当节点接收到一笔新交易时，会验证该交易是否有效，验证遵循的标准如下。

- 交易签名不能大于签名操作的上限。
- 解锁脚本和锁定脚本的格式在比特币要求的规范内。
- 对于每个交易输入，其引用的交易输出必须是在之前区块中或交易池中存在且未被花费。
- 交易的语法、数据结构、字节大小、输出值、哈希值和锁定时间均在比特币设定的限制范围内。
- 对于每个交易输入，如果引用的输出已被某区块或交易池中的交易使用，交易会被拒绝。
- 如果引用的输出在区块或交易池中进行查找时存在缺失，交易将被加入孤儿交易池；如果引用的输出是 basecoin 的输出，该交易需等待 100 个确认才能生效。
- 交易的总输入值必须大于交易的总输出值。
- 如交易中交易费用过低，将会被矿工忽略，无法加入区块。
- 每一个输入的解锁脚本都能找到对应的锁定脚本进行匹配。

第四步，比特币交易的传播：当一个比特币节点接收到一笔新交易时，该节点会通过上述验证过程，对这笔交易进行验证。如果该交易通过验证，该节点将这笔交易向 P2P 网络中其所有相邻节点广播，并向交易的发起者发送一条代表成功的返回信息；否则，该节点会拒绝这笔交易并向发起者发送一条代表失败的返回信息。同理，每个节点接收到新交易时会进行验证，通过后，均向自身相邻节点进行广播，并向发起者反馈信息。

第五步，验证结果的广播：当交易被某个节点验证通过后，该节点会将交易与验证结果发送到其相邻节点。同样，被广播的节点也需要对该笔交易进行独立验证。因此，交易会在比特币网络中不断进行扩散。

第六步，交易写入区块：当交易被节点验证通过后，交易会被放入交易池，加入新区块的计算中，一旦新区块计算成功并被广播到区块链上，交易就开始生效，并无法被篡改。

比特币在设计、产生、交易等过程中，都尽量地保证其安全性，但是比特币归根到底是由程序和算法产生的，其安全性也值得考虑。

 阅读资料："门头沟事件"（Mt.Gox）

一直到 2013 年，Mt.Gox 还是全球著名的比特币交易平台，全球超过 70% 的比特币交易都在其平台上进行。但是该平台遭受过多次安全威胁。Mt. Gox 第一次遭袭是在 2011 年，当时交易所的创始人杰布·麦卡勒布（Jeb McCaleb）正准备把交易所卖给马克·卡佩莱斯（Mark Karpeles），有 8 万比特币被偷走。之后不久，黑客进入 McCaleb 的账户，该账户仍有管理员权限，把比特从 17 美元左右的价格降至 0.01 美元，允许购买和转让。

实际上 Mt.Gox 一直在不停地遭受攻击，从 2011—2014 年，最终人们发现，平台上支持兑换的冷钱包实际上是空的。在此期间，共有 85 万比特币被盗，其中 75 万为用户所有，其余为交易所所有。被盗的比特币当时价值 4.6 亿美元，这是有史以来被盗比特币的最大数额。

随后，Mt. Gox 的负责人马克·卡佩莱斯（Mark Karpeles）在日本接受审判。在 Mt. Gox 作为密码交换平台而遭受巨大失败之后，该国有关加密货币的规章制度发生了变化。2014 年，Mt. Gox 被迫申请破产，被迫关闭。

从比特币的产生、交易整个过程中，我们了解到区块链技术起源于比特币，同时中本聪将比特币描述为："一个不依靠信任的电子交易系统。（A system for electronic transactions without relying on trust.）"设立的初衷是为了促进交易的公平性，建立一种依赖算法的信任机制。比特币包括其理念有一定的先进性，同时也具有以下缺点。

第一，由于其技术复杂性，很多普通人难以理解，一些不法分子利用该项技术进行欺诈，骗取钱财。比如，大肆吹捧手机挖矿、笔记本挖矿等，进而推广一些 App，甚至是种植木马程序，给很多人造成损失。

第二，尽管从理论上来说，比特币是安全的，但是最近几年，因为技术原因导致比特币被盗窃事件也时有发生，并且一旦发生，数额就比较大，这也在一定程度上阻碍了比特币的应用。

第三，尽管比特币的交易过程是透明的，但是对交易的人是保密的，这样容易给一些金融不法分子洗黑钱的机会，这也是大多数国家抵制比特币的一个重要原因。

第四，比特币建立在算法基础上，尽管目前来看这种算法相对先进，但是不排除未来更先进的算法取代现有算法的可能性，这样会导致比特币体系直接崩溃。

任务 3　区块链技术应用前景

本任务知识点：

- 区块链发展问题
- 区块链技术在金融、供应链、公共服务、数字版权等领域的应用
- 区块链技术的价值和未来发展趋势

通过本项目的学习，我们可以了解到，区块链并不等同于比特币等虚拟货币，区块链技术实际上是开创了一种在不可信的竞争环境中，低成本建立信任的新型计算范式和协作模式，其技术在各行各业的应用将有助于推动社会组织和个人的诚信，为社会的发展保驾护航。国家非常重视区块链技术的发展和应用，2019 年 10 月 24 日，中共中央政治局就区块链技术发展现状和趋势进行专题集体学习。学习中提出区块链技术的集成应用在新技术革新和产业变革中起着重要作用，我国要把区块链作为核心技术自主创新的重要突破口，明确主攻方向，加大投入力度，着力攻克一批关键核心技术，加快推动区块链技术和产业创新发展。

尽管区块链技术有着良好的发展前景，但是还存在一些问题。

- 区块链由多种技术构成，学习成本高、实施难度大、人才稀缺。从本项目中可以看出，区块链是综合学科，涉及密码学、数学、经济学、社会学等多个学科，对专业人员的知识水平要求高。
- 功能尚不完备，缺少对企业级应用一些常见功能的支持。区块链数据只有追加而没有移除，对数据存储能力要求高。
- 仍需多技术协作才能保证上链前的数据真实有效。区块链技术只能确保"链上"的信息不被篡改，保证这部分内容的可信度，然而区块链难以独立解决上链之前源头数据的可信度问题，需要信息安全技术、物联网、AI 和其他技术的共同协作。
- 区块链安全问题日益突出。区块链技术本身和架构目前都存在安全风险，安全问题和加密技术仍有较大提升空间。例如，在协议层面临协议漏洞、流量攻击和恶意节点等多种安全隐患；在扩展层则存在代码实现中的安全漏洞；在应用层则涉及私钥管理安全、账户窃取、应用软件漏斗、DDoS 攻击、环境漏洞等安全问题。
- 难以实现真正的多方数据共享。隐私计算技术仍有较大提升空间，但是如果要多方真正愿意将真实数据在链上共享，打破数据孤岛，必须要在隐私计算技术上得到提升，未来隐私计算在安全云计算、分布式计算网络和加密区块链三个方向将有较广的应用前景。

- 通用性方面仍有明显不足。为了适应多样化的业务需求，满足跨企业的业务链条上的数据安全高效共享，区块链对数据的记录方式要有足够的通用标准，才能很好地表示各种结构化和非结构化的信息。目前区块链系统大多采用特定的共识算法、密码算法、账户模型、账本模型、存储类型，缺少可插拔能力，无法灵活适应不同场景要求。

尽管存在着不少问题，但是就区块链技术本身而言，其所提及的理念还是大有前景。区块链技术能够有效改革创新市场结构，提升企业对商业变化的关注，甚至从一定程度上改变商业模式。通过智能合约技术等新商业生态与传统行业的融合，从而能够产生新的业务模型、监管服务模型。同时通过区块链技术与物联网技术的结合，实现了产品溯源和质量追踪、质量保证，增加了物联网技术的应用场景。区块链技术为物联网设备提供了访问控制生态系统，智能合约也为物联网共享数据提供了验证框架。区块链技术也可以和大数据技术结合，以提供更安全可靠的平台。2020年腾讯云的区块链产品全景图如图12-14所示，从中可以看出，区块链技术在金融、供应链管理、身份认证等领域广泛应用，并与其他新一代信息技术融合发展。

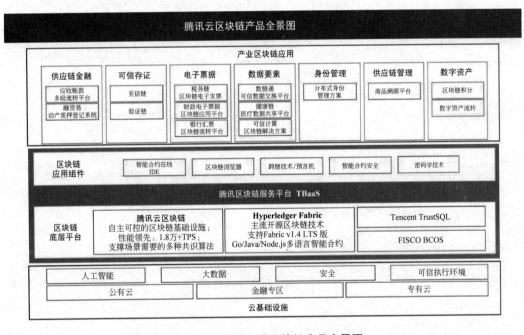

图 12-14　腾讯云的区块链产品全景图

通过学习本项目，我们对区块链技术有了一个初步了解，区块链技术是越来越成熟和规范的新一代信息技术。并且与人工智能、大数据、云计算、移动互联等新一代信息技术一起发展壮大，在我们的生活中扮演越来越重要的角色。相信随着新一代信息技术的发展，与传统产业、技术不断深度融合，将给我们带来更多美好的产品和服务，社会发展得越来越好，人民的生活也越来越美好。

综合训练电子活页

1. 下载安装 "i 深圳" App 应用，并通过模拟租房场景，体验区块链应用。
2. 体验挖矿。
3. 体验比特币交易。

项目12　综合训
练电子活页.docx

参 考 文 献

[1] 智能手机的七年之痒：迅速 PC 化? [J].IT 时代周刊,2014(9)：37-38.

[2] 钟乐海，王朝斌，李艳梅.网络安全技术 [M].北京：电子工业出版社,2007.

[3] 李明之.网络安全与数据完整性指南 [M].北京：机械工业出版社,1998.

[4] 朱意."互联网 +"视域下现代高校网络思政教育创新研究——评《网络信息安全基础》[J].中国科技论文,2020,15(4)：503.

[5] 杨蓉.从信息安全、数据安全到算法安全——总体国家安全观视角下的网络法律治理 [J].法学评论,2021,39(1)：131-136.

[6] 赵瑞琦.面向 2035 年的全球网络安全治理：认知共同体的建构 [J].中国科技论坛,2020(11)：4-6.

[7] 中央网络安全和信息化领导小组办公室，国家互联网信息办公室.第 44 次中国互联网络发展状况统计报告 [R].北京：中国互联网络信息中心,2019.

[8] 王冠，王翎子，罗蓓蓓.网络视频拍摄与制作：短视频、商品视频、直播视频（视频指导版）[M].北京：人民邮电出版社,2020.

[9] 章洁.数字媒体概论 [M].北京：人民邮电出版社,2018.

[10] 总政治部宣传部.网路新词语选编 2012 修订本 [M].北京：解放军出版社,2013.

[11] 白冰茜.自媒体的发展研究 [J].新媒体研究,2018,4(6)：109-110.

[12] 刘阳.自媒体终极秘诀 [M].哈尔滨：哈尔滨出版社,2016.

[13] 张少平，陈文知.创业企业管理 [M].广州：华南理工大学出版社,2016.

[14] 陈春铁.基于人机交互的虚拟现实仿真教学系统平台开发 [J].电子技术与软件工程,2018,1(5)：48-49.

[15] 陈建华.基于 3ds Max 的虚拟现实建模技术 [J].漳州师范学院学报：自然科学版,2002,35(3)：18-23.

[16] 陈凯，林洲瑜，洪昕晨，等.基于虚拟现实技术的福州市街头绿地景观综合评价体系构建 [J].林业调查规划,2016,41(5)：135-141.

[17] 苑思楠，张寒，张翌.VR 认知实验在传统村落空间形态研究中的应用 [J].世界建筑导报,2018(1)：49-51.

[18] 李刚.试论计算机虚拟网络技术的价值及应用策略 [J].信息系统工程,2012,1(7)：14,36.

[19] 卢锡城，王怀民，王戟.虚拟计算环境 iVCE：概念与体系结构 [J].中国科学：技术科学,2006,36(10)：47-65.

[20] 陈帼鸾，陆雷敏，何灵辉，等.基于 HTC VIVE 虚拟校园漫步系统——以中山职业技术学院为例 [J].中国科技信息,2017(10)：63-64.

[21] 王金平，王克峰.基于虚拟现实技术的 3 维数字社区建设 [J].测绘与空间地理信息,2012,35（2）：123-131.

[22] SMITH B L.Foundation 3ds Max 8 architectural visualization[M].Berlin:Springer, 2006.

[23] WILLERMOER B.Adobe Photoshop CS2 studio techniques[M].New York:ACM Press,2005.

[24] MARGULIS D. Photoshop LAB color: the canyon conundrum and other adventures in the most powerful colorspace[M].New York:ACM Press,2005.

[25] SHERMAN W R,CRAIG A B.Understanding virtual reality:interface,application,and design[J].Presence,2003.

[26] 陈守森，刘立静，邵燕 . 程序设计基础 [M]. 北京：清华大学出版社 ,2014.

[27] 张力 . 基于 ZigBee 无线通信技术的物联网智能家居系统设计 [J]. 通信技术 , 2019(11)：29.

[28] WANG C C,LI C P.ZigBee 868/915-MHz modulator/demodulator for wireless personal area network[J]. IEEE Transactions on Very Large Scale Integration (VLSI) Systems, 2008, 16(7):936-939.

[29] 孙锦全，石峰 . 基于 NB-IoT/LoRa 的 工业环境安全监测系统设计 [J]. 传感器世界 , 2018,24(11)：19-23.

[30] 赵斌，张红雨 .RFID 技术的应用及发展 [J]. 电子设计工程 , 2010, 18(10)：123-126.

[31] 董哲，宋红霞 . ZigBee 与 Wi-Fi 协同无线传感网络的节能技术 [J]. 计算机工程与设计 , 2015,36(1)：22-29.

[32] 姜仲，刘丹 .ZigBee 技术与实训教程 [M]. 北京：清华大学出版社 ,2018

[33] 赵娟 . 国家级物联网产业基地发展战略研究 [D]. 南昌：江西财经大学 ,2020.

[34] 赵艳艳 . 物联网技术现状及应用前景展望 [J]. 河北农机 ,2016(11)：31-32

[35] 蒋昌茂，刘洪林，梁润华 . 基于 ZigBee、Wi-Fi 无线传感网络的智能家居环境监测系统的研究与实现 [J]. 科技与创新 ,2018(1)：45-48.

[36] 中国信息通信研究院 . 物联网白皮书 [R].2018.

[37] BARANDA J, MANGUES-BAFALLUY J, VETTORI L, et al. Arbitrating network services in 5G networks for automotive vertical industry[C]//IEEE Conference on Computer Communications Workshops(INFOCOM 2020). Toronto, ON, Canada.Piscataway:IEEE Press,2020:1318-1319.

[38] ROSTAMI A. Private 5G networks for vertical industries:deployment and operation models[C]//2019 IEEE 2nd 5G World Forum (5GWF). Dresden, Germany. Piscataway:IEEE Press,2019:433-439.

[39] DARBANDI F, JAFARI A, KARIMIPOUR H, et al. Real-time stability assessment in smart cyber-physical grids: a deep learning approach[J]. IET Smart Grid, 2020, 3(4): 454-461.

[40] SAMANTA S K,CHANDA C K. Smart grid stability analysis on smart demand load response in coordinated network[C]//2018 2nd International Conference on Power, Energy and Environment: Towards Smart Technology (ICEPE).Shillong, India.[S.L.:S.N.],2018:1-6.

[41] 韩治，张晋 .5G 网络切片在智能电网的应用研究 [J]. 电信技术 , 2019(8)：5-8.

[42] 朱晨鸣，王强，李新 .5G：2020 后的移动通信 [M]. 北京：人民邮电出版社 ,2016.

[43] 梁雪梅，方晓农，李新，等 .5G 网络全专业规划设计宝典 [M]. 北京：人民邮电出版社 ,2020.

[44] 中国电信 CTNet2025 网络重构开放实验室 .5G 时代光传送网技术白皮书 [R].2017.

[45] 戴春伟 .5G 网络特性对网络部署要求探讨 [J]. 电信快报 ,2018(12).

[46] 董爱先，王学军 . 第 5 代移动通信技术及发展趋势 [J]. 通信技术 ,2014,47(3)：235-240.

[47] 葛亚炯 . 物联网形势下的 5G 通信技术应用 [J]. 电子世界 ,2020(19)：162-163.

[48] 周琦 .5G 移动通信技术及发展趋势展望 [J]. 电子世界 ,2020(19)：4-5.

[49] 黄震，刘军，李洋 .5G 商用元年发展现状及应用挑战 [J]. 电力信息与通信技术 , 2020,18(1)：18-25.

[50] 王智慧，汪洋，孟萨出拉，等 .5G 技术架构及电力应用关键技术概述 [J]. 电力信息与通信技术 ,2020,18(8):8-19.

[51] 张臣瀚 .5G 将深远影响电力行业 [J]. 通信世界 ,2020(23)：26-27.

[52] 孙柏林 .5G 技术在电力系统的应用 [J]. 电气时代 , 2019(12)：30-34.

[53] 王毅，陈启鑫，张宁，等 .5G 通信与泛在电力物联网的融合：应用分析与研究展望 [J]. 电网技术 , 2019,43(5)：1575-1585.

[54] 张晨宇 . 机器学习和网络嵌入算法在电力系统暂态稳定、电压稳定评估中的应用 [D]. 杭州：浙江大学 ,2019.

[55] 陈旭，安源，孙正龙，等 . 基于机器学习的分布式智能电网稳定性分析 [J]. 广东电力 ,2020,33(11)：1-8.

[56] 中国电信研究院 . 面向移动业务的融合承载思路 [R].2020.

[57] 郭文珏，蔡一鸿，骆益民，等 . 无源波分在 5G 前传接入中应用研究 [J]. 邮电设计技术 ,2021(1).

[58] 任清晨 . 电气控制柜设计制作：结构与工艺篇 [M]. 北京：电子工业出版社 ,2014.

[59] 王广辉 . 基于机器视觉的电信插线测试机器人设计 [D]. 哈尔滨：哈尔滨理工大学 ,2011.

[60] Gonzalez R C, Wentz P. 数字图像处理 [M]. 李叔梁，等译 . 北京：科学出版社 ,1981.

[61] 佐立营 . 面向机器人抓取的散乱零件自动识别与定位技术研究 [D]. 哈尔滨：哈尔滨工业大学 ,2015.

[62] 段峰，王耀南，雷晓峰，等 . 机器视觉技术及其应用综述 [J]. 自动化博览 ,2004,19(3)：59-61.

[63] 曹淞铭 . 基于工控机的网络光纤配线机器人控制系统研究 [D]. 北京：北京邮电大学 ,2016.

[64] 张广军 . 机器视觉 [M]. 北京：科学出版社 ,2005.

[65] 陈建楷．胡泓 . 指纹模组装配机视觉检测系统设计与分析 [J]. 机械与电子 ,2019, 37(3)：55-58,61.

[66] 王作山 . 基于激光结构光视觉引导的焊缝跟踪技术研究 [D]. 济南：山东大学 ,2019.

[67] BECKER J,KUGELER M,ROSEMANN M. 业务流程管理 [M]. 刘祥燕，薄玉秋，译 . 北京：清华大学出版社 ,2004.

[68] HUTCHESON M L. 软件测试基础：方法和度量 [M]. 包晓露，王小娟，贾有良，等译 . 北京：人民邮电出版社 ,2007.

[69] 李国良 . 流程制胜——业务流程优化与再造 [M]. 北京：中国发展出版社 ,2005.

[70] 曹美荣，姚青 . 基于本体的业务流程管理系统技术的研究 [J]. 通信学报 ,2006,27（11）：67-72.

[71] 葛星，黄鹏 . 流程管理理论设计工具实践 [M]. 北京：清华大学出版社 ,2008.

[72] 陈虎，孙彦丛，赵旖旎，等 . 财务机器人——RPA 的财务应用 [M]. 北京：中国财政经济出版社 ,2018.

[73] AGUIRRE S,RODRIGUEZ A.Automation of a business process using robotic process automation（RPA）: a case study[M]// Springer,2017:65-71.

[74] 程平 .RPA 财务机器人开发教程——基于 UiPath[M]. 北京：电子工业出版社 ,2019.

[75] 亚当·斯密 . 国富论 [M]. 王华丹，译 . 北京：北京联合出版公司 ,2013.

[76] 范玉顺，吴澄 . 工作流管理技术研究与产品现状及发展趋势 [J]. 计算机集成制造系统 ,2000,6(1)：1-7,13.

[77] 罗海滨，范玉顺，吴澄 . 工作流技术综述 [J]. 软件学报 ,2000(7)：899-907.

[78] 史美林，杨光信，向勇 .WfMS：工作流管理系统 [J]. 计算机学报 ,1999,22(3)：325-334.

[79] 何清法，李国杰，焦丽梅，等 . 基于关系结构的轻量级工作流引擎 [J]. 计算机研究与发展 ,2001,38(2)：129-137.

[80] 胡锦敏，张申生，余新颖 . 基于 ECA 规则和活动分解的工作流模型 [J]. 软件学报 ,2002,13(4):761-767

[81] 菲利普·科特勒,凯文·莱恩·凯勒.营销管理 [M].王永贵,何佳讯,陈荣,等译.13 版.上海:上海人民出版社,2009：135-163.

[82] 朱荣，周彩兰，高瑞 . 基于数据挖掘的客户关系管理系统研究 [J]. 现代电子技术 ,2018,41(1)：182-186.

[83] 梁肖裕，昝道广 . 基于 SSH 框架的客户关系管理系统的分析与设计 [J]. 数字通信世界 ,2018,21(8)：23-24.

[84] 张丽坤 . 电子商务环境下传统零售企业的客户关系管理研究 [J]. 企业管理与发展 ,2019(2)：259-260.

[85] 贾楠 . 探究基于客户价值的企业客户关系管理策略 [J]. 经营管理 ,2018(20)：99-100.

[86] 池仁勇 . 项目管理 [M].2 版 . 北京：清华大学出版社 ,2009.

[87] 房东 . 软件项目估算模型研究与实践 [D]. 济南：山东大学 ,2006.

[88] 孙晓燕 . 软件项目中的需求变更控制及软件测试管理 [D]. 北京：北京邮电大学 ,2009.

[89] 王芙蓉. 软件项目进度计划与风险控制研究 [D]. 大连：大连海事大学,2009.

[90] 夏晓翔. 软件项目估算管理方法研究 [D]. 南京：南京理工大学,2006

[91] 罗军舟，何源，张兰，等. 云端融合的工业互联网体系结构及关键技术 [J]. 中国科学：信息科学,2020(2)：195-220.

[92] 苏为斌 .CICOS 工业云智能控制系统的研究与开发 [D]. 济南：山东大学,2019.

[93] 樊明申. 基于 MES 的某企业数控车间生产管理系统的设计与实现 [D]. 北京：中国科学院大学,2015.

[94] 张怡. 基于 Docker 的虚拟化应用平台设计与实现 [D]. 广州：华南理工大学,2015.

[95] 浙江大学 SEL 实验室 .Docker 容器与容器云 [M]. 北京：人民邮电出版社,2015 .

[96] 张俊林. 大数据日知录——结构与算法 [M]. 北京：电子工业出版社,2014.

[97] DEAN J.MapReduce: Simplified Data Processing on Large Clusters[J]. Communications of the ACM,2008,51(1):107-113.

[98] 黄立威，江碧涛，吕守业，等. 基于深度学习的推荐系统研究综述 [J]. 计算机学报,2018,41(7)：1619-1647.

[99] 宋瑞雪，李国勇. 基于改进的矩阵分解模型在推荐系统中的应用 [J]. 计算机应用,2019,39(S1)：93-95.

[100] 吴彦文，齐旻，杨锐. 一种基于改进型协同过滤算法的新闻推荐系统 [J]. 计算机工程与科学,2017,39(6)：1179-1185.

[101] 李博. 基于项目特征和排序学习的新闻推荐系统设计与实现 [D]. 北京：北京邮电大学,2019.

[102] 李思. 基于 Spark 平台的个性化新闻推荐系统研究 [D]. 唐山：华北理工大学,2019.

[103] 银东. 基于用户签到关联信息的餐馆推荐系统设计与实现 [D]. 北京：北京邮电大学,2019.

[104] 薛澜. 中国人工智能发展报告 (2018)[R]. 北京：清华大学中国科技政策研究中心,2018.

[105] 电子信息产业网.李彦宏：简单重复的脑力劳动将被人工智能取代新浪科技 [EB/OL].[2015-12-17].http://www.cena.com.cn/industrynews/20151217/73375.html.

[106] 张璐晶. 国家的较量世界经济论坛发布——《2018 年"制造业的未来"准备状况报告》评估 100 个国家和经济体对制造业未来的准备程度 [J]. 中国经济周刊,2018(37)：14-24.

[107] 国务院. 新一代人工智能发展规划 [R].2017.

[108] 罗伯特·斯考伯. 即将到来的场景时代 [M]. 北京：北京联合出版公司,2014.

[109] 马文·明斯基. 情感机器 [M]. 王文革，程玉婷，李小刚，译. 杭州：浙江人民出版社,2016：8-9.

[110] 郭卫斌，杨建国. 计算机导论 [M]. 上海：华东理工大学出版社,2012：12-15.

[111] 王万森. 人工智能原理及其应用 [M].3 版. 北京：电子工业出版社,2012.

[112] DEBROISE A，陈雯洁. 自动驾驶的死亡算法 [J]. 新发现,2017(4)：60-65.

[113] 赵俊海，刘永谋."巨机器"时代人的异化及其救赎——简论刘易斯·芒福德人文主义机器哲学思想 [J]. 自然辩证法研究,2015(11)：104-109.

[114] 杜严勇. 人工智能安全问题及其解决进路 [J]. 哲学动态,2016(9)：99-104.

[115] NAKAMOTO S.Bitcoin:a Peer-to-Peer electronic cash system[J].Environmental Science and Technology,2003,37(13):2889-2897.

[116] SPITHOVEN A.Theory and reality of cryptocurrency governance[J]. Journal of Economic Issues,2019,53(2):385-393.

[117] SIGAKI H Y D, MATJAŽ P,RIBEIRO H V.Clustering patterns in efficiency and the coming-of-age of the cryptocurrency market[J].Scientific Reports,2019,9(1):23-29.